剪辑师手册

视频剪辑与创作从入门到精通（剪映版）

剪辑师技能树

- 剪辑思维
- 美化画面
- 控制速度
- 调整颜色
- 添加字幕
- 后期配音
- 音乐卡点
- 抠图
- 转场
- 关键帧
- 蒙版
- 特效

木白 编著

北京大学出版社
PEKING UNIVERSITY PRESS

内 容 提 要

高品质的视频越来越受欢迎，作为想要入职视频创作、剪辑与制作行业的人，需要不断提升自身的能力，才能不断收集到好的素材，有新颖的创意，有娴熟的剪辑技巧，有不断满足观看者的特效，本书将会循序渐进地为你讲解相关的操作和技巧。

本书共 12 章，内容包括：了解剪辑思维和剪映，处理和美化视频画面、调整视频的播放速度、调色、添加字幕和音乐、制作卡点视频以及“抠图”“转场”“关键帧”“蒙版”“特效”5 大功能的使用方法等，帮助读者从新手迅速成长为剪映视频制作高手。书中既讲解了剪映电脑版的视频制作方法，也同步讲解了剪映手机版的视频制作要点，让您买一本书精通剪映两个版本，轻松玩转剪映电脑版 + 手机版，随时、随地制作出爆款视频。

本书讲解细致，案例丰富、实用，适合摄影爱好者和自媒体创作者阅读，更适合对视频剪辑感兴趣和有需求的视频博主阅读，还可以作为学校或培训机构新媒体、数字媒体专业的教材使用。

图书在版编目（CIP）数据

剪辑师手册 ： 视频剪辑与创作从入门到精通 ： 剪映版 / 木白编著 . — 北京 ： 北京大学出版社 , 2022.11

ISBN 978-7-301-33579-6

Ⅰ . ①剪… Ⅱ . ①木… Ⅲ . ①视频编辑软件—手册 Ⅳ . ① TP317.53-62

中国版本图书馆 CIP 数据核字 (2022) 第 208664 号

书　　名　**剪辑师手册：视频剪辑与创作从入门到精通（剪映版）**
JIANJI SHI SHOUCE: SHIPIN JIANJI YU CHUANGZUO CONG RUMEN DAO JINGTONG (JIANYING BAN)

著作责任者　木　白　编著

责 任 编 辑　王继伟　吴秀川

标 准 书 号　ISBN 978-7-301-33579-6

出 版 发 行　北京大学出版社

地　　址　北京市海淀区成府路 205 号　100871

网　　址　http://www. pup. cn　新浪微博：@ 北京大学出版社

电 子 邮 箱　编辑部 pup7@pup.cn　总编室 zpup@pup.cn

电　　话　邮购部 010-62752015　发行部 010-62750672　编辑部 010-62570390

印 刷 者　北京宏伟双华印刷有限公司

经 销 者　新华书店

787 毫米 ×1092 毫米　16 开本　14.5 印张　394 千字

2022 年 11 月第 1 版　2023 年 10 月第 2 次印刷

印　　数　4001-6000 册

定　　价　89.00 元

前　言

关于本系列图书

感谢您翻开本系列图书。

面对众多的短视频制作与设计教程图书，或许您正在为寻找一本技术全面、参考案例丰富的图书而苦恼，或许您正在为不知该如何进入短视频行业学习而踌躇，或许您正在为不知自己能否做出书中的案例效果而担心，或许您正在为买一本靠谱的入门教材而仔细挑选，或许您正在为自己进步太慢而焦虑……

目前，短视频行业的红利和就业机会汹涌而来，我们急您所急，为您奉献一套优秀的短视频学习用书——“新媒体技能树”系列，它采用完全适合自学的“教程 + 案例”和“完全案例”两种形式编写，兼具技术手册和应用技巧参考手册的特点，随书附赠的超值资料包不仅包含视频教学、案例素材文件、教学 PPT 课件，还包含针对新手特别整理的电子书《剪映短视频剪辑初学 100 问》、103 集视频课《从零开始学短视频剪辑》，以及对提高工作效率有帮助的电子书《剪映技巧速查手册：常用技巧 70 个》。此外，每本书都设置了“短视频职业技能思维导图”，以及针对教学的“课时分配”和“课后实训”等内容。希望本系列书能够帮助您解决学习中的难题，提高技术水平，快速成为短视频高手。

● 自学教程。本系列图书中设计了大量案例，由浅入深、从易到难，可以让您在实战中循序渐进地学习到软件知识和操作技巧，同时掌握相应的行业应用知识。

● 技术手册。书中的每一章都是一个小专题，不仅可以帮您充分掌握该专题中提及的知识和技巧，而且举一反三，带您掌握实现同样效果的更多方法。

● 应用技巧参考手册。书中将许多案例化整为零，让您在不知不觉中学习到专业案例的制作方法和流程。书中还设计了许多技巧提示，恰到好处地对您进行点拨，到了一定程度后，您可以自己动手，自由发挥，制作出相应的专业案例效果。

● 视频讲解。每本书都配有视频教学二维码，您可以直接扫码观看、学习对应本书案例的视频，也可以观看相关案例的最终表现效果，就像有一位专业的老师在您身边一样。您不仅可以使用本系列图书研究每一个操作细节，还可以通过在线视频教学了解更多操作技巧。

剪映应用前景

剪映，是抖音官方的后期剪辑软件，也是国内应用最多的短视频剪辑软件之一，由于其支持零基础轻松入门剪辑，配备海量的免费版权音乐，不仅可以快速输出作品，还能将作品无缝衔接到抖音发布，具备良好的使用体验，截至 2022 年 7 月，剪映在华为手机应用商店的下载量达 42 亿次，在苹果手机应用商店的下载量达 5 亿次，加上在小米、OPPO、vivo 等其他品牌手机应用商店的下载量，共收获超过 50 亿次的下载量！

在广大摄影爱好者和短视频拍摄、制作人员眼中，剪映已基本完成了对“最好用的剪辑软件”这一印象的塑造，俨然成为市场上手机视频剪辑的“第一霸主”软件，将其他视频剪辑软件远远甩在身后。在日活用户大于 6 亿的平台上，剪映的商业应用价值非常高。精美的、有创意的视频，更能吸引用户的目光，得到更多的关注，进而获得商业变现的机会。

剪映软件也有电脑版

可能有许多新人摄友不知道，剪映不仅有手机版软件，还发布了电脑端的苹果版和 Windows 版软件。因为功能的强大与操作的简易，剪映正在“蚕食”Premiere 等电脑端视频剪辑软件的市场，或许在不久的将来，也将拥有众多的电脑端用户，成为电脑端的视频剪辑软件领先者。

剪映电脑版的核心优势是功能的强大、集成，特别是操作时比 Premiere 软件更为方便、快捷。目前，剪映拥有海量短、中视频用户，其中，很多用户同时是电脑端的长视频剪辑爱好者，因此，剪映自带用户流量，有将短、中、长视频剪辑用户一网打尽的基础。

随着剪映的不断发展，视频剪辑用户在慢慢转移，之前 Premiere、会声会影、AE 的视频剪辑用户，可能会慢慢“转粉”剪映；还有初学者，剪映本身的移动端用户，特别是既追求专业效果又要求产出效率的学生用户、Vlog 博主等，也会逐渐“转粉”剪映。

对比优势

剪映电脑版，与 Premiere 和 AE 相比，有什么优势呢？根据本书笔者多年的使用经验，剪映电脑版有 3 个特色。

一是配置要求低：Premiere 和 AE 对电脑的配置要求较高，处理一个大于 1GB 的文件，渲染几个小时算是短的，有些几十 GB 的文件，一般要渲染一个通宵才能完成，而使用剪映，可能十几分钟就可以完成制作并导出。

二是上手快：Premiere 和 AE 界面中的菜单、命令、功能太多，而剪映是扁平式界面，核心功能一目了然。学 Premiere 和 AE 的感觉，相对比较困难，而学剪映更容易、更轻松。

三是功能强：过去用 Premiere 和 AE 需要花上几个小时才能做出来的影视特效、商业广告，现在用剪映几分钟就能做出来；在剪辑方面，无论是方便性、快捷性，还是功效性，剪映都优于两个老牌软件。

简单总结：剪映电脑版，比 Premiere 操作更易上手！比 Final Cut 剪辑更为轻松！比达芬奇调色更为简单！剪映的用户数量，比以上 3 个软件的用户数量之和还要多！

从易用角度来说，剪映很可能会取代 Premiere 和 AE，在调色、影视、商业广告等方面的应用越来越普及。

系列图书品种

剪映强大、易用，在短视频及相关行业深受越来越多的人喜欢，逐渐开始从普通使用转为专业使用，使用其海量的优质资源，用户可以创作出更有创意、视觉效果更优秀的作品。为此，笔者特意策划了本系列图书，希望能帮助大家深入了解、学习、掌握剪映在行业应用中的专业技能。本系列图书包含以下 7 本：

❶《运镜师手册：短视频拍摄与脚本设计从入门到精通》

❷《剪辑师手册：视频剪辑与创作从入门到精通（剪映版）》

❸《调色师手册：视频和电影调色从入门到精通（剪映版）》

❹《音效师手册：后期配音与卡点配乐从入门到精通（剪映版）》

❺《字幕师手册：短视频与影视字幕特效制作从入门到精通（剪映版）》

❻《特效师手册：影视剪辑与特效制作从入门到精通（剪映版）》

❼《广告师手册：影视栏目与商业广告制作从入门到精通（剪映版）》

本系列图书特色鲜明。

一是细分专业：对短视频最热门的 7 个维度——运镜（拍摄）、剪辑、调色、音效、字幕、特效、广告进行深度研究，一本只专注于一个维度，垂直深讲！

二是实操实战：每本书设计 50~80 个案例，均精选自抖音上点赞率、好评率最高的案例，分析制作方法，讲解制作过程。

三是视频教学：笔者对应书中的案例录制了高清语音教学视频，读者可以扫码看视频。同时，每本书都赠送所有案例的素材文件和效果文件。

四是双版讲解：不仅讲解了剪映电脑版的操作方法，同时讲解了剪映手机版的操作方法，让读者阅读一套书，同时掌握剪映两个版本的操作方法，融会贯通，学得更好。

短视频职业技能思维导图：剪辑师

本书内容丰富、结构清晰，学习相关技能的思维导图如下：

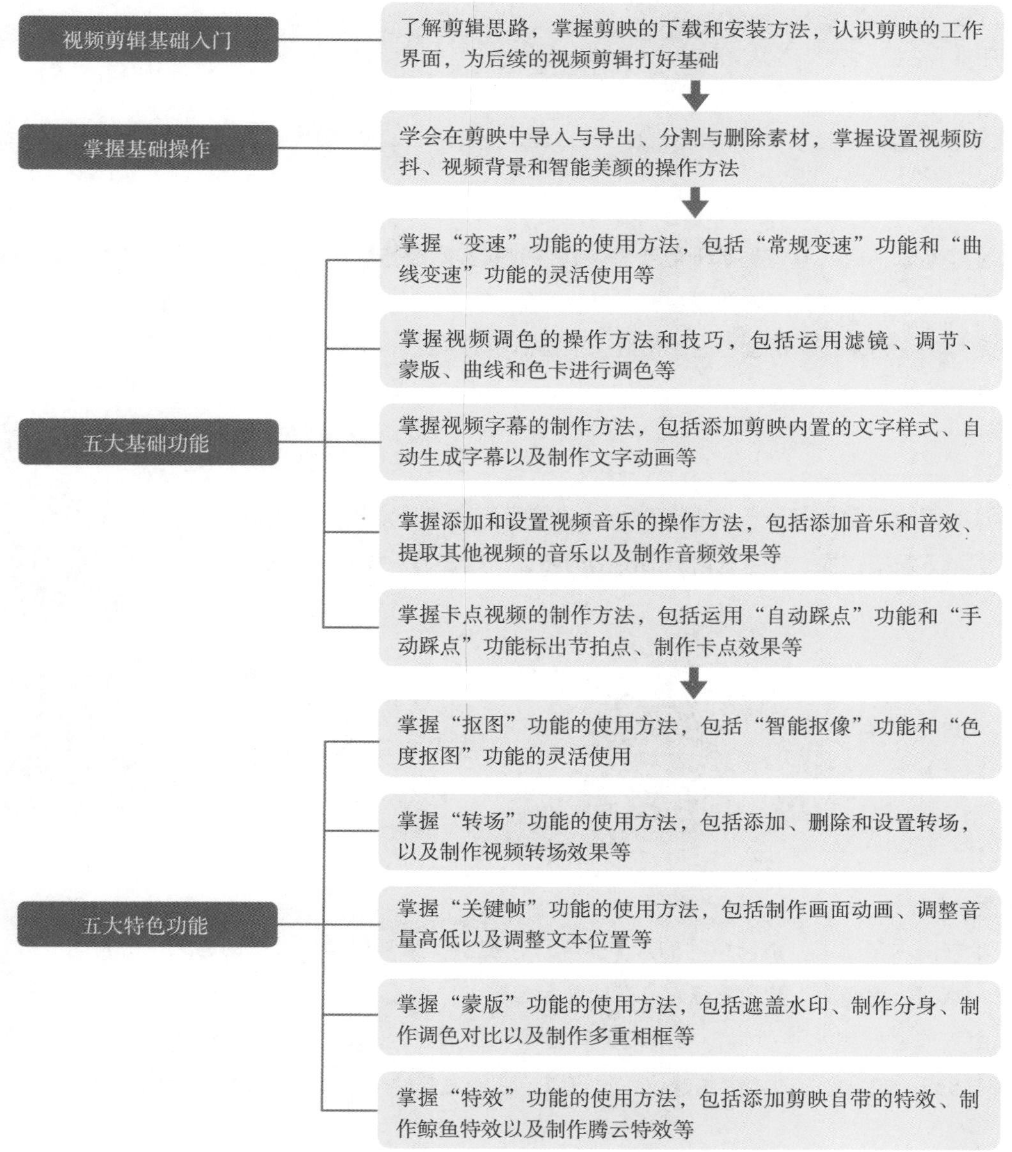

本书内容与课程安排建议

本书是系列图书中的一本，为《剪辑师手册：视频剪辑与创作从入门到精通（剪映版）》，以剪映电脑版为主，手机版为辅，课时分配具体如下（教师可以根据自己的教学计划对课时进行适当调整）：

章节内容	课时分配	
	教师讲授	学生上机实训
第 1 章　入门：了解剪辑思维和剪映	0.5 小时	0.5 小时
第 2 章　进阶：处理和美化视频画面	1 小时	1 小时
第 3 章　变速：调整视频的播放速度	1 小时	1 小时
第 4 章　调色：玩转调节色彩的技巧	1 小时	1 小时
第 5 章　字幕：用文字诉说心底的话	1 小时	1 小时
第 6 章　音频：为视频添加动人音符	1 小时	1 小时
第 7 章　卡点：把控节奏动感踩点	2 小时	2 小时
第 8 章　抠图：视频合成一点就通	1 小时	1 小时
第 9 章　转场：不同素材的流畅切换	1 小时	1 小时
第 10 章　关键帧：动画、滑屏轻松制作	1.5 小时	1.5 小时
第 11 章　蒙版：巧妙制作精美画面	1 小时	1 小时
第 12 章　特效：热门元素一键添加	1 小时	1 小时
合计	13 小时	13 小时

温馨提示

在编写本书时，笔者是基于最新剪映软件截的实际操作图片，但书从编辑到出版需要一段时间，在这段时间里，软件界面与功能会有调整与变化，比如有的内容删除了，有的内容增加了，这是软件开发商做的正常更新。请读者在阅读时，根据书中的思路，举一反三进行学习即可，不必拘泥于细微的变化。

素材获取

读者可以用微信扫一扫右侧二维码，关注官方微信公众号，输入本书 77 页的资源下载码，根据提示获取随书附赠的超值资料包的下载地址及密码。

观看《剪辑师手册》视频教学，请扫码：

观看 103 集视频课《从零开始学短视频剪辑》，请扫码：

作者售后

本书由木白编著，参与编写的人员有李玲，提供视频素材和拍摄帮助的人员还有向小红、苏苏、巧慧、燕羽、徐必文、黄建波等人，在此表示感谢。

由于作者知识水平有限，书中难免有错误和疏漏之处，恳请广大读者批评、指正，联系微信：157075539。如果您有对本书的建议，也可以给我们发邮件：guofaming@pup.cn。

木白

目 录

第 1 章　入门：了解剪辑思维和剪映

随着自媒体用户的日益增长，越来越多的人开始尝试自己剪辑视频发布到社交平台上，然而由于缺乏剪辑思维或者剪辑技术不佳，很多人对剪出来的视频效果并不满意。本章将带领大家学习剪辑思维，并了解剪映的安装方法和工作界面，帮助用户在后期剪辑的过程中更得心应手。

1.1 了解剪辑思维

学习剪辑一般从哪里入手？什么内容需要剪辑？自己动手可以剪出什么样的内容？本节介绍在剪辑中画面、音频、转场和字幕的注意事项和剪辑思路，帮助读者尽快形成自己的剪辑思维。

1. 画面

视频的剪辑并不是简单地将素材进行拼接就可以了，选取符合主题的画面来完善故事情节才是剪辑的重点。一段视频不管加了多少其他要素，画面才是传递情感和思想的基础。

画面的选取首先需要用户明确自己要制作一个怎样的视频，根据视频构思去选择合适、美观的画面，再根据画面和视频主题去进行裁剪、调色和变速等后期处理，让视频能更准确、更好地表达主题。

2. 音频

一个完整的视频，是不能没有音频的。合适的音频除了给观众带来完整的视听体验，还能体现视频的情感基调，渲染情绪氛围。因此，用户需要结合视频的主题来考虑添加什么样的音频。而在剪辑时，用户可以通过添加合适的歌曲、音效、录音或朗读音频来增加视频的感染力，还可以通过设置淡入淡出、变声和运用踩点功能等方法来增加音频效果的趣味性。

总的来说，用户在添加音频时要记得，音频始终是为画面服务的，要围绕画面的内容和情境来选择和设置音频效果。

3. 转场

当用户需要将多个素材剪辑成一个视频时，转场就成为剪辑过程中非常重要的因素。好的转场可以让不同素材的切换变得合理、流畅，还可以丰富视频的内容。

剪辑中的转场分为两种，一种是无技巧转场，另一种是技巧转场。

无技巧转场指的是通过自然的镜头过渡来实现两个场景的切换，这种转场最大限度保证了视觉上的连贯性，让观看者的视线在不经意间被引导至下一个场景。常见的无技巧转场包括相似性转场、同体转场、承接式转场、运镜转场以及空镜头转场等。

4. 字幕

视频中的字幕不一定是必要因素，但一定是吸引观众注意力、提升视频表达效果的法宝。用户可以根据视频内容添加相应的字幕，例如在有歌曲的视频中添加相应的歌词字幕；在有语音音频的视频中添加相应的语音字幕；根据视频中人物的行动轨迹制作趣味十足的穿过文字效果和人走字出效果，如图 1-1 所示。

图 1–1

不过，无技巧转场并非完全没有技巧，用户在视频中想运用这种转场，就必须在素材的挑选上下功夫，尽量找到有合理转换因素的两段或多段素材，才能制作出无技巧转场效果。

本书中介绍的无缝转场就是很典型的无技巧转场，运用“曲线变速”的功能调整两段素材的播放速度，从而将两段主体相同、时间不同、运镜方法不同的素材巧妙地结合起来，在画面的快慢播放间完成场景的切换。

技巧转场指的是运用剪辑软件在不同素材间添加转场特效从而实现素材的切换，这种转场的存在感会更强，添加的转场特效也会成为视频内容的一部分。例如，用户在剪映中可以在多段素材之间添加合适的转场特效，图 1–2 所示为添加了“倒影”转场特效的视频效果。

图 1–2

1.2 剪映的安装和设置

剪映作为一款由抖音官方推出的视频剪辑软件，凭借其简单的操作、强大的功能、新奇的玩法和丰富的资源库受到了广大用户的喜爱。本节介绍剪映的下载与安装方法，并带领大家了解剪映的工作界面，为后面学习剪辑操作打下基础。

1.2.1 下载并安装剪映

使用剪映软件剪辑视频素材之前，首先需要将剪映软件安装到电脑和手机中，下面向读者介绍下载并安装剪映软件的操作方法。

1. 下载并安装剪映电脑版

剪映电脑版的安装方法如下。

步骤 01 在浏览器中输入并搜索“剪映官网”，在搜索结果中单击“剪映专业版”链接，进入“剪映专业版”页面，在“专业版”界面中单击“立即下载”按钮，如图 1–3 所示。

图 1–3

步骤 02 执行操作后，弹出“新建下载任务”对话框，❶在其中设置文件的保存位置；❷单击“下载”按钮，如图 1-4 所示。

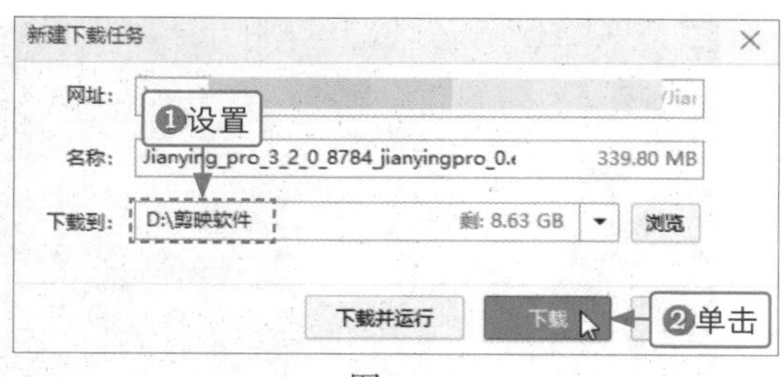

图 1-4

步骤 03 稍等片刻，即可将剪映软件下载到电脑中，在文件夹中找到剪映安装程序，❶单击鼠标右键；❷在弹出的快捷菜单中选择“打开”选项，如图 1-5 所示。

步骤 04 弹出剪映安装程序对话框，❶单击“更多操作”按钮；❷在弹出的列表中单击右侧的“浏览”按钮，如图 1-6 所示。

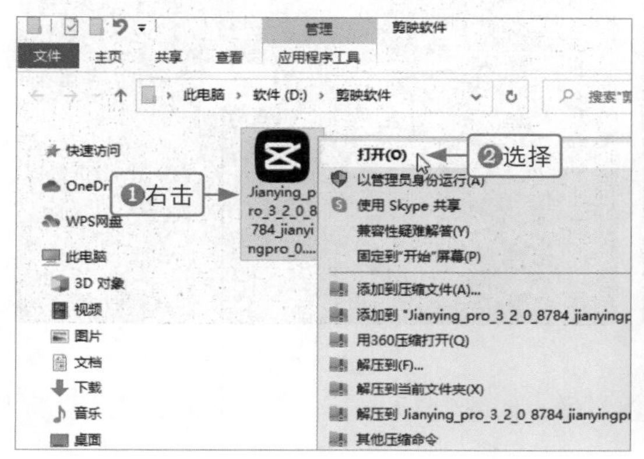

图 1-5

图 1-6

步骤 05 弹出“浏览文件夹”对话框，❶选择软件的安装位置；❷单击“确定”按钮，如图 1-7 所示。

步骤 06 执行操作后，即可更改软件的安装位置，单击“立即安装”按钮，如图 1-8 所示。

图 1-7　　图 1-8

步骤 07 执行操作后，即可开始安装剪映软件，并显示安装进度，如图 1-9 所示。

步骤 08 安装完成后，单击“立即体验”按钮，如图 1-10 所示。

步骤 09 执行操作后，弹出“环境检测”对话框，自动检测电脑环境，检测完成后，显示“您的电脑可以流畅使用剪映”，单击“确定”按钮，如图 1-11 所示。

步骤 10 执行操作后，即可打开剪映首页，在其中单击“开始创作”按钮，如图 1-12 所示。

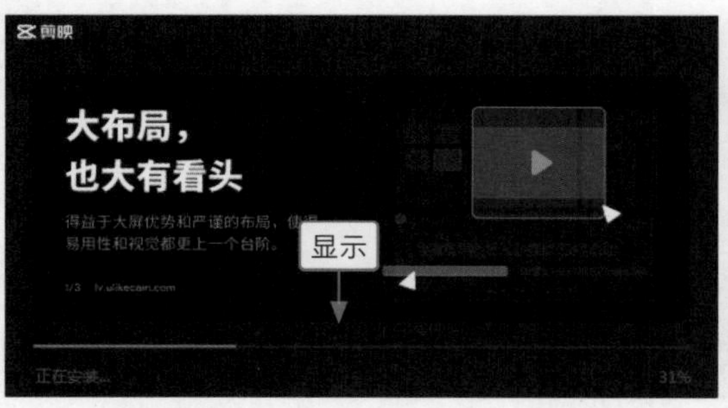

图 1-9

图 1-10

图 1-11

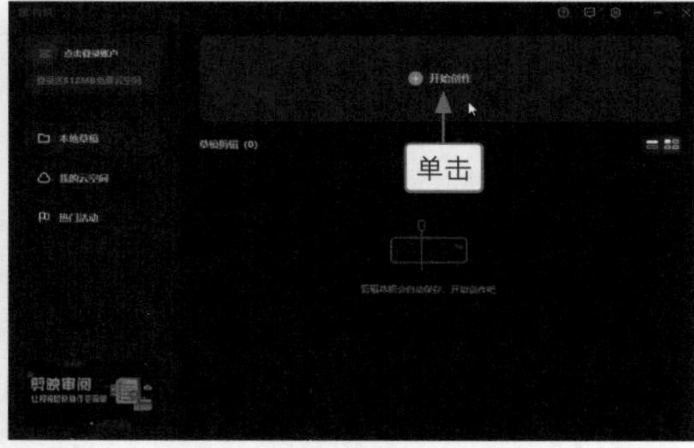

图 1-12

步骤 11　执行操作后，即可打开剪映的视频剪辑界面，如图 1-13 所示，在其中可以导入和编辑视频素材，制作出用户想要的视频效果。

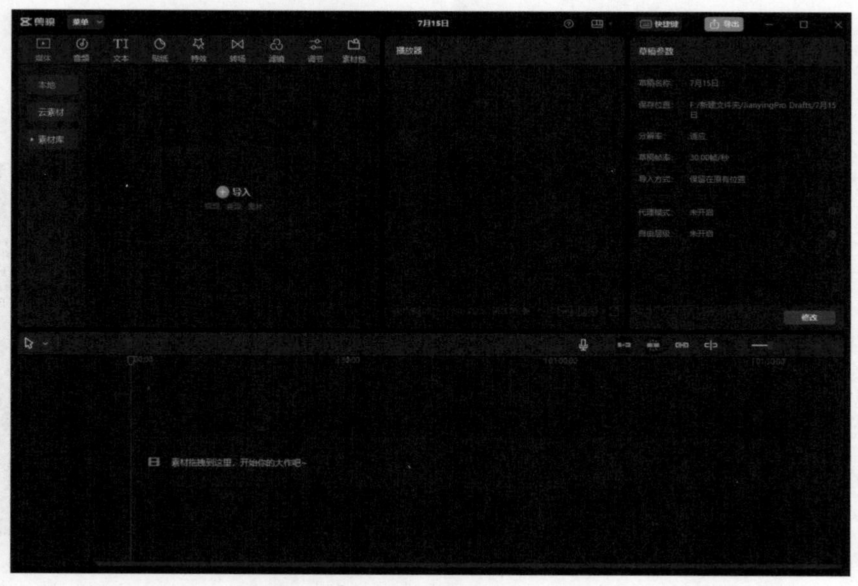

图 1-13

2. 下载并安装剪映手机版

剪映手机版的安装方法如下（以华为应用市场 App 为例）。

步骤 01　在手机应用市场 App 中搜索“剪映”，在搜索结果中点击“剪映”右侧的“安装”按钮，如图 1-14 所示，即可开始下载剪映 App 并自动安装。

步骤 02 安装完成后，点击右侧的“打开”按钮，进入剪映 App 首页，在弹出的“个人信息保护指引”对话框中点击“同意”按钮，如图 1-15 所示，即可开始使用剪映 App。

步骤 03 ❶在首页点击“开始创作”按钮；❷在弹出的信息提示框中点击“允许”按钮，如图 1-16 所示，即可进入“照片视频”界面，开始进行剪辑。

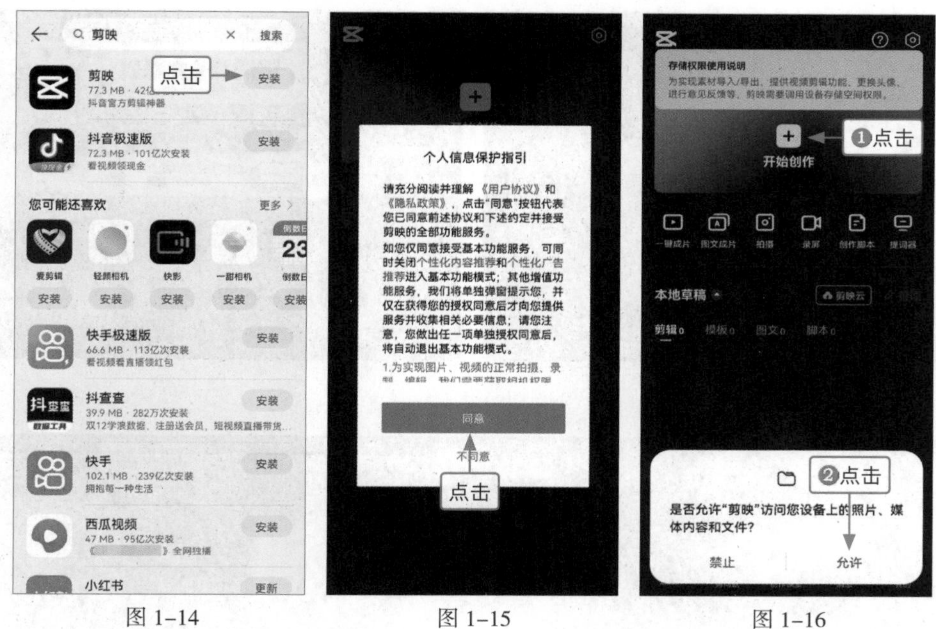

图 1-14　　图 1-15　　图 1-16

1.2.2 认识工作界面

安装好剪映软件后，用户需要先对剪映的工作界面进行全面的认识，这样才能在剪辑时快速又准确地找到需要的功能，下面带领大家认识剪映的工作界面。

1. 认识剪映电脑版的工作界面

在电脑桌面上双击剪映图标，打开剪映软件，即可进入剪映首页，如图 1-17 所示。

图 1-17

在首页的左侧可以单击“点击登录账户”按钮，登录抖音账号，从而获取用户在抖音上的公开信息（头像、昵称、地区和性别等）和在抖音内收藏的音乐列表；也可以单击“我的云空间”或“热门活动”标签，切换至对应的面板。而在首页的右侧可以单击“开始创作”按钮，进行视频编辑；也可以在“草稿剪辑”面板中查看和管理用户创建的草稿文件。

单击“我的云空间”标签，即可切换至对应的面板，如图 1-18 所示。单击“点击登录”按钮，即可在登录账号后，免费获得 512M 云空间，将重要的草稿文件进行备份。

单击“热门活动”标签，即可切换至“热门活动”面板，如图 1–19 所示。在该面板中显示了由官方推出的多项投稿活动，用户如果对活动有兴趣，可以选择相应的活动项目，通过参与活动获得收益。

在剪映首页单击“开始创作”按钮或者选择一个草稿文件，即可进入视频剪辑界面，其界面组成如图 1–20 所示。

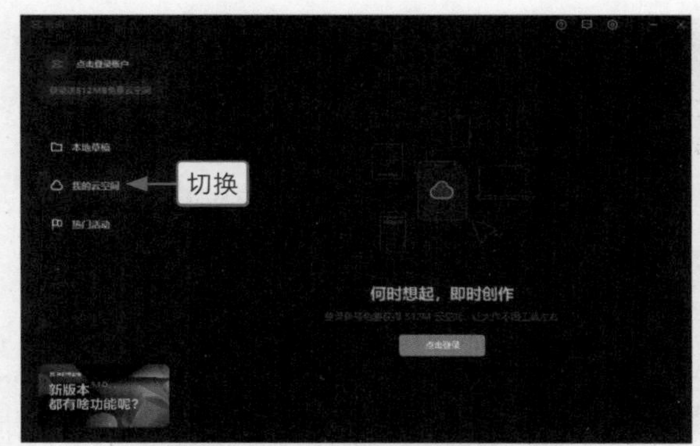

图 1–18

图 1–19

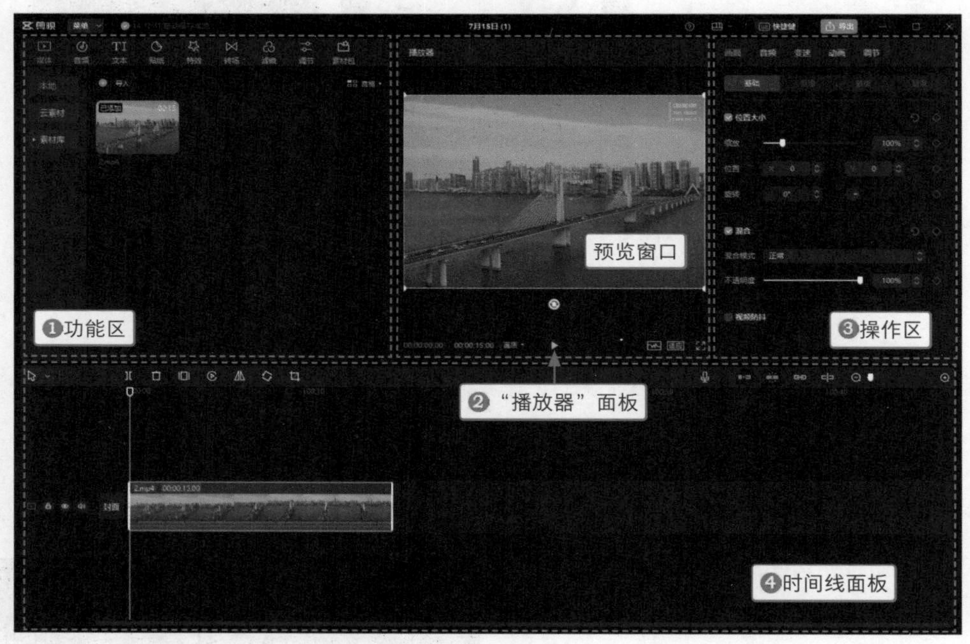

图 1–20

❶功能区：功能区中包括了剪映的媒体、音频、文本、贴纸、特效、转场、滤镜、调节以及素材包这 9 大功能模块。

❷“播放器”面板：在“播放器”面板中，显示了两个时间码，第 1 个时间码表示时间位置，第 2 个时间码表示视频总时长；单击“画质”下拉按钮，在弹出的列表框中，有两个选项可供选择，分别是“性能优先”和“画质优先”，如果选择“性能优先”选项，将优先保证视频的播放流畅度，如果选择“画质优先”选项，将优先保证画面分辨率，保证视频清晰播放；单击“播放”按钮，即可在预览窗口中播放视频效果；单击按钮，即可在预览窗口中显示示波器面板，辅助视频调色操作；单击“适应”按钮，在弹出的列表框中选择相应的画布尺寸比例，可以调整视频的画面尺寸大小；单击按钮，即可进入全屏状态，查看

视频画面效果。

❸操作区：操作区中提供了画面、音频、变速、动画以及调节等调整功能，当用户选择轨道上的素材后，操作区就会显示各调整功能。

❹时间线面板：在该面板中，提供了选择、切割、撤销、恢复、分割、删除、定格、倒放、镜像、旋转以及裁剪等常用的剪辑功能，当用户将素材拖曳至该面板中时，便会自动生成相应的轨道。

2. 认识剪映手机版的工作界面

在手机屏幕上点击剪映图标，即可进入剪映“剪辑”界面，如图 1-21 所示。“剪辑”界面上有“开始创作”“一键成片”“图文成片”“拍摄”“录屏”“创作脚本”“提词器”7 个功能按钮，点击相应按钮，即可进入相应的功能界面；首页的下面是“本地草稿”板块，用户可以查看和管理剪辑草稿；点击首页底部的“剪同款”“创作课堂”“消息”“我的”按钮，还可以切换至对应的界面。

在剪映 App 中导入视频素材或者打开任意草稿，即可进入视频编辑界面，其界面组成如图 1-22 所示。

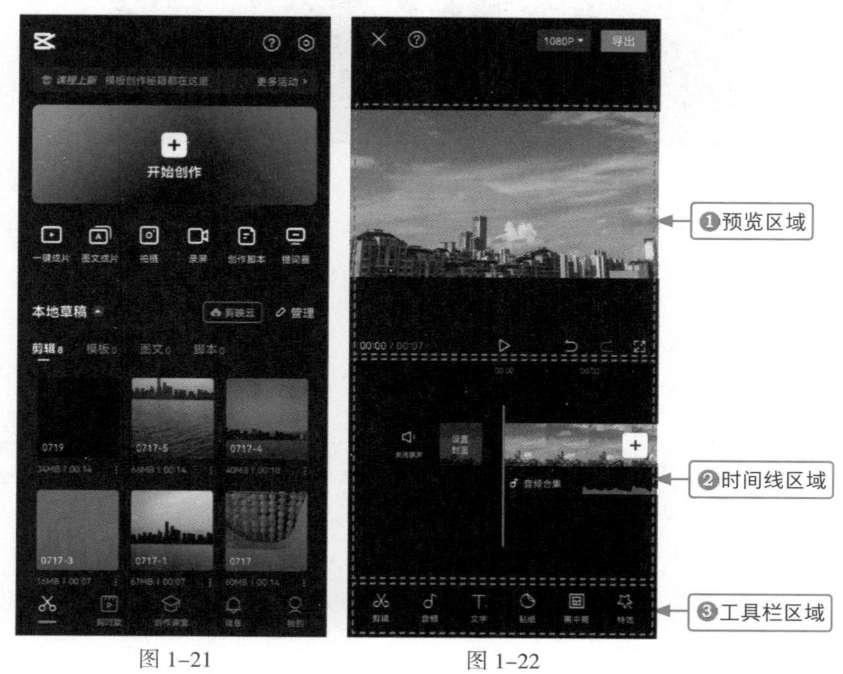

图 1-21　　图 1-22

❶预览区域：预览区域左下角的时间，表示当前时长和视频的总时长；点击预览区域的按钮，可以播放视频；用户在进行视频编辑操作后，可以点击预览区域右下角的撤回按钮，来撤销上一步的操作，也可以点击恢复按钮，恢复上一步操作；点击全屏按钮，可以全屏预览视频效果；在全屏界面中点击按钮，可以回到编辑界面中。

❷时间线区域：在时间线区域中，点击“关闭原声”按钮，即可关闭素材的声音；点击“设置封面”按钮，即可进入相应界面，对视频的封面进行编辑；拖曳时间轴可以查看导入的视频或效果；在时间线上还可以看到视频轨道和音频轨道，另外还可以根据需求增加相应的字幕、滤镜以及特效等轨道。

❸工具栏区域：剪映 App 的所有剪辑工具都在底部，使用起来非常方便、快捷。在工具栏区域中，不进行任何操作时，我们可以看到一级工具栏，其中有剪辑、音频、文字、贴纸、画中画、特效、素材包、滤镜、比例、背景以及调节这 11 个功能，点击相应按钮，即可进入对应的二级工具栏，例如点击“剪辑”

按钮，即可进入剪辑二级工具栏，点击“音频”按钮，即可进入音频二级工具栏，如图 1-23 所示。

图 1-23

第 2 章 进阶：处理和美化视频画面

再复杂的视频效果，也需要运用到剪映的基础操作，掌握基础操作可以帮助用户快速上手软件的操作，也可以为后期视频剪辑打下良好的基础。本章主要介绍在剪映中管理草稿、导入和导出素材、缩放轨道、分割和删除素材、设置视频防抖、设置视频背景以及设置智能美颜的操作方法。

2.1 草稿和素材的管理

用户如果想使用剪映进行剪辑，就要准备好相应的视频素材，而用户每剪辑一个视频，就要创建一个剪辑草稿文件，因此草稿和素材可以算是剪映的两大基本要素。学会管理草稿和素材可以让用户的剪辑更流畅、便捷。

2.1.1 草稿的管理

用户在剪映中新建一个剪辑草稿文件后，系统会自动保存草稿文件，以避免数据的丢失。不过，如果草稿文件太多，会影响用户查找的速度，也会占用设备过多的存储空间，因此用户可以对草稿文件进行管理，方便后续的操作。

在剪映首页的“草稿剪辑”面板中会显示用户创建的所有草稿文件，如果用户想管理单个草稿文件，❶单击按钮，可以让草稿文件以宫格的形式展示；❷将鼠标光标移至某个草稿文件的缩略图上并单击右下角显示的按钮，弹出列表框；❸选择“备份至”选项，可以将该草稿进行云端备份，在“我的云空间”面板中，可以查看备份的草稿；❹选择“重命名”选项，可以为草稿文件命名；❺选择“复制草稿”选项，可以复制一个一模一样的草稿文件；❻选择“删除”选项，如图 2-1 所示，可以将该草稿删除。

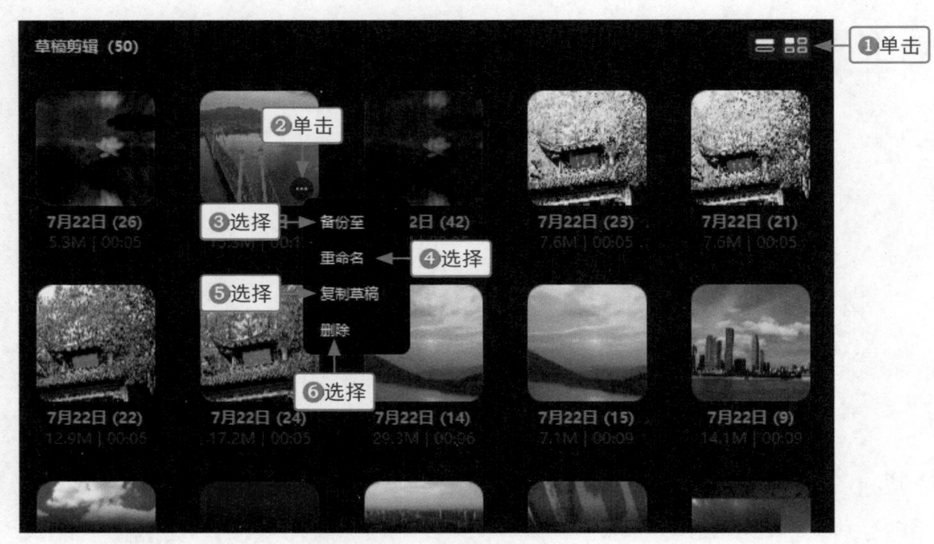

图 2-1

温馨提示

如果用户想备份草稿文件，必须要先登录抖音账号，否则无法进行备份。

如果用户想批量删除或者备份草稿文件，在“草稿剪辑”面板中会显示用户创建的所有草稿文件，❶单击按钮，让草稿文件以列表的形式展示；❷选中多个草稿文件前面的复选框，弹出管理面板，面板会显示已选择的文件数量；❸单击“全选”按钮，可以选择所有草稿文件；❹单击“上传”按钮，可以将该草稿上传至用户的云空间；❺单击“删除”按钮，可以批量删除选择的草稿文件；❻单击“退出”按钮，可以退出管理面板，如图 2-2 所示。

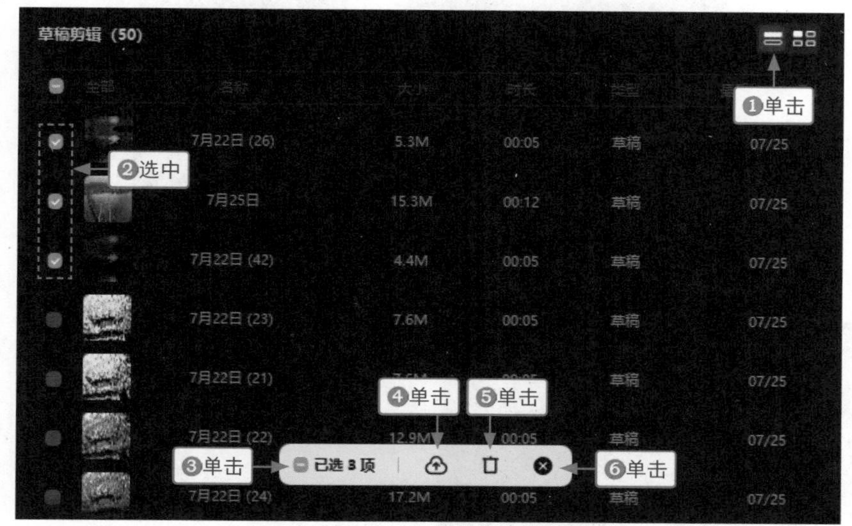

图 2-2

2.1.2 导入和导出素材：《杜鹃花开》

效果展示 在剪映中制作视频，需要将准备的素材导入视频轨道，制作完成后，要将效果导出才能进行分享和发布，因此导入与和导出素材是剪映中最基础、最需要掌握的操作，效果如图 2-3 所示。

图 2-3

1. 用剪映电脑版制作

剪映电脑版的操作方法如下。

步骤 01 在剪映首页单击“开始创作”按钮，如图 2-4 所示。

步骤 02 进入剪映的视频剪辑界面，在“媒体”功能区的“本地”选项卡中单击“导入”按钮，如图 2-5 所示。

步骤 03 弹出“请选择媒体资源”对话框，❶选择相应的视频素材；❷单击“导入”按钮，如图 2-6 所示。

图 2-4

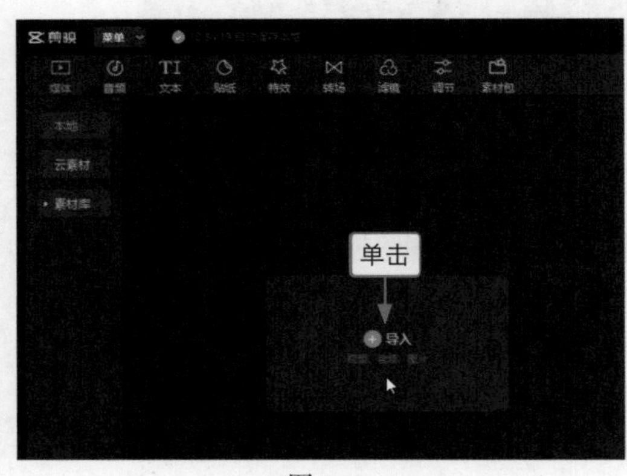

图 2-5

图 2-6

步骤 04 执行操作后，即可将视频素材导入“本地”选项卡中，单击视频素材右下角的“添加到轨道”按钮，如图 2-7 所示。

步骤 05 执行操作后，即可将视频素材添加到视频轨道中，如图 2-8 所示。

图 2-7

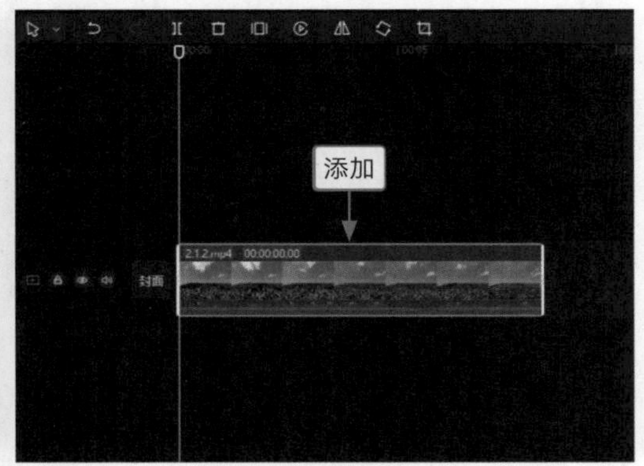

图 2-8

步骤 06 为了让效果更美观，可以为视频添加一个特效，单击界面左上方的“特效”按钮，如图 2-9 所示，即可切换至“特效”功能区。

步骤 07 ❶切换至“基础”选项卡；❷单击“变清晰”特效右下角的“添加到轨道”按钮，如图 2-10 所示。

图 2–9

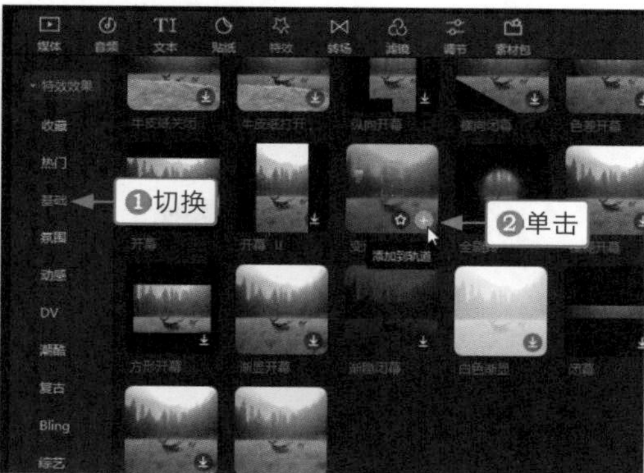

图 2–10

步骤 08 执行操作后，即可将“变清晰”特效添加到特效轨道中，如图 2–11 所示。

步骤 09 在“播放器”面板中单击播放▶按钮，即可预览视频效果，如图 2–12 所示。

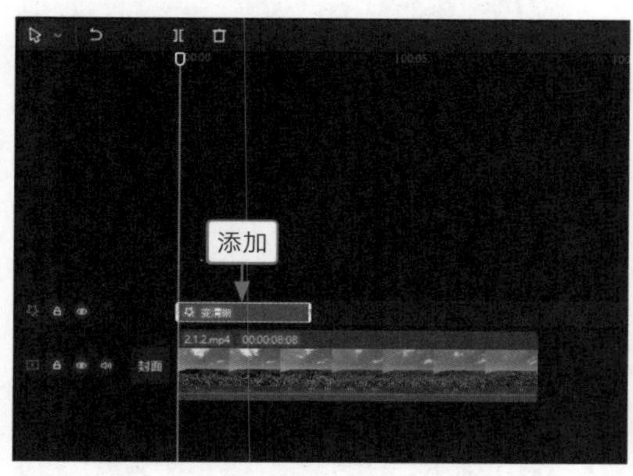

图 2–11

图 2–12

步骤 10 在界面的右上角单击“导出”按钮，如图 2–13 所示。

步骤 11 执行操作后，弹出“导出”对话框，❶更改作品的名称；❷单击“导出至”右侧的□按钮，如图 2–14 所示。

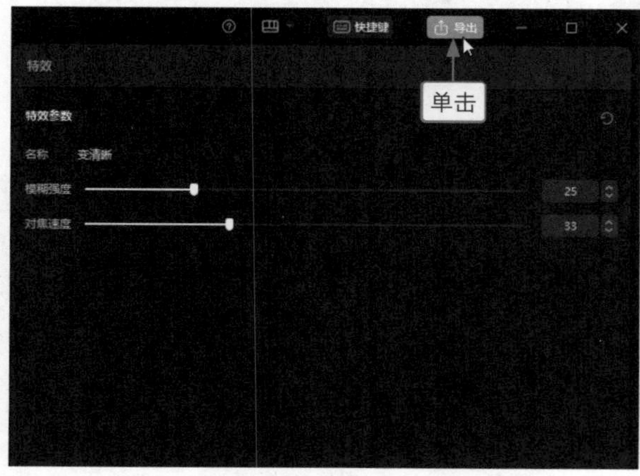

图 2–13

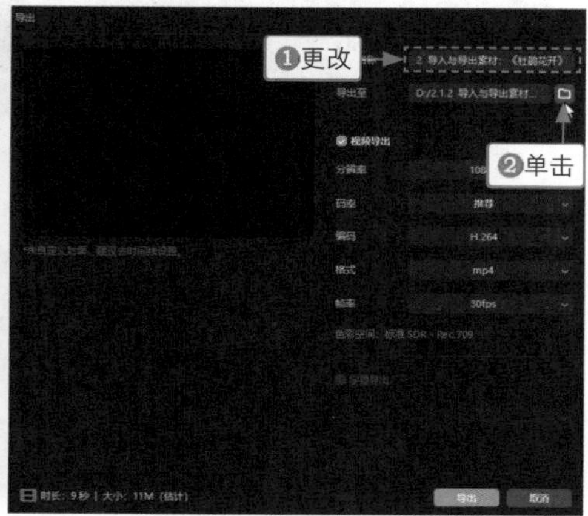

图 2–14

在界面的右上角单击“快捷键”按钮，可以查看剪映中的功能快捷操作键，让操作过程更便捷、快速。

步骤 12 弹出“请选择导出路径”对话框，❶设置相应的保存路径；❷单击“选择文件夹”按钮，如图 2-15 所示。

步骤 13 除了设置视频的名称和导出位置，用户还可以对视频的导出参数进行设置，在“分辨率”列表框中选择 2K 选项，如图 2-16 所示，让导出的视频画质更清晰。

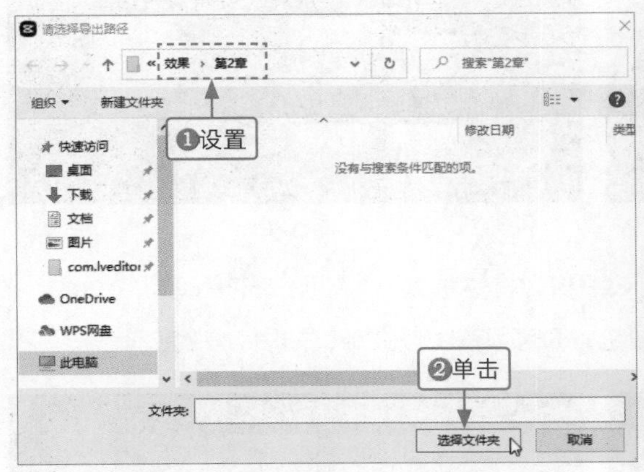

图 2-15

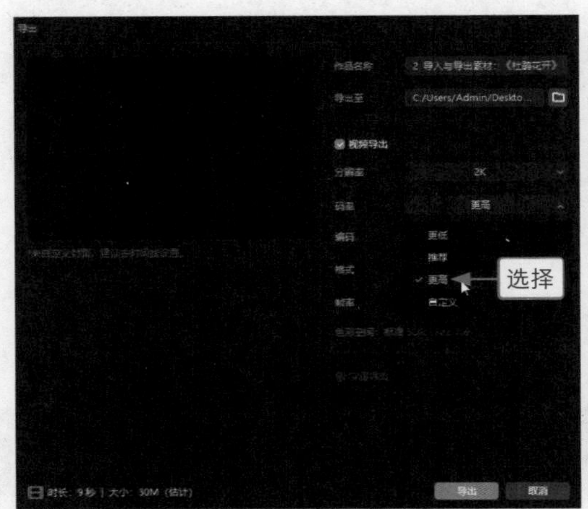

图 2-16

步骤 14 在“码率”列表框中选择“更高”选项，如图 2-17 所示，减少画面的压缩比。

步骤 15 ❶在“帧率”列表框中选择 50fps 选项；❷单击“导出”按钮，如图 2-18 所示。

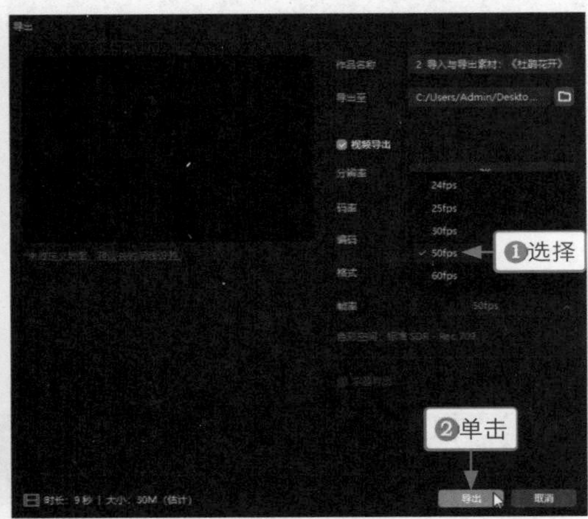

图 2-17

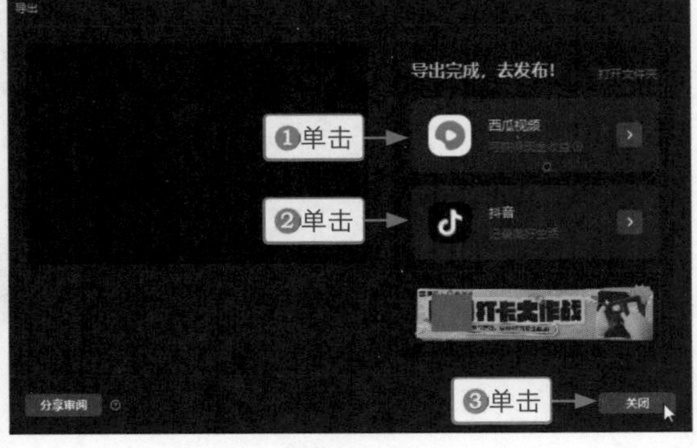

图 2-18

步骤 16 执行操作后，即可开始导出视频，并显示导出进度，导出完成后，❶单击“西瓜视频”按钮，即可打开浏览器，发布视频至西瓜视频平台；❷单击“抖音”按钮，即可发布至抖音；❸如果用户不需要发布视频，则单击“关闭”按钮，如图 2-19 所示，即可完成视频的导出操作。

图 2-19

2. 用剪映手机版制作

剪映手机版的操作方法如下。

步骤 01 在剪映的“剪辑”界面中点击“开始创作”按钮，进入“照片视频”界面，❶选择要导入的素材；❷选中“高清”复选框；❸点击“添加”按钮，如图 2-20 所示，即可进入视频编辑界面，并将素材导入视频轨道中。

步骤 02 依次点击“特效”按钮和“画面特效”按钮，❶切换至“基础”选项卡；❷选择“变清晰”特效，如图 2-21 所示，点击✓按钮，确认添加特效。

步骤 03 ❶在特效轨道拖曳“变清晰”特效右侧的白色拉杆，设置其持续时长为 3s；❷点击界面右上方的 1080P 按钮，在弹出的面板中拖曳滑块，设置“分辨率”为 2K/4K、“帧率”为 50，如图 2-22 所示，点击“导出”按钮，即可导出制作好的视频。

图 2-20

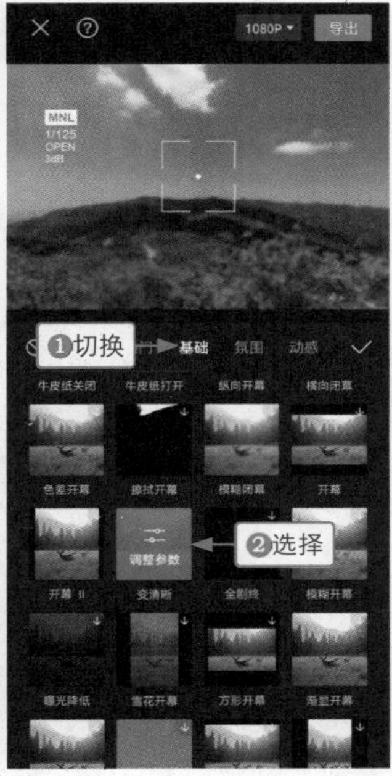

图 2-21

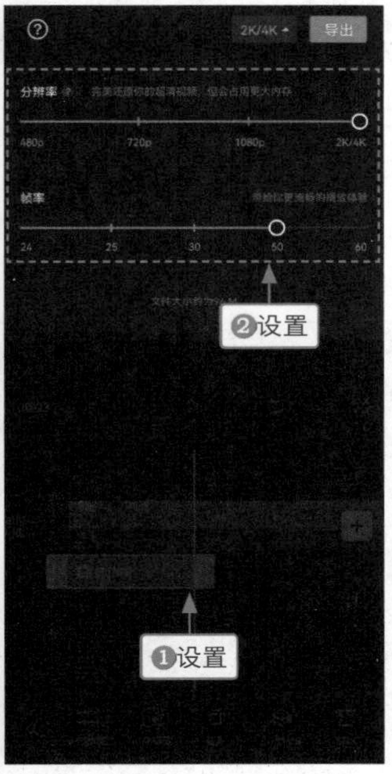

图 2-22

2.2 掌握基本操作

剪映功能强大，为用户提供了分割、删除、比例、背景、视频防抖以及美颜等剪辑功能，用户需要掌握这些基本的剪辑操作，才能快速入门。

2.2.1 缩放轨道的方法

在时间线面板中，用户可以根据需要缩放轨道，调整视频的可视长度，下面接着 2.1.2 小节的内容介绍缩放轨道的操作方法。

步骤 01 在时间线面板的右上角，有一个缩放轨道的滑块，向右拖曳滑块至合适位置，如图 2-23 所示，即可放大轨道，使视频的可视长度变长。

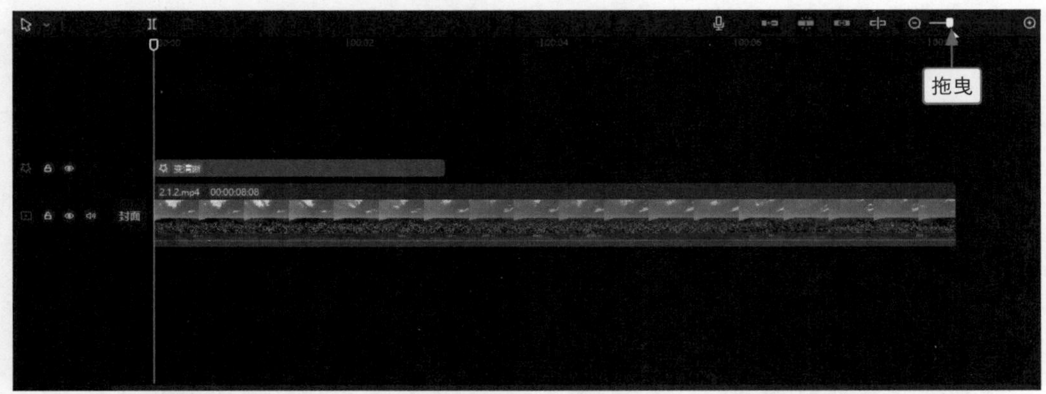

图 2-23

步骤 02 单击滑块左右两端的“时间线缩小”按钮和“时间线放大”按钮，也可以调整视频的可视长度，例如单击“时间线缩小”按钮，如图 2-24 所示，即可缩小轨道，使视频的可视长度变短。

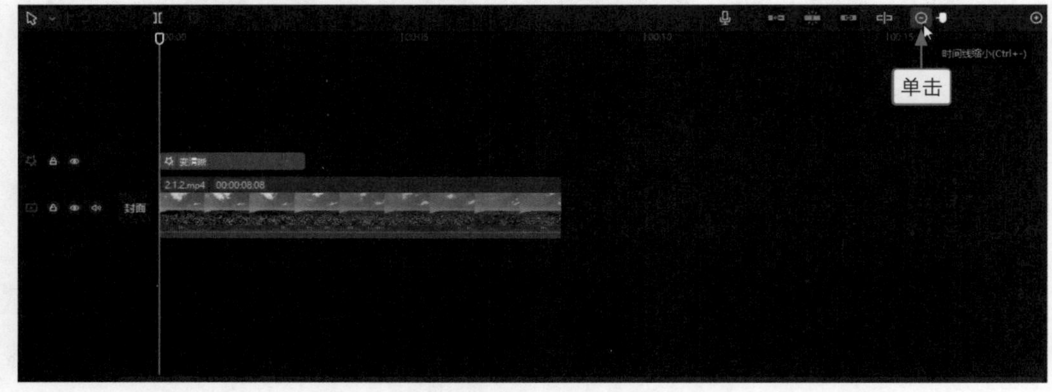

图 2-24

在剪映手机版的时间线区域中，用户可以通过用手指在视频轨道上捏合来缩放时间线的大小，从而实现轨道的缩放。

2.2.2 分割和删除素材：《湖中小艇》

效果展示 在剪映中导入素材之后就可以进行基本的剪辑操作了。当导入的素材时长太长时，可以对素材进行分割操作，将多余的视频片段删除，只留下需要的片段，突出原始视频素材中的重点画面，效果如图 2-25 所示。

图 2–25

1. 用剪映电脑版制作

剪映电脑版的操作方法如下。

步骤 01 在“本地”选项卡中导入素材，单击视频素材右下角的“添加到轨道”按钮，如图 2–26 所示，即可将素材添加到视频轨道中。

步骤 02 在时间线面板中，❶拖曳时间指示器至 6s 的位置；❷单击“分割”按钮，如图 2–27 所示。

图 2–26

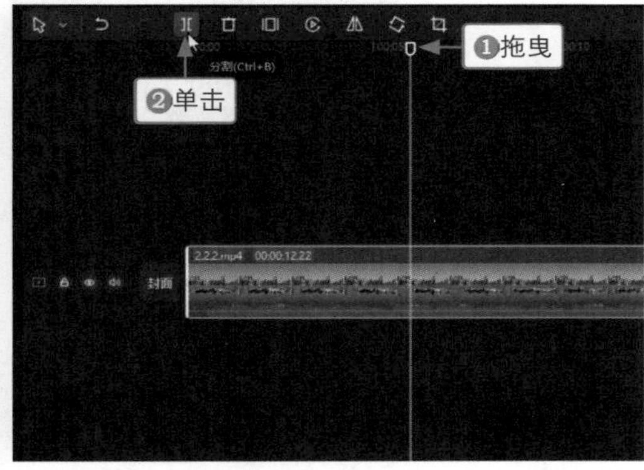

图 2–27

步骤 03 执行操作后，即可将素材分割为两段，❶选择分割出的前半段素材；❷单击“删除”按钮，如图 2–28 所示。

步骤 04 执行操作后，即可删除不需要的素材片段，效果如图 2–29 所示。

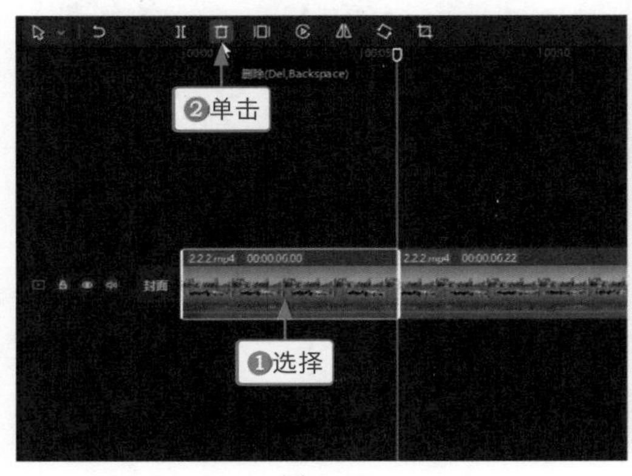

图 2–28

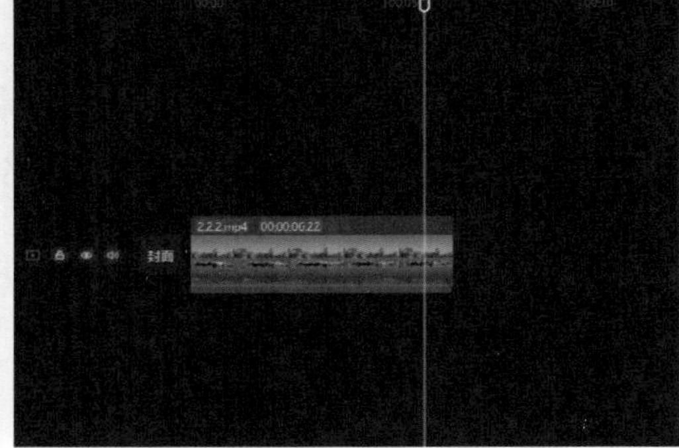

图 2–29

2. 用剪映手机版制作

剪映手机版的操作方法如下。

步骤 01 导入视频素材，❶拖曳时间轴至 6s 的位置；❷选择素材；❸在工具栏中点击“分割”按钮，如图 2-30 所示，即可完成分割。

步骤 02 ❶选择前半段素材；❷在工具栏中点击“删除”按钮，如图 2-31 所示，即可删除多余的片段。

图 2-30　　图 2-31

2.2.3　设置视频防抖：《车水马龙》

效果展示 如果拍视频时设备不稳定，视频一般都会有点抖，此时就可以使用剪映的视频防抖功能，一键帮助用户稳定视频画面，效果如图 2-32 所示。

图 2-32

1. 用剪映电脑版制作

剪映电脑版的操作方法如下。

步骤 01 在视频轨道中导入视频素材，如图 2–33 所示。

步骤 02 在“画面”操作区中，❶选中“视频防抖”复选框；❷默认设置“防抖等级”为“推荐”，如图 2–34 所示，处理完成后，即可查看防抖效果。

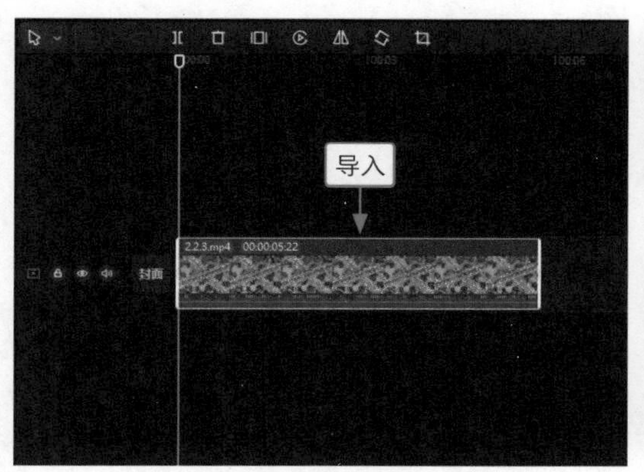

图 2–33

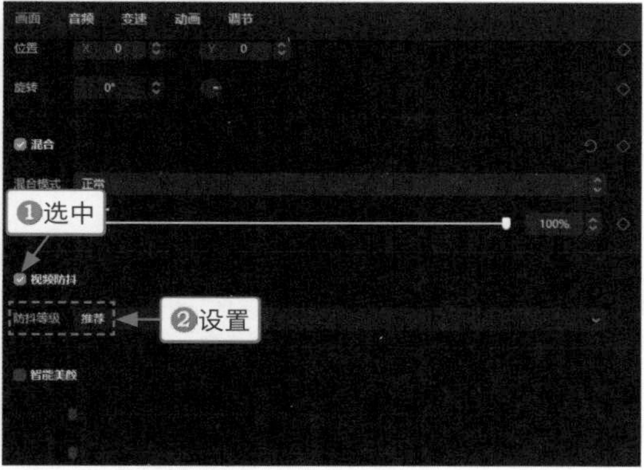

图 2–34

2. 用剪映手机版制作

剪映手机版的操作方法如下。

步骤 01 导入视频素材，❶选择素材；❷在工具栏中点击“防抖”按钮，如图 2–35 所示。

步骤 02 弹出“防抖”面板，拖曳滑块，设置“防抖”等级为“推荐”，如图 2–36 所示，即可开始进行防抖处理，处理完成后，可以点击▷按钮查看防抖效果。

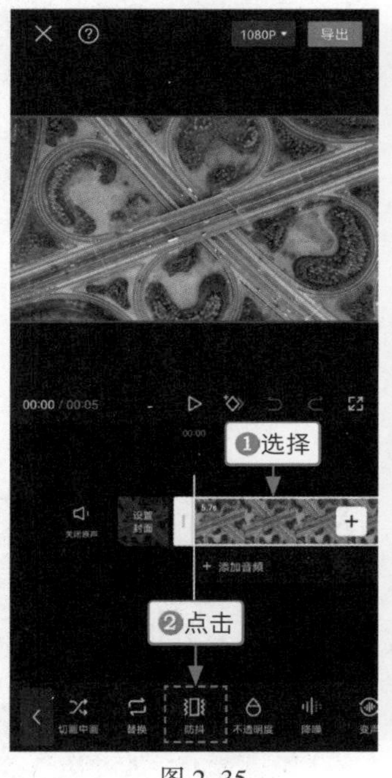

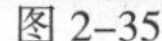

图 2–35

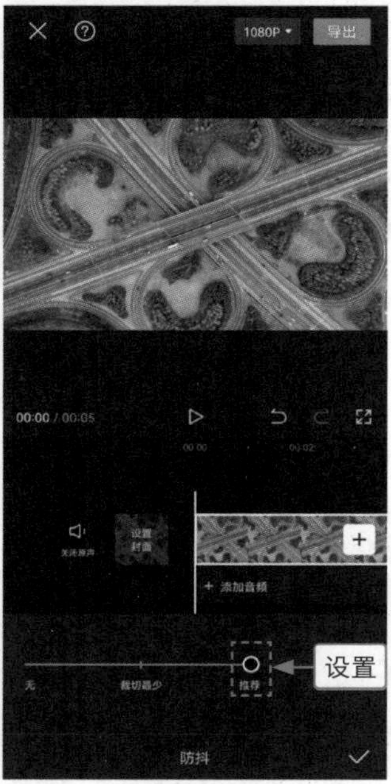

图 2–36

2.2.4 设置视频背景：《风和日丽》

效果展示 在剪映中可以对视频设置喜欢的背景样式，让背景的黑色区域变成彩色，效果如图 2-37 所示。

图 2-37

1. 用剪映电脑版制作

剪映电脑版的操作方法如下。

步骤 01 在“本地”选项卡中导入素材，单击视频素材右下角的“添加到轨道”按钮+，如图 2-38 所示，即可将素材添加到视频轨道中。

步骤 02 ❶在“播放器”面板中单击“适应”按钮；❷在弹出的列表框中选择“9：16（抖音）”选项，如图 2-39 所示，即可改变视频画面的比例。

图 2-38

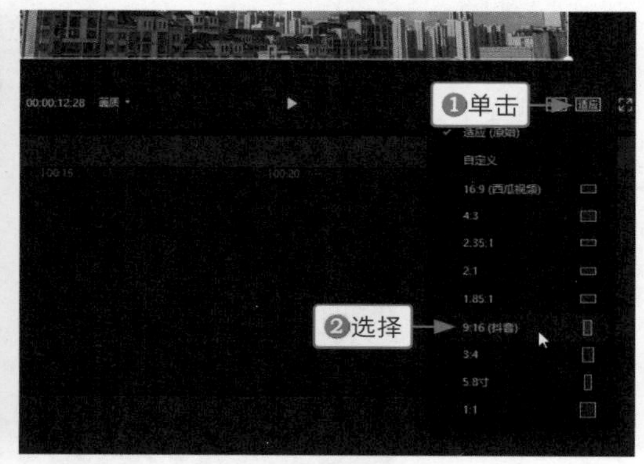

图 2-39

步骤 03 ❶在“画面”操作区中切换至“背景”选项卡；❷在“背景填充”列表框中选择“模糊”选项，如图 2-40 所示。

步骤 04 在“模糊”选项区中选择第 4 个模糊样式，如图 2-41 所示，即可完成视频背景的设置。

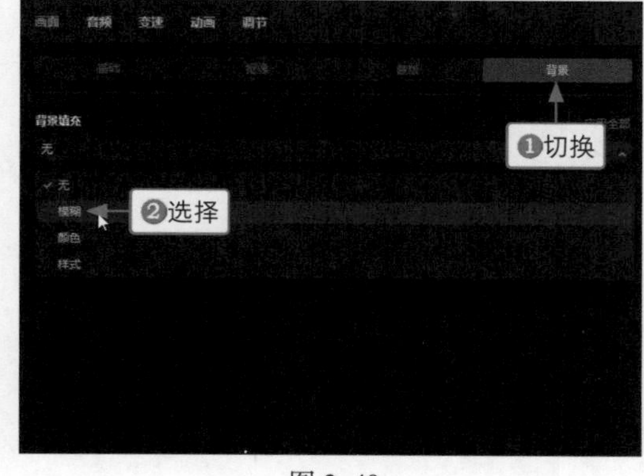

图 2-40

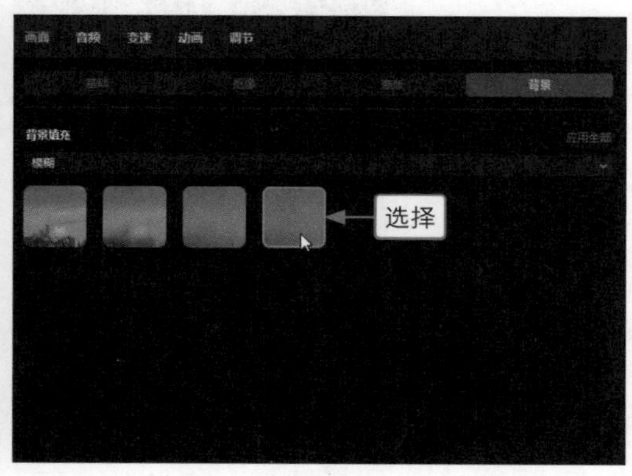

图 2-41

2. 用剪映手机版制作

剪映手机版的操作方法如下。

步骤 01 导入视频素材，在工具栏中点击“比例”按钮，进入比例工具栏，选择 9∶16 选项，如图 2-42 所示，点击✓按钮，返回到主面板。

步骤 02 点击“背景”按钮，进入背景工具栏，点击“画布模糊”按钮，如图 2-43 所示。

步骤 03 弹出“画布模糊”面板，选择第 4 个模糊效果，如图 2-44 所示，即可设置视频的背景样式。

图 2-42

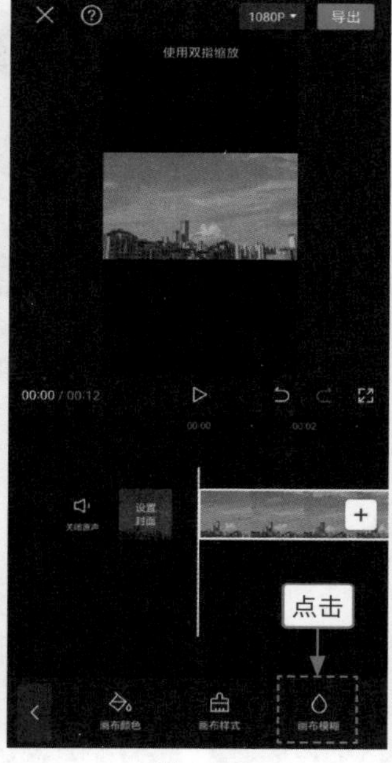

图 2-43

图 2-44

2.2.5 设置智能美颜：《树下美人》

效果展示 在剪映的“画面”操作区中，选中“智能美颜”复选框后，可以根据实际情况对 6 种参数进行调整和设置。例如，调整“磨皮”参数可以让人物皮肤看起来更光洁、靓丽；调整“瘦脸”参数可以为视频中的人物进行瘦脸处理；调整“美白”参数可以使人物的肤色变白，效果如图 2-45 所示。

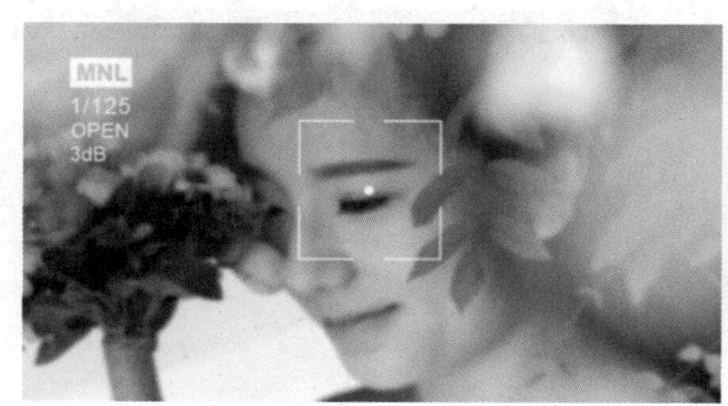

图 2-45

1. 用剪映电脑版制作

剪映电脑版的操作方法如下。

步骤 01 在“本地”选项卡中导入两段素材，❶全选所有素材；❷单击第 1 段素材右下角的“添加到轨道”按钮，如图 2-46 所示，即可将两段素材按顺序添加到视频轨道中。

步骤 02 ❶切换至“特效”功能区；❷在“基础”选项卡中单击“变清晰”特效右下角的“添加到轨道”按钮，如图 2-47 所示，即可添加一个特效。

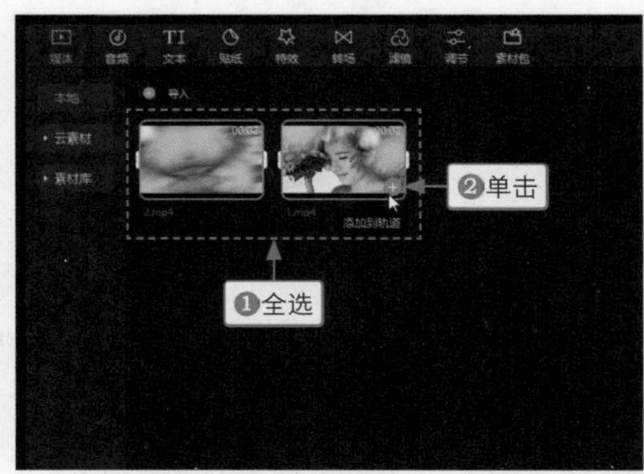

图 2-46

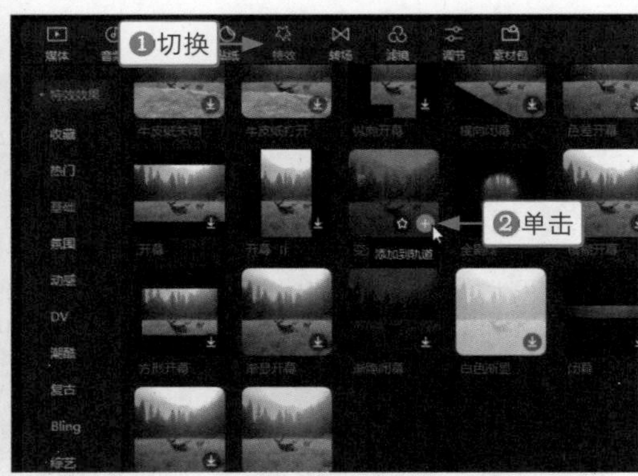

图 2-47

步骤 03 在特效轨道中，按住“变清晰”特效右侧的白色拉杆并向左拖曳，将其时长调整为与第 1 段素材的时长一致，如图 2-48 所示。

步骤 04 拖曳时间指示器至第 2 段素材的起始位置，❶在“特效”功能区中切换至“氛围”选项卡；❷单击“星光绽放”特效右下角的“添加到轨道”按钮，如图 2-49 所示，为第 2 段素材添加一个特效。

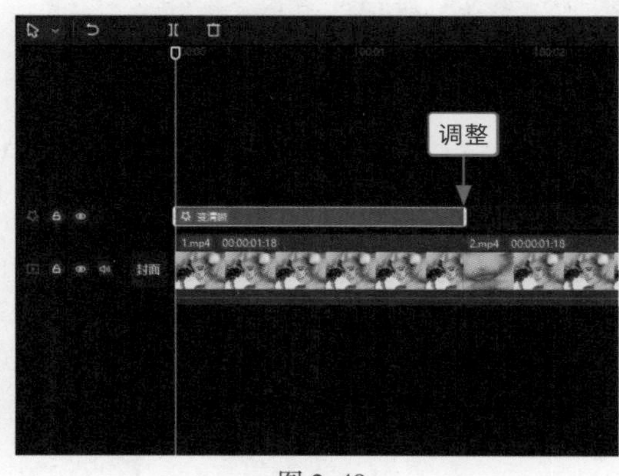

图 2-48

图 2-49

步骤 05 ❶调整“星光绽放”特效的持续时长；❷选择第 2 段素材，如图 2-50 所示。

步骤 06 在“画面”操作区中，❶选中“智能美颜”复选框；❷分别设置“磨皮”“瘦脸”和“美白”的参数为 100、100 和 20，如图 2-51 所示。

步骤 07 拖曳时间指示器至视频起始位置，❶切换至“音频”功能区；❷在“音频提取”选项卡中单击“导入”按钮，如图 2-52 所示。

步骤 08 弹出“请选择媒体资源”对话框，❶选择要提取音乐的视频；❷单击“导入”按钮，如图 2-53 所示，即可在“音频提取”选项卡中导入相应的音频。

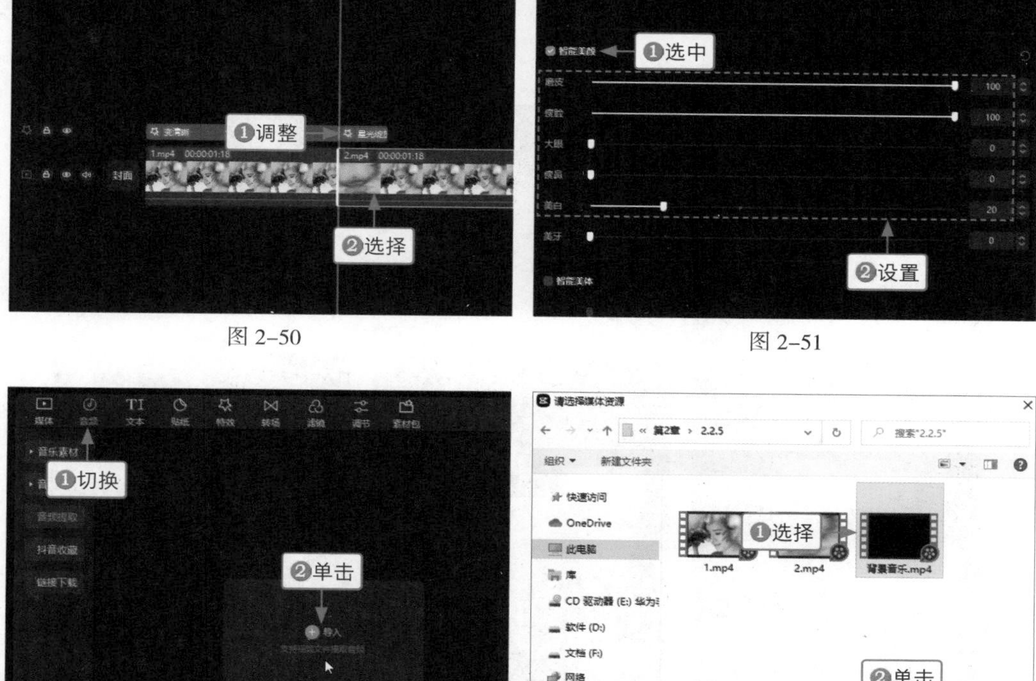

图 2–50　　图 2–51

图 2–52　　图 2–53

步骤 09 单击提取音频右下角的“添加到轨道”按钮，即可为视频添加合适的背景音乐，如图 2–54 所示。

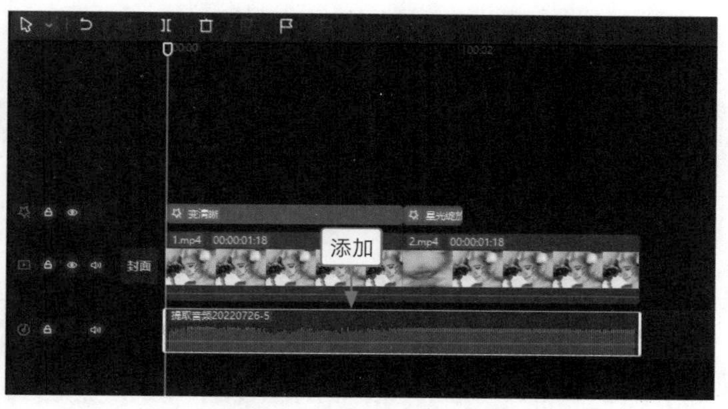

图 2–54

2. 用剪映手机版制作

剪映手机版的操作方法如下。

步骤 01 按顺序导入两段素材，依次点击“特效”按钮和“画面特效”按钮，❶切换至“基础”选项卡；❷选择“变清晰”特效，如图 2–55 所示。

步骤 02 用与上述同样的方法，再添加一个“氛围”选项卡中的“星光绽放”特效，❶在特效轨道调整两个特效的位置和持续时长；❷选择第 2 段素材，如图 2–56 所示。

步骤 03 在工具栏中点击“美颜美体”按钮，进入美颜美体工具栏，点击“智能美颜”按钮，弹出“智能美颜”面板，并默认选择“磨皮”选项，拖曳滑块，设置“磨皮”参数为 100，如图 2-57 所示。

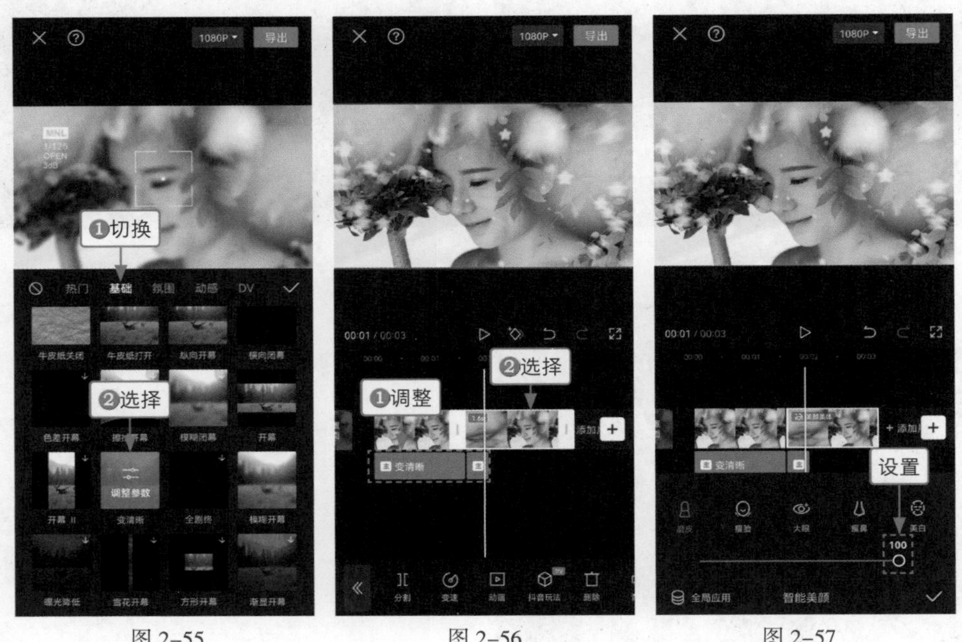

图 2-55　　图 2-56　　图 2-57

步骤 04 ❶选择“瘦脸”选项；❷设置其参数为 100，如图 2-58 所示。

步骤 05 ❶选择“美白”选项；❷设置其参数为 20，如图 2-59 所示。

步骤 06 返回到主面板，拖曳时间轴至视频起始位置，依次点击“音频”按钮和“提取音乐”按钮，进入“照片视频”界面，❶选择要提取音乐的视频；❷点击“仅导入视频的声音”按钮，如图 2-60 所示，即可为视频添加背景音乐。

图 2-58　　图 2-59　　图 2-60

在剪映电脑版中选中“智能美颜”复选框后，系统会自动设置“磨皮”和“瘦脸”的参数均为 50，如果用户觉得满意就不需要再进行调整，达到一键美颜的效果；而在剪映手机版的“智能美颜”面板中没有默认参数，用户要自行设置。

课后实训：画面定格

效果展示 用户在碰到精彩的画面镜头时，可以使用“定格”功能来延长这个镜头的播放时间，从而增加视频对观众的吸引力，效果如图 2-61 所示。

图 2-61

本案例制作主要步骤如下：

首先在视频轨道中导入视频素材，❶拖曳时间指示器至视频结束位置；❷单击“定格”按钮，如图 2-62 所示。执行操作后，即可生成定格片段，调整定格片段的持续时长，如图 2-63 所示，即可完成画面定格效果的制作。

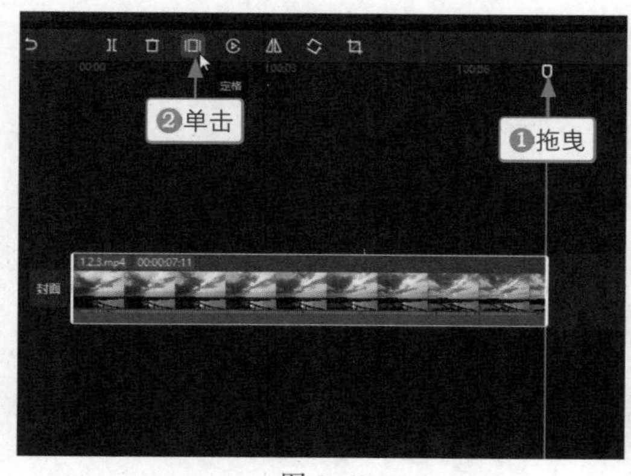

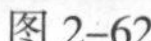

图 2-62

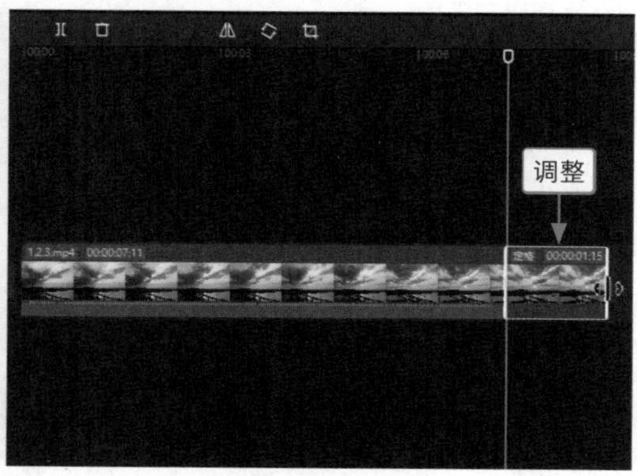

图 2-63

第 3 章　变速：调整视频的播放速度

对视频进行变速处理，既可以调整视频的总时长，又可以有选择性地将某段视频的播放速度变慢，从而吸引观众的注意，还可以通过调整视频的播放速度来实现画面的转换和运动。本章介绍在剪映中对视频进行常规变速和曲线变速的操作方法，以及无缝转场视频与风景卡点视频的制作方法。

3.1 基础操作

在剪映中，“变速”功能能够改变视频的播放速度，让视频画面更具动感。剪映的“变速”功能有“常规变速”和“曲线变速”两种模式，在改变视频的播放速度时，视频的时长也会随之发生变化。

3.1.1 常规变速：《蓝天白云》

效果展示 在剪映中，“常规变速”功能可以调整指定视频的播放速度，效果如图 3-1 所示。

图 3-1

1. 用剪映电脑版制作

剪映电脑版的操作方法如下。

步骤 01 在“本地”选项卡中导入素材，单击视频素材右下角的“添加到轨道”按钮＋，如图 3-2 所示，即可将素材添加到视频轨道中。

步骤 02 ❶在视频上单击鼠标右键；❷在弹出的快捷菜单中选择“分离音频”选项，如图 3-3 所示。

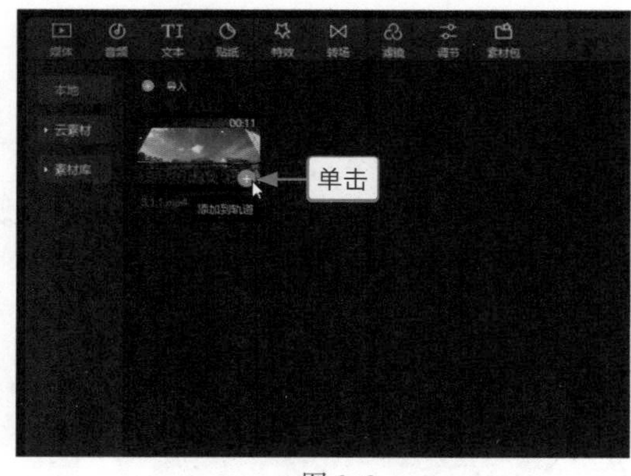

图 3-2

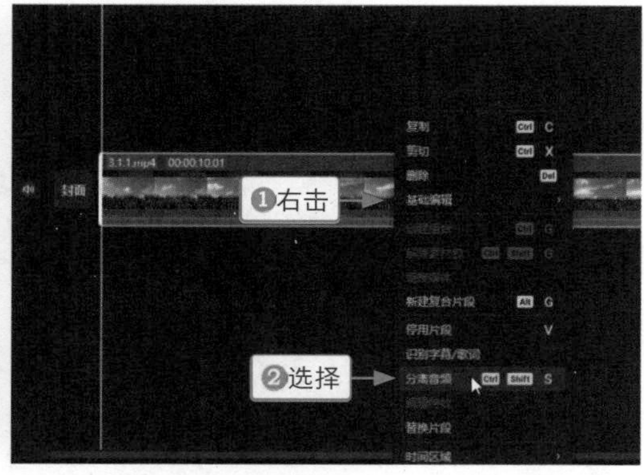

图 3-3

步骤 03 执行操作后，即可将视频中的背景音乐分离出来，如图 3-4 所示。

步骤 04 ❶拖曳时间指示器至 00:00:04:27 的位置；❷单击“分割”按钮，如图 3-5 所示，即可分割素材。

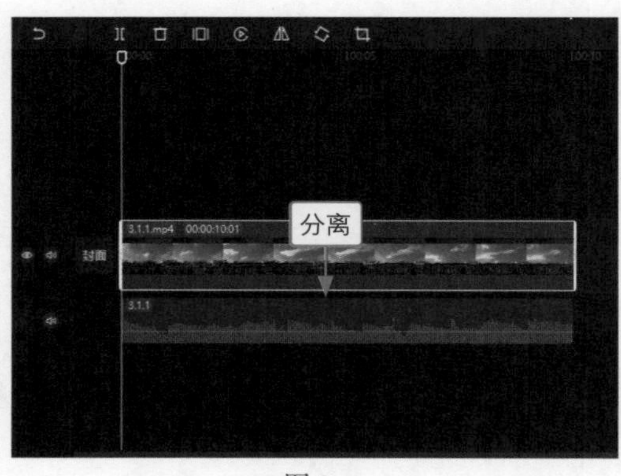

图 3-4

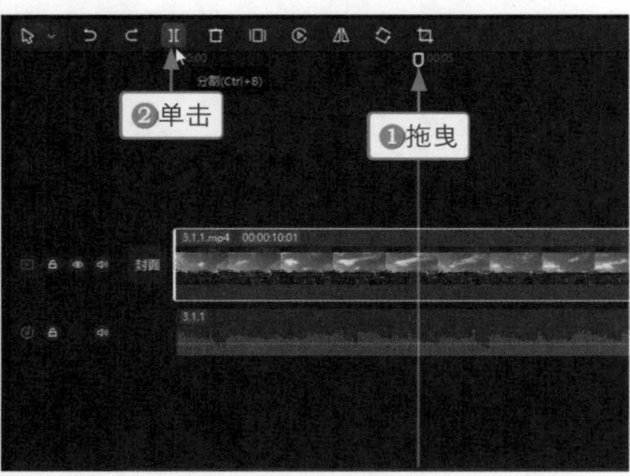

图 3-5

步骤 05 选择分割出的前半段视频，如图 3-6 所示。

步骤 06 ❶切换至“变速”操作区；❷在“常规变速”选项卡中设置“倍数”参数为 4.0x，如图 3-7 所示，将视频播放速度变快。

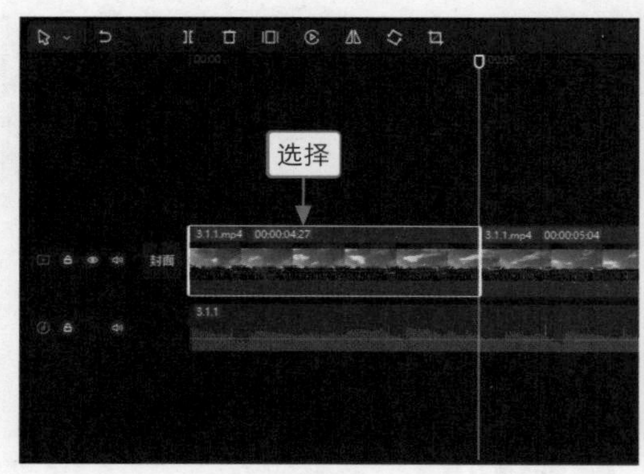

图 3-6

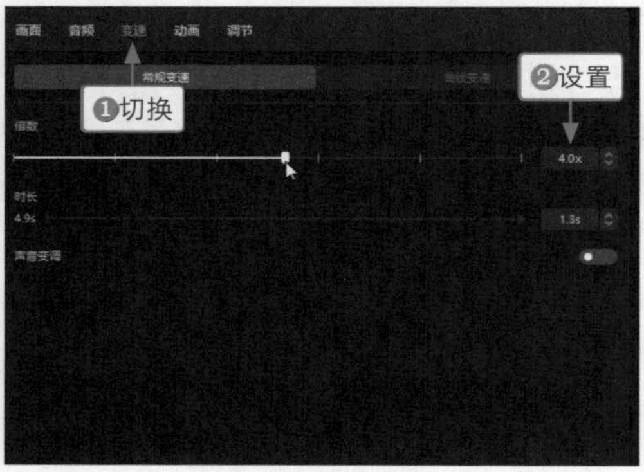

图 3-7

步骤 07 选择第 2 段视频素材，在“常规变速”选项卡中设置“时长”参数为 8.5s，如图 3-8 所示，将视频时长拉长的同时，使视频的播放速度变慢，此时“倍数”参数显示为 0.6x。

步骤 08 执行操作后，即可调整视频的播放速度，按住音频右侧的白色拉杆并向左拖曳，调整音频的时长，使其对齐视频素材的结束位置，如图 3-9 所示。

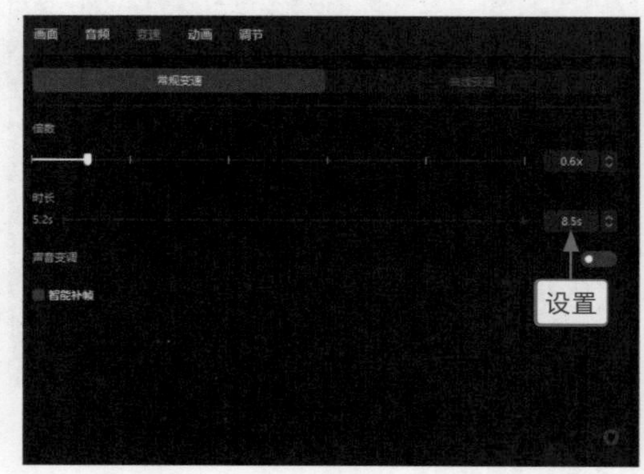

图 3-8

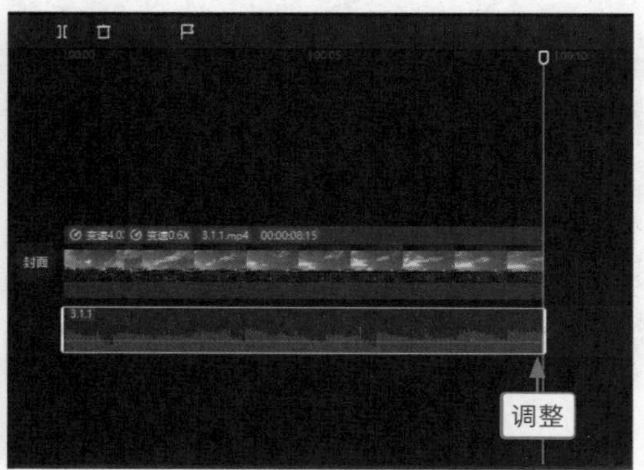

图 3-9

2. 用剪映手机版制作

剪映手机版的操作方法如下。

步骤 01 导入视频素材，❶选择素材；❷在工具栏中点击“音频分离”按钮，如图 3-10 所示，即可分离出视频的背景音乐。

步骤 02 选择素材，拖曳时间轴至相应位置，在工具栏中点击“分割”按钮，即可将视频分割成两段，❶选择分割出的前半段视频；❷依次点击“变速”按钮和“常规变速”按钮，弹出“变速”面板，向右拖曳红色圆环滑块，设置“变速”参数为 4.0x，如图 3-11 所示，即可缩短视频时长。

步骤 03 ❶选择第 2 段素材；❷在“变速”面板中向左拖曳红色圆环滑块，设置“时长”参数为 8.5s，增加视频的时长，此时“变速”参数显示为 0.6x，如图 3-12 所示，按住音频右侧的白色拉杆并向左拖曳，调整音频的时长，使其与视频素材的时长保持一致，即可完成视频播放速度的调整。

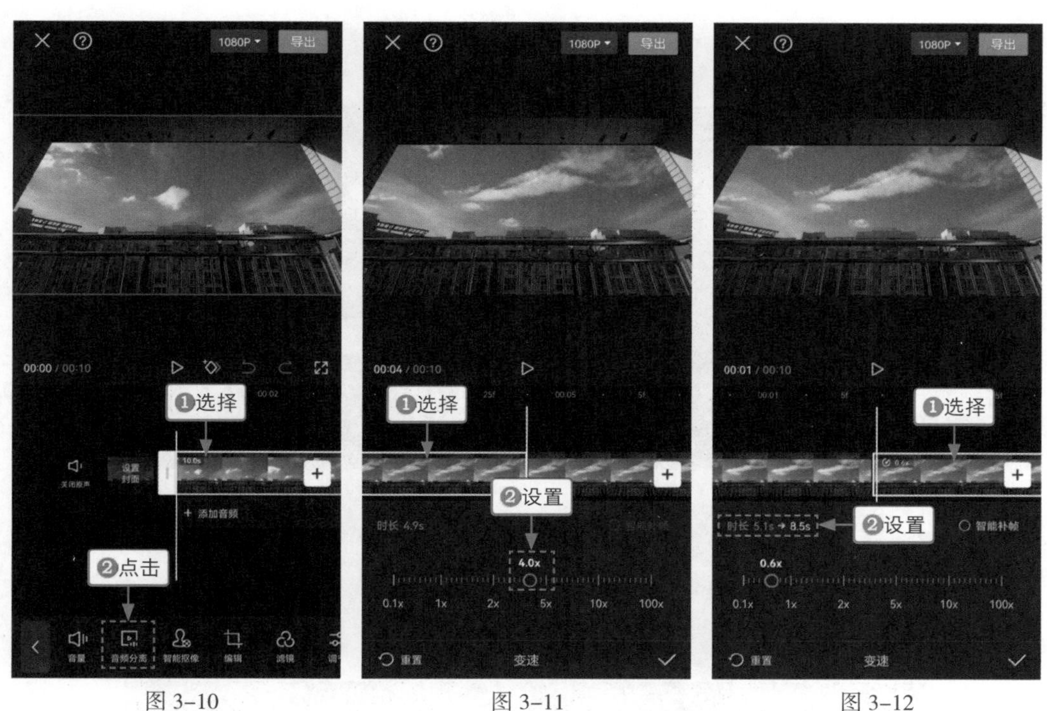

图 3-10　　图 3-11　　图 3-12

3.1.2　曲线变速：《蒙太奇变速》

效果展示 在剪映中，“曲线变速”功能可以自由调整视频的播放速度，使视频根据自己的需求时快时慢，效果如图 3-13 所示。

图 3–13

1. 用剪映电脑版制作

剪映电脑版的操作方法如下。

步骤 01 将素材添加到视频轨道中，❶在视频上单击鼠标右键；❷在弹出的快捷菜单中选择“分离音频”选项，如图 3–14 所示，即可将视频中的背景音乐分离出来。

步骤 02 ❶单击“变速”按钮，进入“变速”操作区；❷切换至“曲线变速”选项卡；❸选择“蒙太奇”选项，如图 3–15 所示。

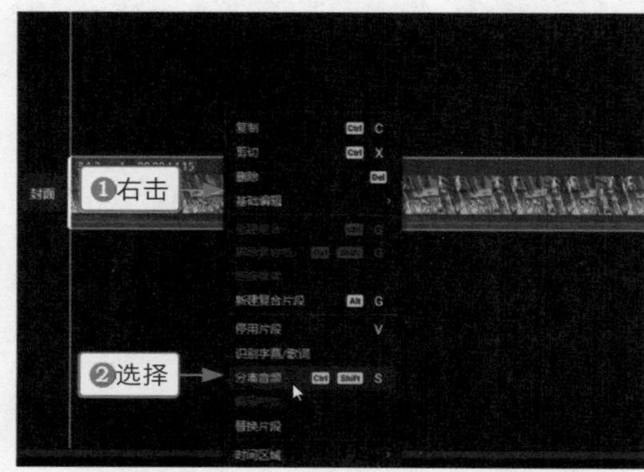

图 3–14

图 3–15

步骤 03 ❶将第 1 个和第 2 个变速点拖曳至第 3 条线的位置上；❷将第 3 个变速点拖曳至第 1 条线的位置上；❸将第 4 个变速点拖曳至第 5 条线的位置上，如图 3–16 所示，即可调整蒙太奇变速的效果。

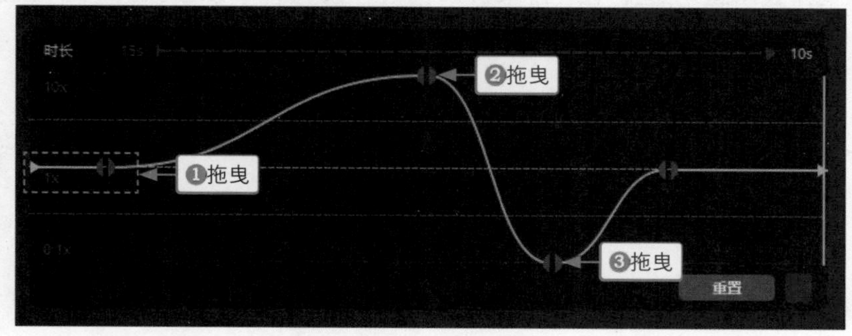

图 3–16

步骤 04 调整音频的时长，使其与视频时长保持一致，如图 3–17 所示。

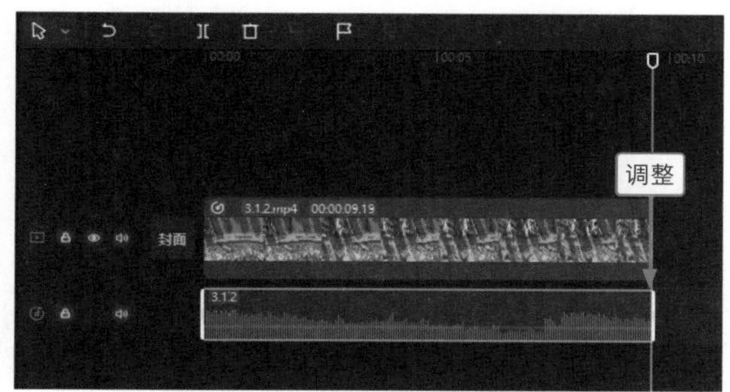

图 3-17

2. 用剪映手机版制作

剪映手机版的操作方法如下。

步骤 01 在剪映中导入视频素材并分离出背景音乐，❶选择素材；❷依次点击“变速”按钮和“曲线变速”按钮，如图 3-18 所示，弹出“曲线变速”面板。

步骤 02 ❶选择“蒙太奇”选项；❷点击“点击编辑”按钮，如图 3-19 所示，弹出“蒙太奇”编辑面板。

步骤 03 ❶将第 1 个和第 2 个变速点拖曳至第 3 条线的位置上；❷将第 3 个变速点拖曳至第 1 条线的位置上；❸将第 4 个变速点拖曳至第 5 条线的位置上，如图 3-20 所示，调整视频的变速效果，并调整音频的时长，使其与视频时长保持一致，即可完成曲线变速视频的制作。

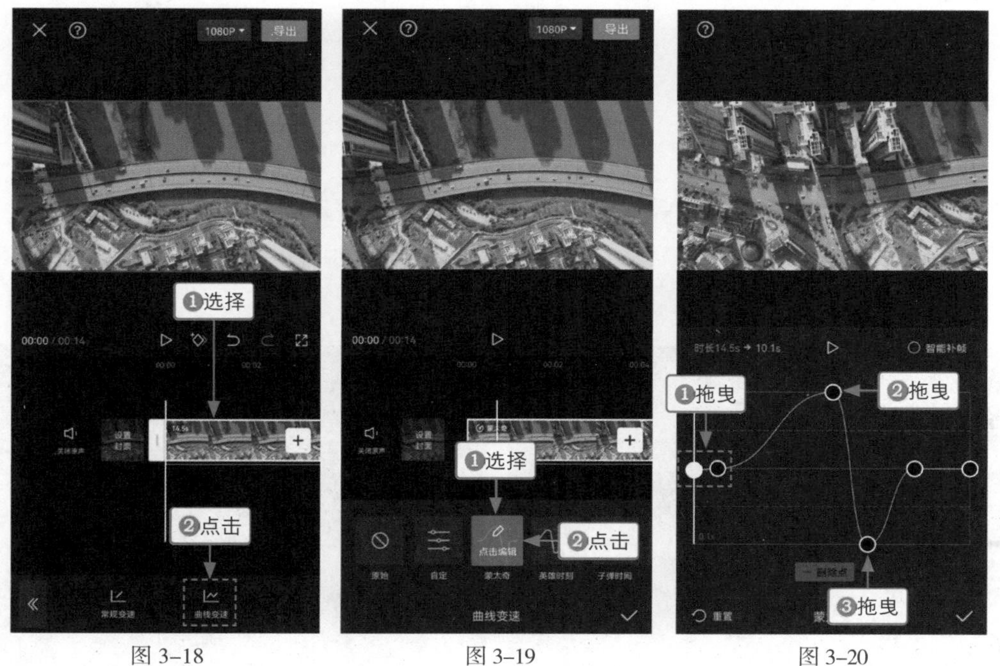

图 3-18　　图 3-19　　图 3-20

3.2 进阶玩法

用户可以将不同的变速效果组合使用，来制作富有变化的视频效果。本节介绍无缝转场和风景卡点视频的制作方法。

3.2.1 无缝转场：《日夜轮转》

效果展示 运用“曲线变速”功能可以制作出无缝转场效果，让视频之间的过渡变得自然、流畅，效果如图 3-21 所示。

图 3-21

1. 用剪映电脑版制作

剪映电脑版的操作方法如下。

步骤 01 在视频轨道中依次导入两段素材，选择第 1 段素材，如图 3-22 所示。

步骤 02 ❶切换至“变速”操作区；❷在“曲线变速”选项卡中选择“闪出”选项，如图 3-23 所示。

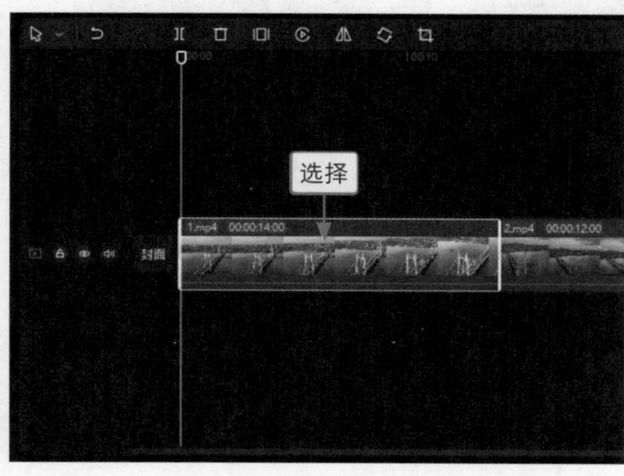

图 3-22

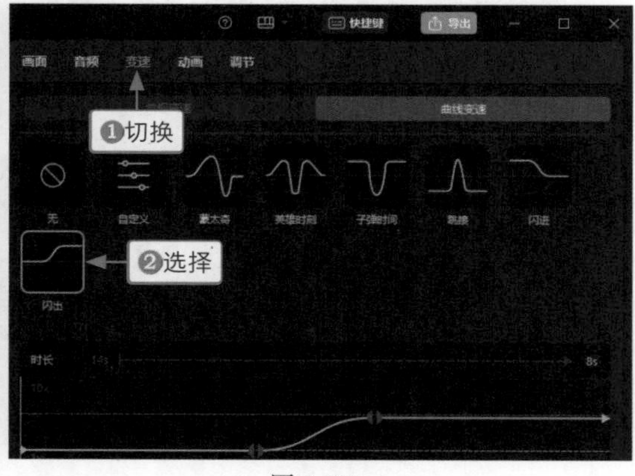

图 3-23

步骤 03 将第 3 个和第 4 个变速点拖曳至第 1 条线的位置上，如图 3-24 所示，加快视频后半段的播放速度。

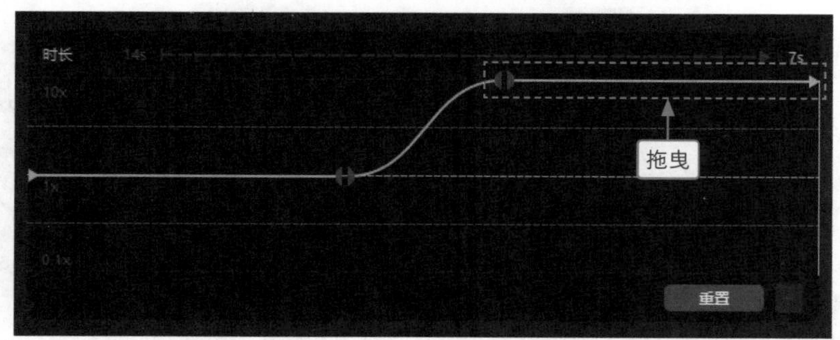

图 3-24

步骤 04 选择第 2 段素材，❶在“曲线变速”选项卡中选择“闪进”选项；❷将第 1 个和第 2 个变速点拖曳至第 1 条线的位置上，如图 3-25 所示，加快视频前半段的播放速度。

步骤 05 拖曳时间指示器至视频起始位置，❶切换至“音频”功能区；❷在“音频提取”选项卡中导入背景音乐，并单击右下角的“添加到轨道”按钮，如图 3-26 所示，为视频添加背景音乐。

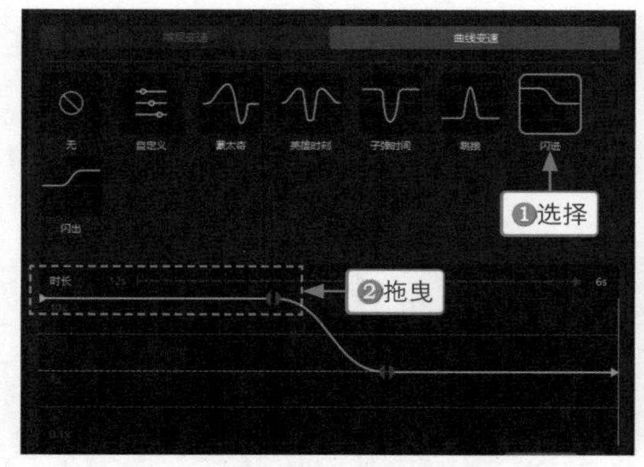

图 3-25

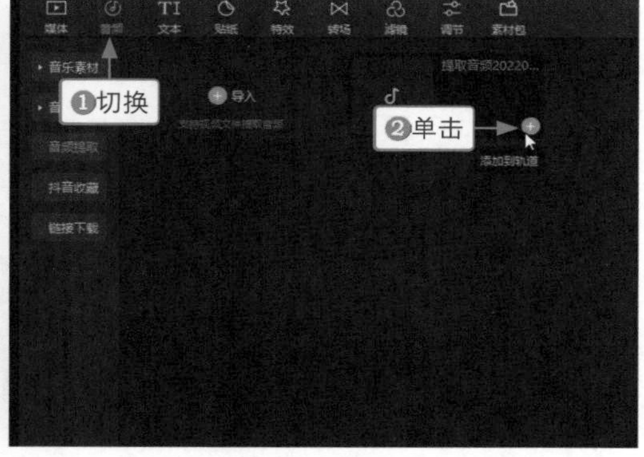

图 3-26

2. 用剪映手机版制作

剪映手机版的操作方法如下。

步骤 01 在剪映中导入两段视频素材，选择第 1 段素材，依次点击“变速”按钮和“曲线变速”按钮，在“曲线变速”面板中选择“闪出”选项，点击“点击编辑”按钮，弹出“闪出”编辑面板，将第 3 个和第 4 个变速点拖曳至第 1 条线的位置上，如图 3-27 所示。

步骤 02 为第 2 段素材添加“曲线变速”面板中的“闪进”变速效果，并在“闪进”编辑面板中将第 1 个和第 2 个变速点拖曳至第 1 条线的位置上，如图 3-28 所示，让视频的切换更丝滑。

步骤 03 为视频添加合适的背景音乐，如图 3-29 所示。

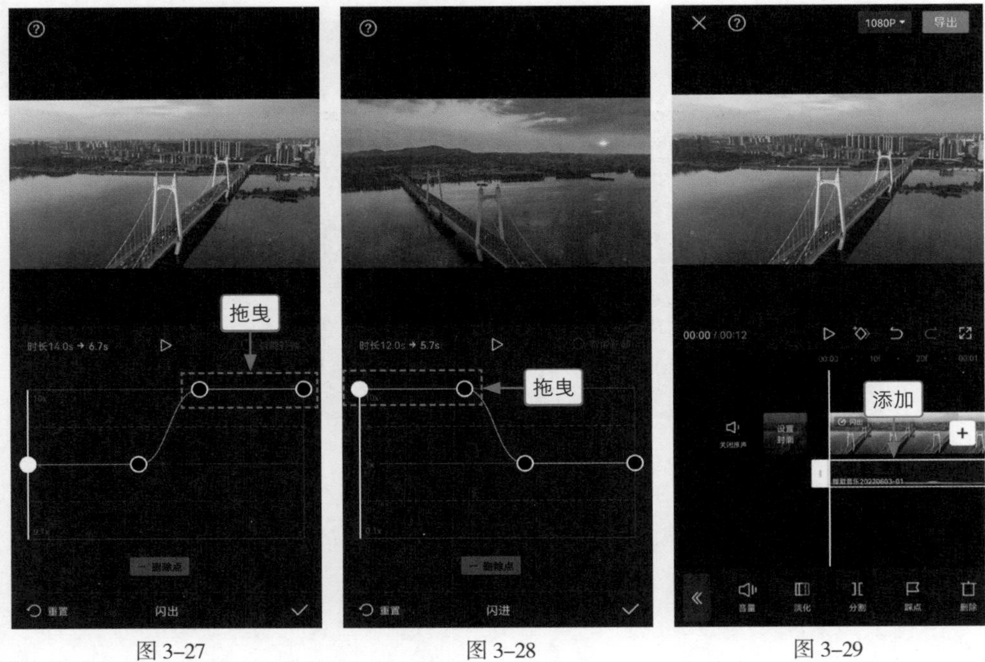

图 3–27　　图 3–28　　图 3–29

3.2.2　风景卡点：《靓丽风光》

效果展示　在剪映中，通过“曲线变速”功能调整多个素材的播放速度，并搭配节奏感强的背景音乐，即可制作出风景卡点视频，效果如图 3–30 所示。

图 3–30

1. 用剪映电脑版制作

剪映电脑版的操作方法如下。

步骤 01　将素材按顺序添加到视频轨道中，选择第 1 段素材，❶切换至“变速”操作区；❷在“曲线变速”选项卡中选择“自定义”选项；❸将第 1 个变速点拖曳至第 1 条线的位置上，将第 2 个和第 3 个变速点拖曳至第 3 条线的位置上，将第 4 个和第 5 个变速点拖曳至第 2 条线的位置上，并调整变速点之间的距离，如图 3–31 所示，即可完成第 1 段素材的变速处理。

步骤 02 用与上述同样的方法，①为第 2 段素材添加“曲线变速”选项卡中的“自定义”变速效果；②调整变速点的位置和距离，如图 3-32 所示。

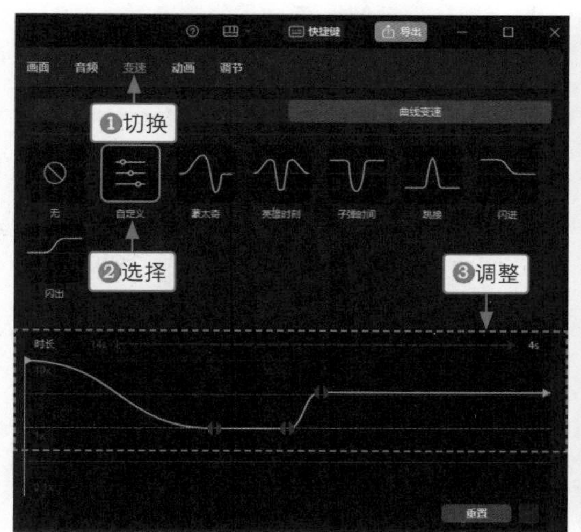

图 3-31

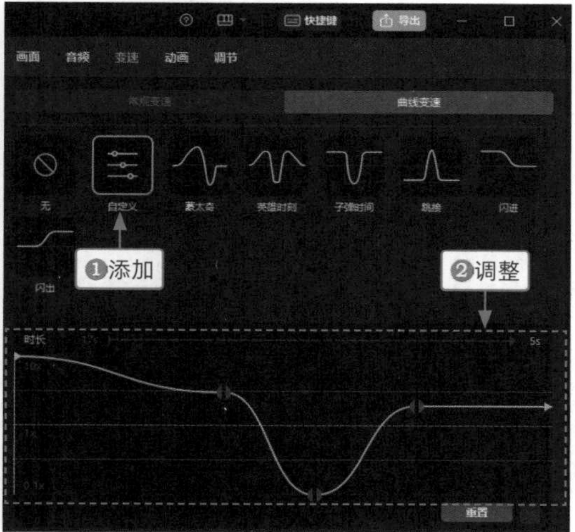

图 3-32

步骤 03 用与上述同样的方法，①为第 3 段素材添加“曲线变速”选项卡中的“自定义”变速效果；②调整变速点的位置和距离，如图 3-33 所示。

步骤 04 用与上述同样的方法，①为第 4 段素材添加“曲线变速”选项卡中的“自定义”变速效果；②调整变速点的位置和距离，如图 3-34 所示。

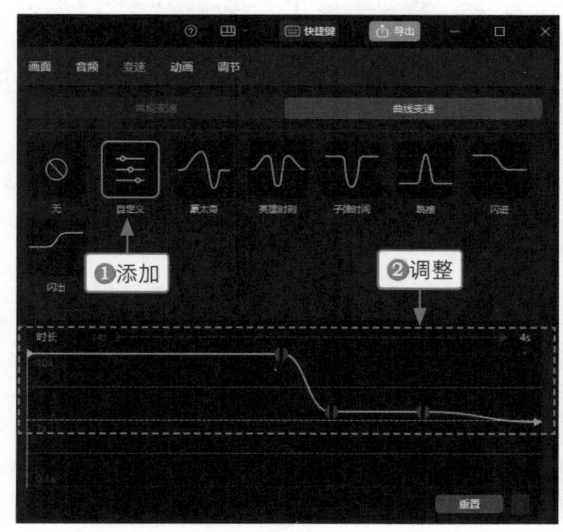

图 3-33

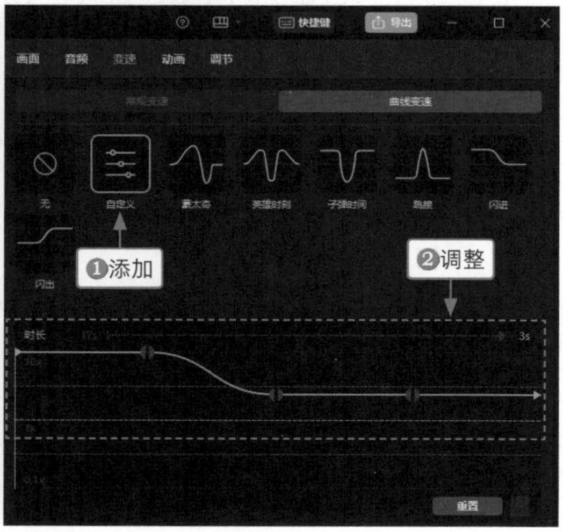

图 3-34

步骤 05 拖曳时间指示器至视频起始位置，①单击“音频”按钮，进入“音频”功能区；②切换至“抖音收藏”选项卡；③在相应音乐的右下角单击“添加到轨道”按钮，如图 3-35 所示，为视频添加合适的背景音乐。

步骤 06 ①拖曳时间指示器至 00:00:02:27 的位置；②单击“分割”按钮，如图 3-36 所示，即可分割出多余的音频片段。

步骤 07 ❶选择分割出的前半段音频；❷单击“删除”按钮▣，如图 3-37 所示，即可删除多余的音频片段。

步骤 08 ❶按住音频并向左拖曳，调整音频的位置，❷在视频的结束位置分割出不需要的音频片段；❸单击“删除”按钮▣，如图 3-38 所示，即可完成风景卡点视频的制作。

图 3-35

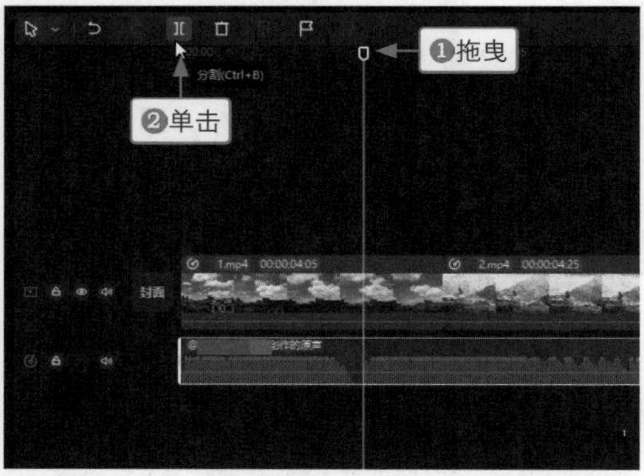

图 3-36

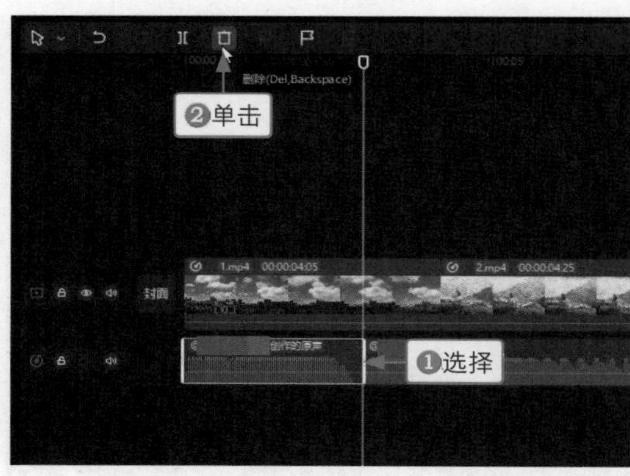

图 3-37

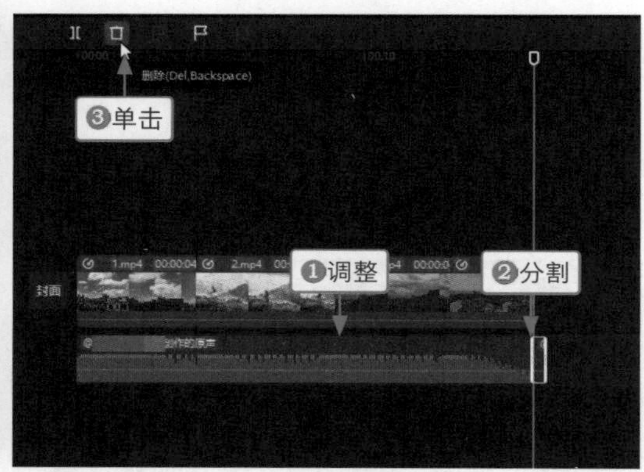

图 3-38

2. 用剪映手机版制作

剪映手机版的操作方法如下。

步骤 01 在剪映中依次导入 4 段视频素材，为第 1 段素材添加“曲线变速”面板中的“自定义”变速效果，并在“自定”编辑面板中调整变速点的位置和距离，如图 3-39 所示。

步骤 02 为第 2 段素材添加“曲线变速”面板中的“自定义”变速效果，并在“自定义”编辑面板中调整变速点的位置和距离，如图 3-40 所示。

步骤 03 为第 3 段素材添加“曲线变速”面板中的“自定义”变速效果，并在“自定义”编辑面板中调整变速点的位置和距离，如图 3-41 所示。

步骤 04 为第 4 段素材添加“曲线变速”面板中的“自定义”变速效果，并在“自定义”编辑面板中调整变速点的位置和距离，如图 3-42 所示。

步骤 05 返回到主面板，拖曳时间轴至视频起始位置，依次点击“音频”按钮和“抖音收藏”按钮，进入“添加音乐”界面，在“抖音收藏”选项卡中点击相应音乐右侧的“使用”按钮，如图 3-43 所示，即可为视频添加合适的背景音乐。

步骤 06 选取合适的音频片段，并调整音频的位置，如图 3-44 所示，即可完成视频的制作。

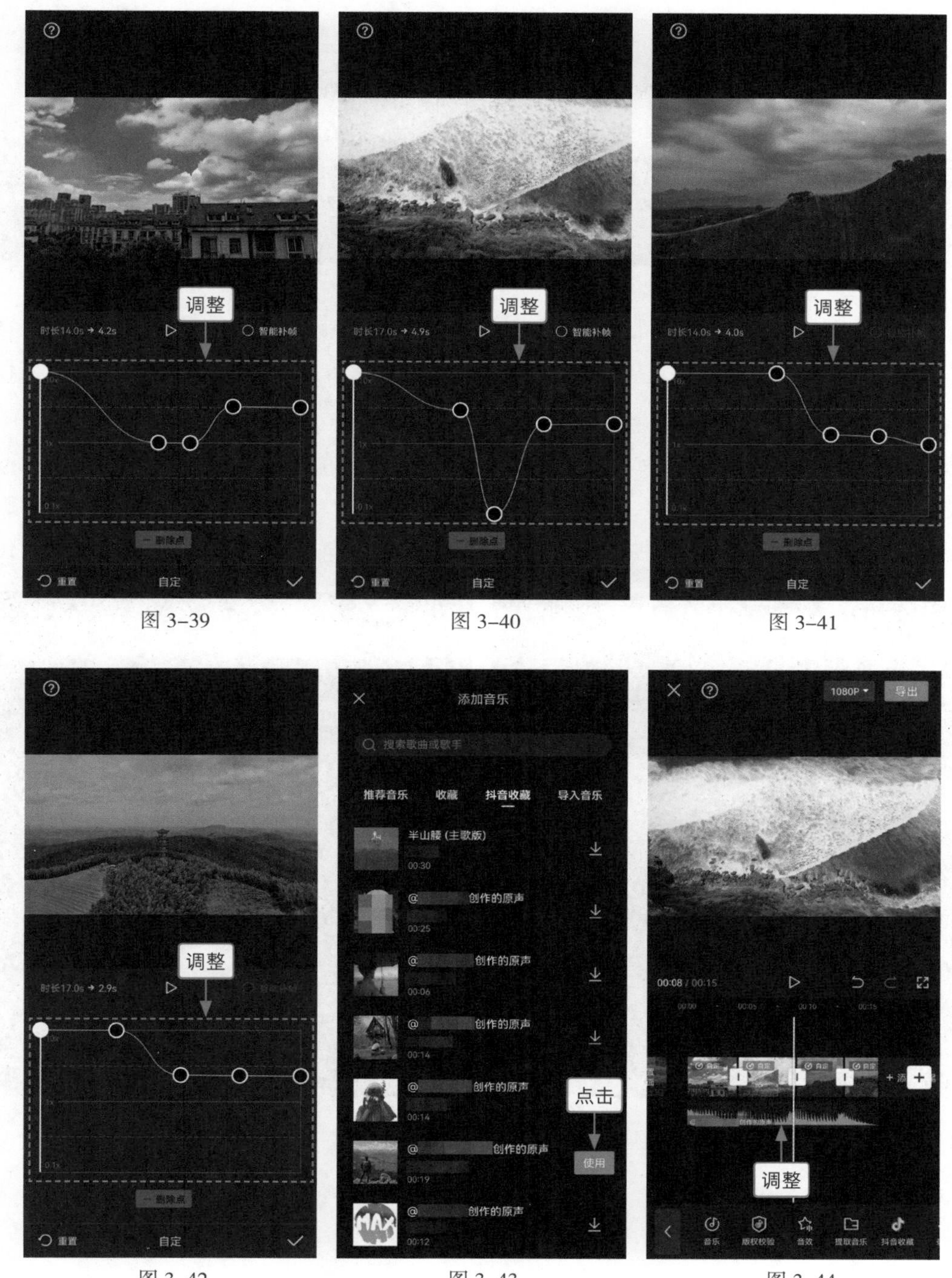

图 3-39　图 3-40　图 3-41

图 3-42　图 3-43　图 3-44

课后实训：**制作延时视频**

效果展示 如果用户想制作延时视频，可以运用“变速”功能一键缩短视频时长，从而使延时的效果更出彩，效果如图 3-45 所示。

图 3–45

本案例制作主要步骤如下：

首先在视频轨道中按顺序导入所有延时照片，将视频导出备用，新建一个草稿文件，将导出的视频导入视频轨道中，❶切换至“变速”操作区；❷设置“时长”参数为 10.0s，如图 3–46 所示，即可用 16 分钟的视频制作出 10s 的延时视频。

然后，❶切换至“音频”功能区；❷在“音乐素材”选项卡的“纯音乐”选项区中，单击相应音乐右下角的“添加到轨道”按钮；❸调整背景音乐的时长，如图 3–47 所示，即可完成延时视频的制作。

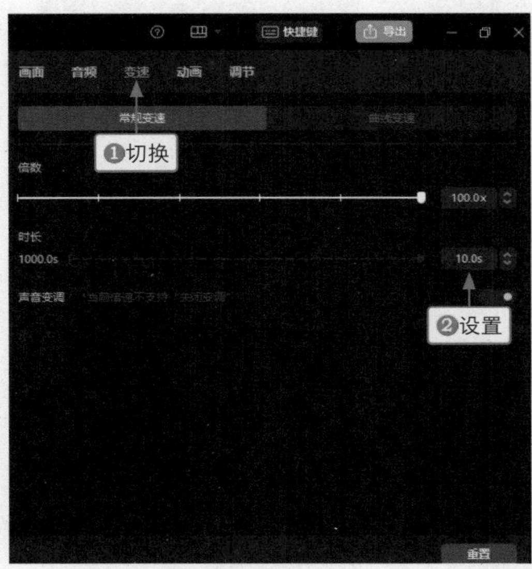

图 3–46

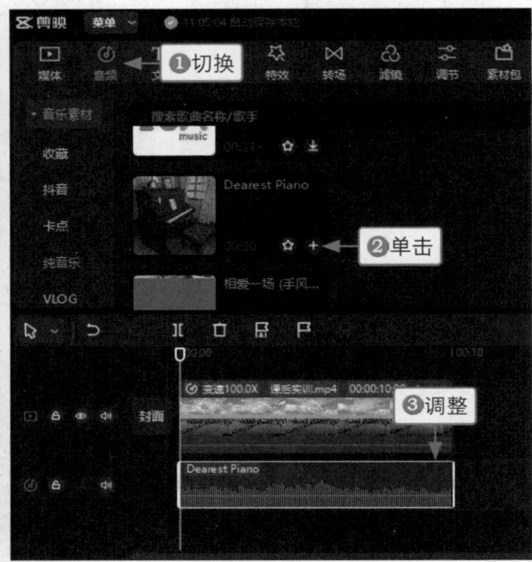

图 3–47

第 4 章　调色：玩转调节色彩的技巧

如今人们的欣赏眼光越来越高，喜欢追求更有创造性的短视频作品。因此在后期对短视频的色调进行处理时，不仅要突出画面主体，还需要表现出适合主题的艺术气息，实现完美的色调视觉效果。本章主要介绍在剪映中添加滤镜和调节、蒙版调色、曲线调色，以及色卡调色的操作方法

4.1 添加滤镜和调节

剪映拥有风格多样、种类丰富的滤镜库，用户可以根据需求任意挑选。不过滤镜并不是万能的，不能适配所有画面，因此，用户还可以通过添加调节来调整视频画面的色彩。

4.1.1 添加滤镜：《青橙时光》

效果展示 用户为视频添加滤镜时，可以多尝试几个滤镜，然后挑选最佳的滤镜效果，添加合适的滤镜能让画面焕然一新。调色前后对比如图 4-1 所示。

图 4-1

1. 用剪映电脑版制作

剪映电脑版的操作方法如下。

步骤 01 在“本地”选项卡中导入素材，单击视频素材右下角的“添加到轨道”按钮，如图 4-2 所示，即可将素材添加到视频轨道中。

步骤 02 ❶单击“滤镜”按钮，进入“滤镜”功能区；❷切换至“影视级”选项卡；❸单击“高饱和”滤镜右下角的“添加到轨道”按钮，如图 4-3 所示。

图 4-2

图 4-3

步骤 03 执行操作后，即可为视频添加一个滤镜，并在“播放器”面板中查看画面效果，如图 4-4 所示。

步骤 04 由于添加滤镜后的画面显得灰暗，给人一种压抑感，可以单击时间线面板中的“删除”按钮，如图 4-5 所示，删除添加的滤镜。

图 4-4

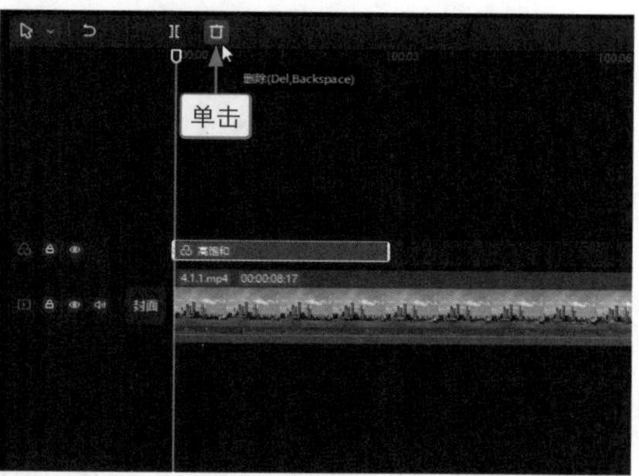

图 4-5

步骤 05 在“影视级”选项卡中单击“青橙”滤镜右下角的“添加到轨道”按钮，如图 4-6 所示，即可为视频添加新的滤镜。

步骤 06 在滤镜轨道按住“青橙”滤镜右侧的白色拉杆并向右拖曳，调整滤镜的持续时长，使其与视频时长保持一致，如图 4-7 所示。

图 4-6

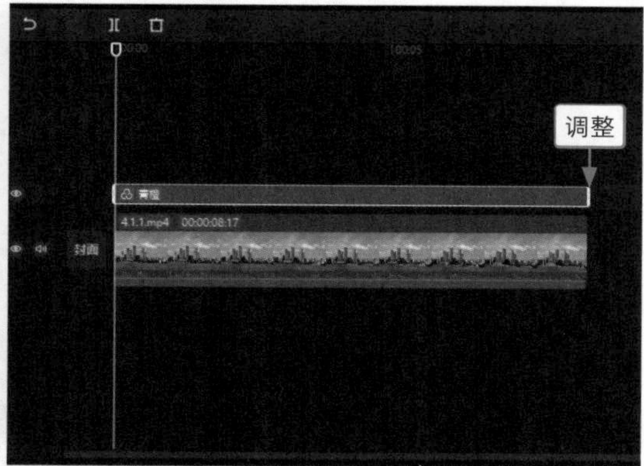

图 4-7

2. 用剪映手机版制作

剪映手机版的操作方法如下。

步骤 01 导入视频素材，❶选择素材；❷在工具栏中点击“滤镜”按钮，如图 4-8 所示。

步骤 02 在“滤镜”选项卡中，❶切换至“影视级”选项区；❷选择“高饱和”滤镜，如图 4-9 所示，即可在预览区域查看画面效果。

步骤 03 ❶在“影视级”选项区中选择“青橙”滤镜；❷拖曳滑块，设置强度参数为 100，如图 4-10 所示，即可完成滤镜的添加。

图 4-8

图 4-9

图 4-10

4.1.2 添加调节：《黑麋峰》

效果展示 有些视频自身的画面色彩已经很好看了，用户可以为视频添加调节效果，通过设置一些调节参数，来优化画面色彩。调色前后对比如图 4-11 所示。

图 4-11

1. 用剪映电脑版制作

剪映电脑版的操作方法如下。

步骤 01 在“本地”选项卡中导入素材，单击视频素材右下角的“添加到轨道”按钮，如图 4-12 所示，即可将素材添加到视频轨道中。

步骤 02 ❶切换至“调节”功能区；❷在“调节”选项卡中单击“自定义调节”选项右下角的“添加到轨道”按钮，如图 4-13 所示，即可为视频添加调节效果。

步骤 03 在“调节”操作区中拖曳滑块，设置“色温”参数为 10，如图 4-14 所示，让画面偏暖色调。

步骤 04 拖曳滑块，设置“饱和度”参数为 10，如图 4-15 所示，使画面色彩更浓郁。

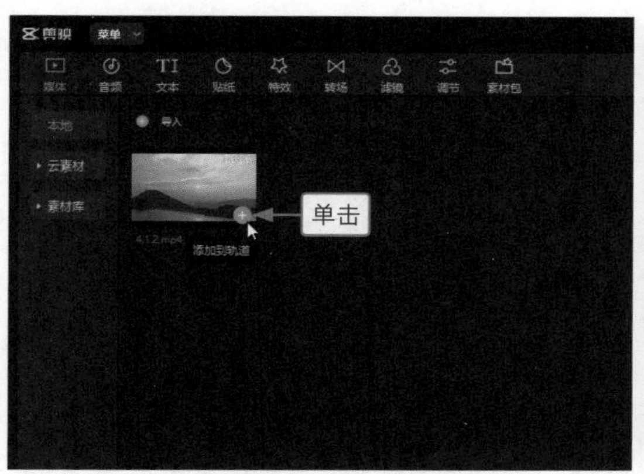

图 4-12

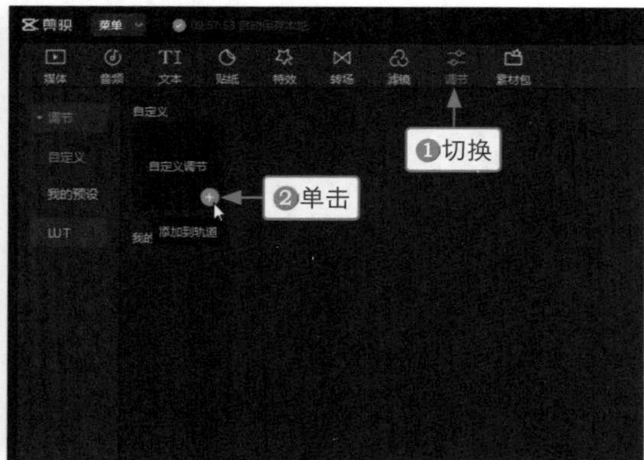

图 4-13

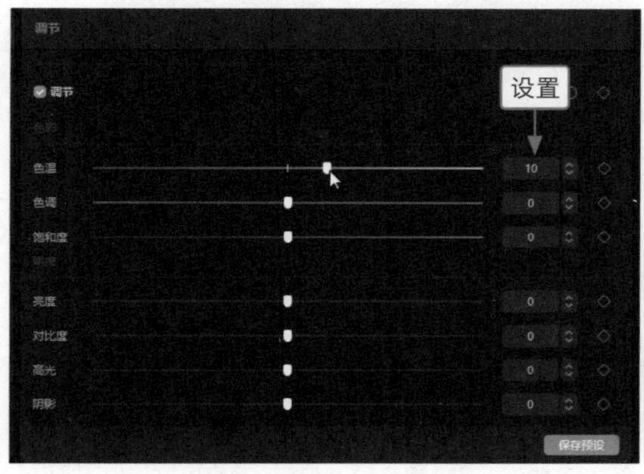

图 4-14

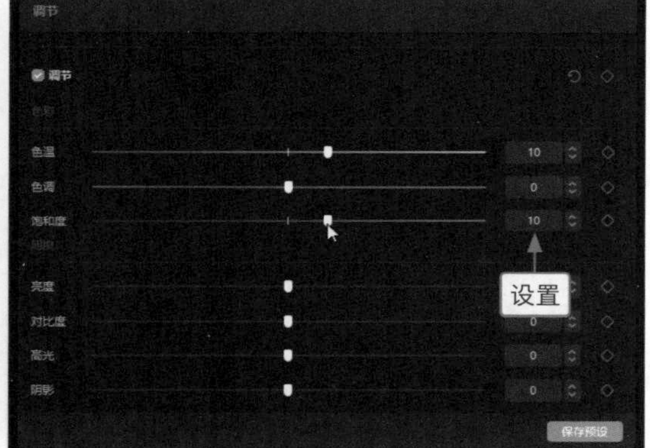

图 4-15

在“调节”操作区中设置参数时，如果用户不确定要设置什么数值效果最佳，可以拖曳相应参数右侧的滑块，根据“播放器”面板中的画面效果来不断调整数值；如果用户已经知道了具体的数值，可以直接在相应参数右侧的文本框中输入数值，这样更节省时间。

步骤 05 拖曳滑块，设置“亮度”参数为 -4，如图 4-16 所示，降低画面的整体亮度。

步骤 06 拖曳滑块，设置“高光”参数为 5，如图 4-17 所示，提高画面中高光部分的亮度。

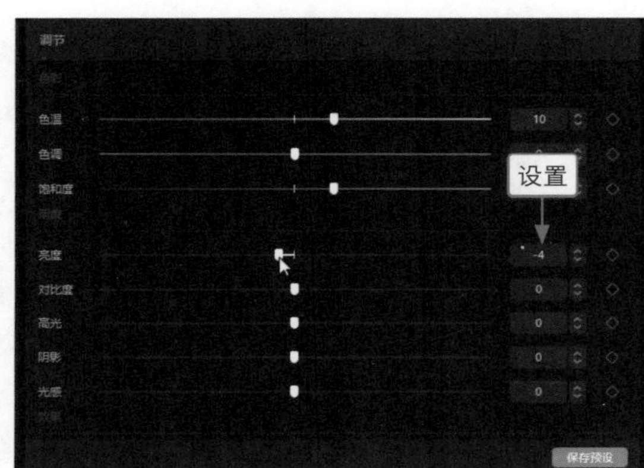

图 4-16

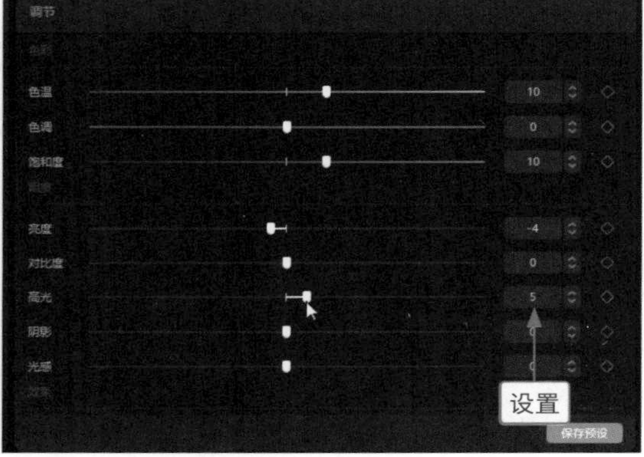

图 4-17

步骤 07　拖曳滑块，设置“阴影”参数为 -5，如图 4-18 所示，让画面中的暗处更暗一些。

步骤 08　拖曳滑块，设置“光感”参数为 -10，如图 4-19 所示，降低画面的光线亮度。

步骤 09　拖曳滑块，设置“锐化”参数为 10，如图 4-20 所示，提高画面的清晰度。

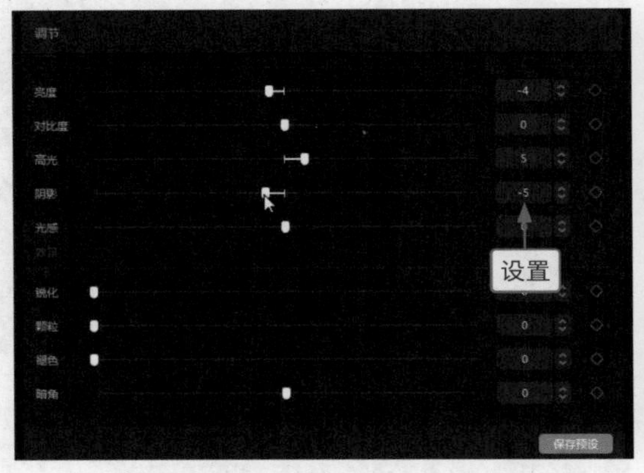

图 4-18

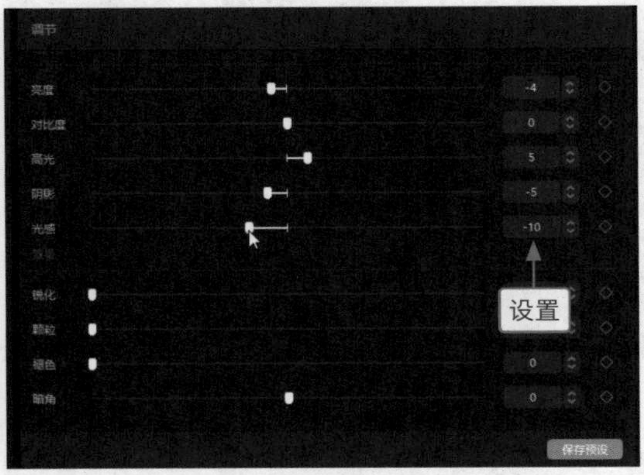

图 4-19

步骤 10　按住“调节 1”效果右侧的白色拉杆并向右拖曳，调整调节的持续时长，使其与视频时长保持一致，如图 4-21 所示。

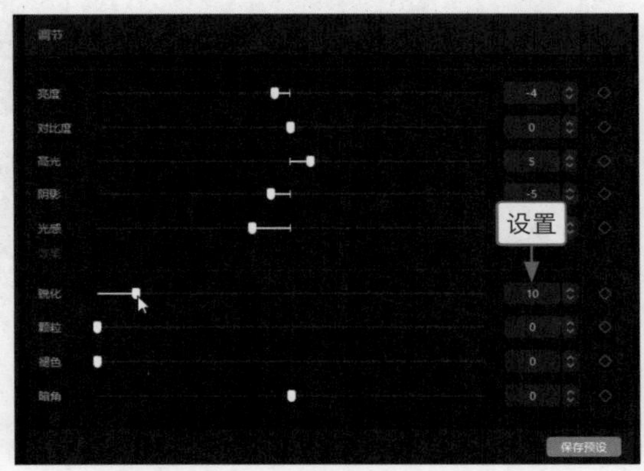

图 4-20

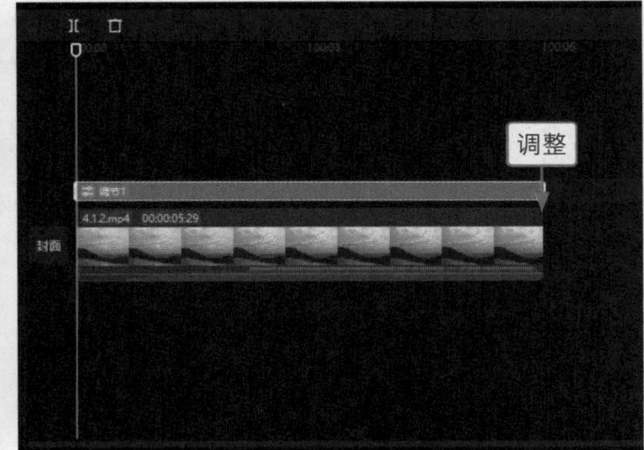

图 4-21

2. 用剪映手机版制作

剪映手机版的操作方法如下。

步骤 01　导入视频素材，❶选择素材；❷在工具栏中点击“调节”按钮，如图 4-22 所示。

步骤 02　在“调节”选项卡中，❶选择“色温”选项；❷拖曳滑块，设置其参数为 10，如图 4-23 所示，使画面偏暖色调。

步骤 03　用与上述同样的方法，设置“饱和度”参数为 10、“亮度”参数为 -4、“高光”参数为 5、“阴影”参数为 -5、“光感”参数为 -10、“锐化”参数为 10，部分参数如图 4-24 所示，调整画面的色彩和明度，提高画面的清晰度。

图 4-22　图 4-23　图 4-24

4.2 趣味玩法

调色的方法有很多种，想让视频效果出彩，用户当然要选择最适合、最方便的那一种，还要发挥自己的创意。本节介绍在剪映中使用蒙版、曲线和色卡对视频进行调色的操作方法。

4.2.1 蒙版调色：《季节变换》

效果展示 运用剪映中的“滤镜”“调节”和“特效”功能可以营造出冬天的氛围，后期再通过“蒙版”和“关键帧”功能，就可以制作出季节划屏更替的效果，如图 4-25 所示。

图 4-25

1. 用剪映电脑版制作

剪映电脑版的操作方法如下。

步骤 01 在“本地”选项卡中导入调色前的素材，单击视频素材右下角的“添加到轨道”按钮，如图 4-26 所示，即可将素材添加到视频轨道中。

步骤 02 ❶切换至“滤镜”功能区；❷在“黑白”选项卡中单击“默片”滤镜右下角的“添加到轨道”按钮，如图 4-27 所示，为视频添加一个滤镜。

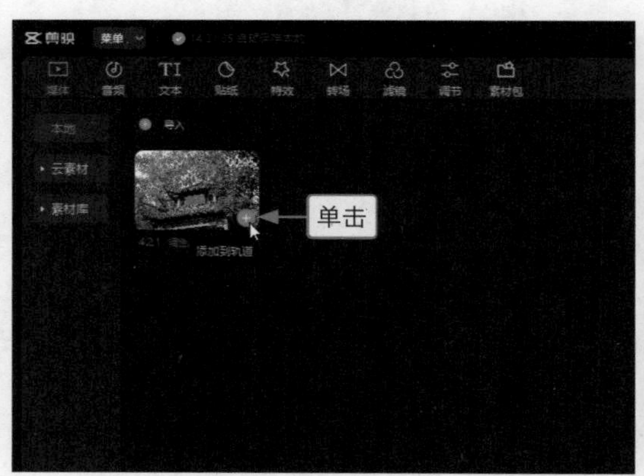

图 4-26

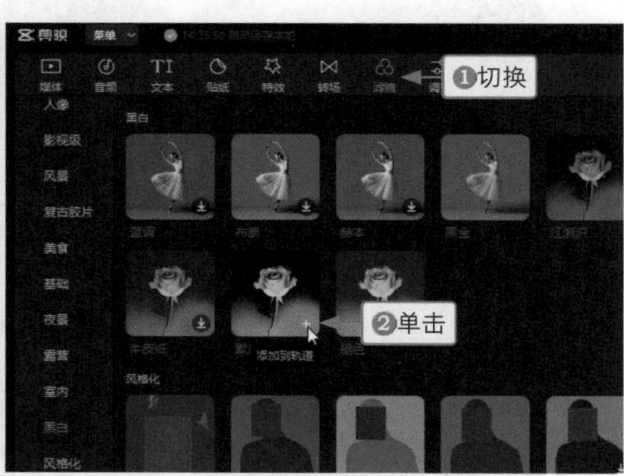

图 4-27

步骤 03 ❶切换至“调节”功能区；❷在“调节”选项卡中单击“自定义调节”选项右下角的“添加到轨道”按钮，如图 4-28 所示，为视频添加一个调节效果。

步骤 04 在“调节”操作区中，设置“亮度”参数为 18、“对比度”参数为 -22、“高光”参数为 22、“光感”参数为 -50，如图 4-29 所示，让画面更贴近冬天的色调。

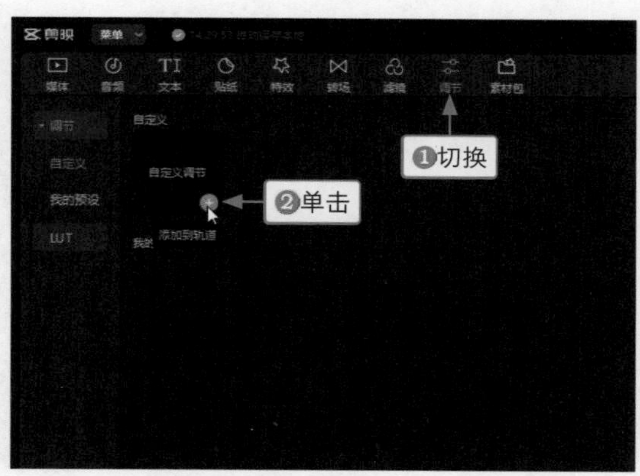

图 4-28

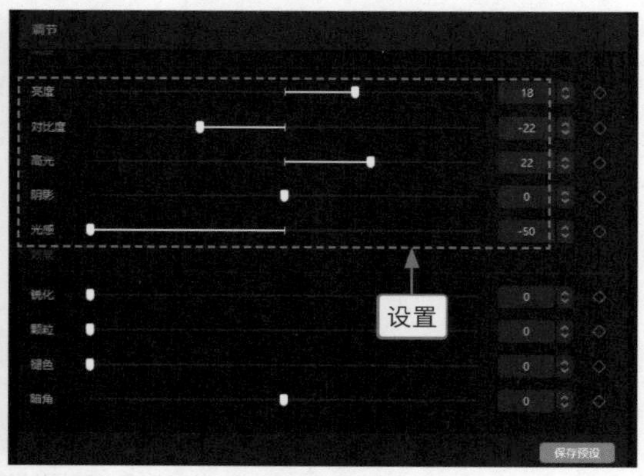

图 4-29

步骤 05 ❶切换至“特效”功能区；❷在“自然”选项卡中单击“大雪纷飞”特效右下角的“添加到轨道”按钮，如图 4-30 所示，营造出一种冬日雪景的画面感。

步骤 06 在时间线面板中，调整滤镜、调节效果和特效的持续时长，如图 4-31 所示。

步骤 07 在界面右上角单击“导出”按钮，在弹出的“导出”对话框中，❶修改作品名称；❷单击“导出”按钮，如图 4-32 所示，导出调色后的视频。

步骤 08 删除时间线面板中的视频素材、滤镜、调节和特效，在“本地”选项卡中导入调色后的视频，❶将调色后的视频导入视频轨道；❷将调色前的视频拖曳至画中画轨道，如图 4-33 所示。

图 4–30

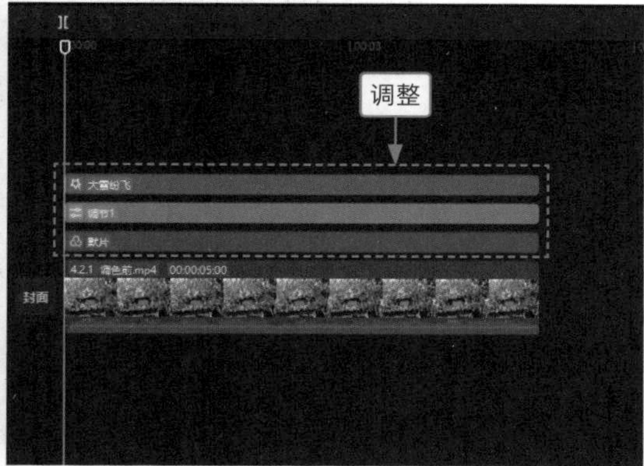

图 4–31

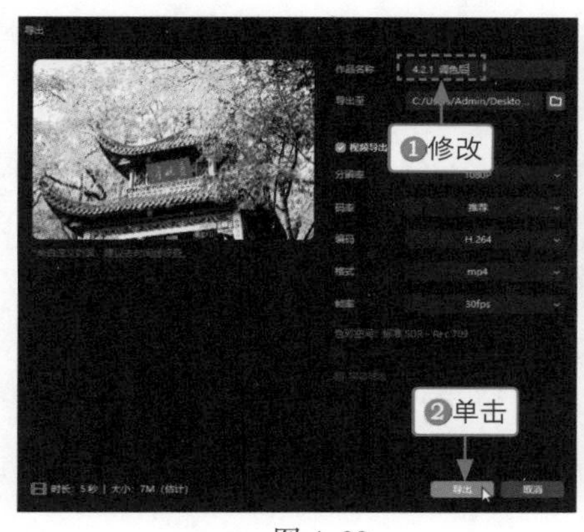

图 4–32

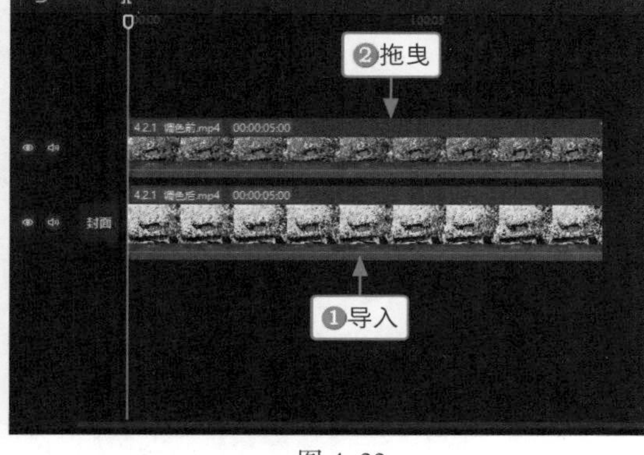

图 4–33

步骤 09 选择画中画素材，❶在“画面”操作区中切换至“蒙版”选项卡；❷选择“线性”蒙版；❸设置“旋转”参数为 90°；❹在“播放器”面板中将蒙版拖曳至画面的最左侧；❺单击“位置”右侧的“添加关键帧”按钮◆，如图 4–34 所示，添加一个关键帧。

图 4–34

步骤 10 拖曳时间指示器至视频的末尾，❶将蒙版拖曳至画面的最右侧，制作出滑屏的效果；❷“位置”右侧的“添加关键帧”按钮会自动点亮◆，如图 4–35 所示。

图 4–35

2. 用剪映手机版制作

剪映手机版的操作方法如下。

步骤 01 导入调色前的素材，选择素材，在工具栏中点击“滤镜”按钮，❶在“黑白”选项区中选择“默片”滤镜；❷设置滤镜强度参数为 100，如图 4–36 所示。

步骤 02 ❶切换至“调节”选项卡；❷设置“亮度”参数为 18、“对比度”参数为 –22、“高光”参数为 22、“光感”参数为 –50，部分参数如图 4–37 所示，让画面的冬日感更强。

步骤 03 返回到主面板，依次点击“特效”按钮和“画面特效”按钮，在“自然”选项卡中选择“大雪纷飞”特效，❶调整特效的持续时长，使其与视频时长保持一致；❷点击“导出”按钮，如图 4–38 所示，导出调色后的视频。

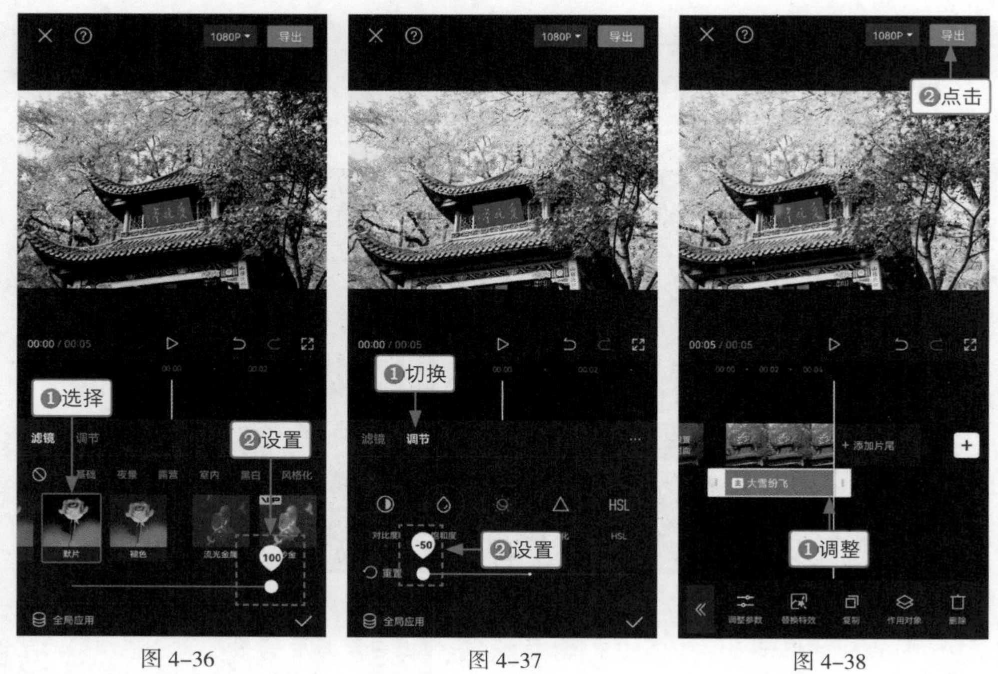

图 4–36　　图 4–37　　图 4–38

步骤 04 新建一个草稿文件，导入调色前和调色后的视频，选择调色前的视频，在工具栏中点击“切画中画”按钮，将其切换至画中画轨道，❶点击◇按钮，在画中画素材的起始位置添加一个关键帧；❷在工具栏中点击“蒙版”按钮，如图 4–39 所示。

步骤 05 ❶选择“线性”蒙版；❷在预览区域顺时针旋转蒙版至 90°，并将其拖曳至画面的最左侧，如图 4-40 所示。

步骤 06 ❶拖曳时间轴至视频的结束位置；❷在预览区域将蒙版拖曳至画面的最右侧，如图 4-41 所示，即可制作出划屏变换季节的效果。

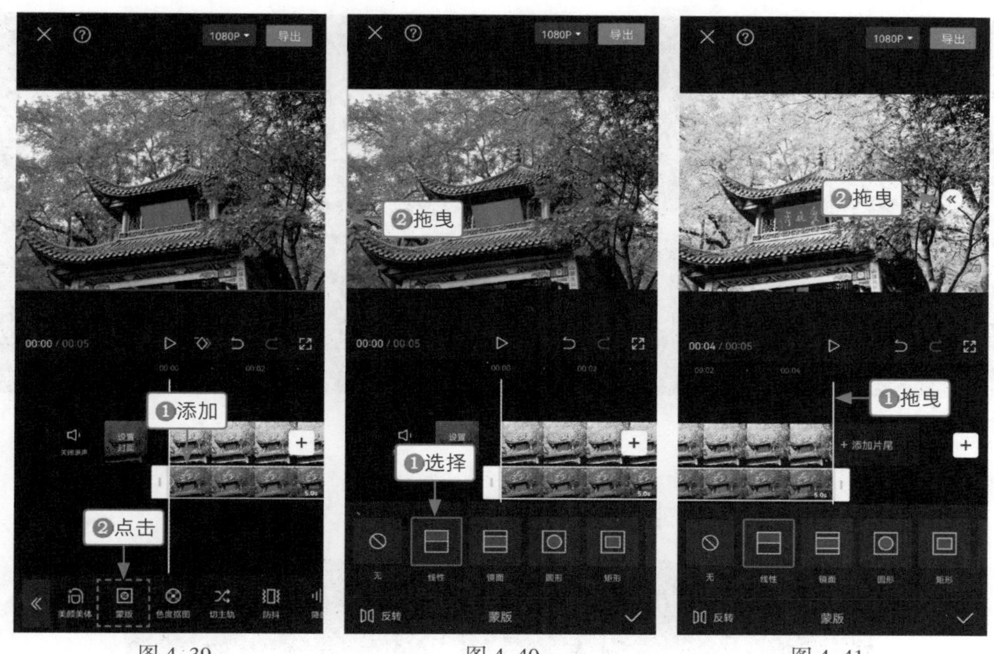

图 4-39　　图 4-40　　图 4-41

4.2.2 曲线调色：《荷花》

效果展示 曲线工具一共有亮度、红色、绿色和蓝色 4 种曲线，让用户拥有更多的操作空间，满足更精细、更具有针对性的调色需求。调色前后对比如图 4-42 所示。

图 4-42

1. 用剪映电脑版制作

剪映电脑版的操作方法如下。

步骤 01 ❶在视频轨道中导入视频素材；❷为了更好地预览调色效果，拖曳时间指示器至00:00:00:15的位置，如图4-43所示。

步骤 02 ❶切换至“调节”功能区；❷在“调节”选项卡中单击“自定义调节”选项右下角的“添加到轨道”按钮，如图4-44所示，为视频添加一个调节效果。

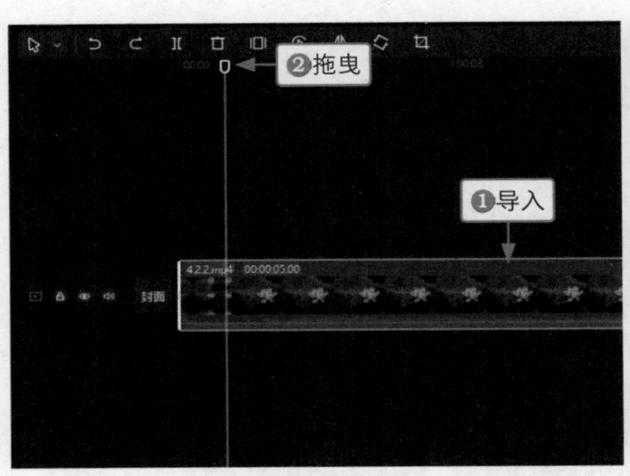

图 4-43

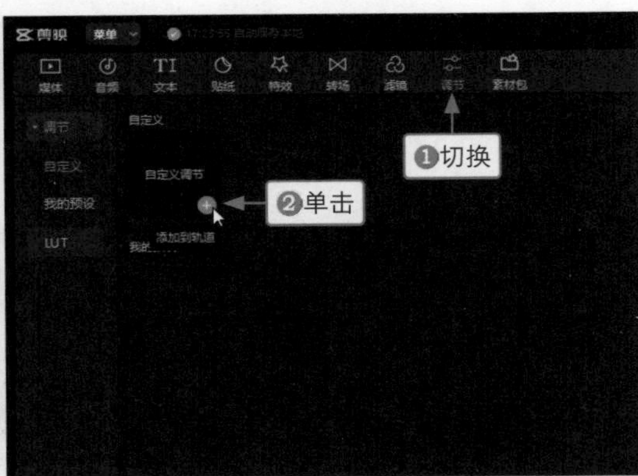

图 4-44

步骤 03 在“调节”操作区中，❶切换至“曲线”选项卡；❷在“亮度”面板右上方的白色曲线上单击“添加点”按钮，如图4-45所示，添加一个控制点。

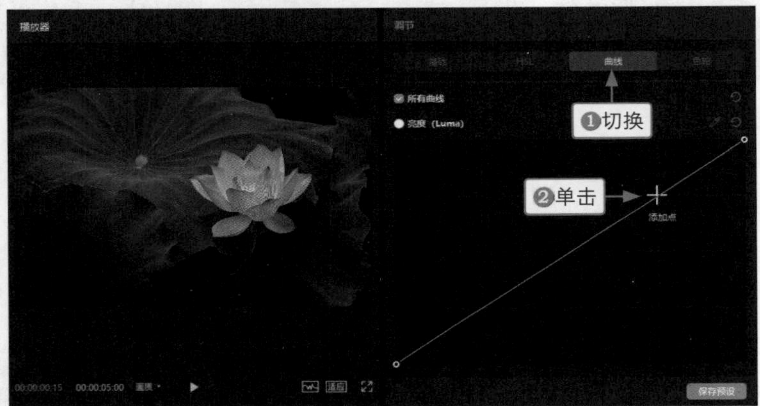

图 4-45

曲线中的格子区域可以看成4个直方图，从左到右分别是黑色、阴影、高光和白色区域，也可以看作暗部、中间区域和亮部区域。在不同区域的曲线上添加控制点，就可以通过拖曳控制点来调整画面中不同区域的亮度和色彩。

步骤 04 向下拖曳控制点至相应位置，即可降低画面亮部的曝光，让画面中的荷叶偏墨绿色，如图4-46所示。

步骤 05 在“绿色通道”面板中添加一个控制点，向上拖曳至相应位置，画面中的荷叶会变得更绿，花朵也带点淡绿色，如图4-47所示。

步骤 06 向下拖曳控制点至相应位置，此时荷叶的绿色变暗，花朵偏洋红色，从而突出了花朵的颜色，如图4-48所示，调整“调节1”效果的持续时长，使其与视频时长保持一致，即可完成曲线调色。

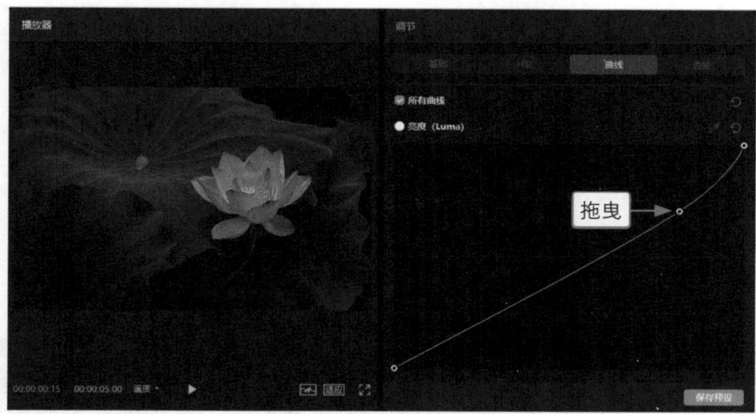

图 4–46

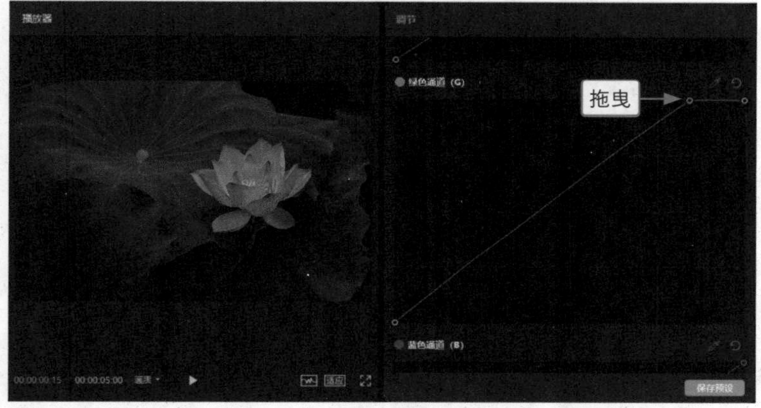

图 4–47

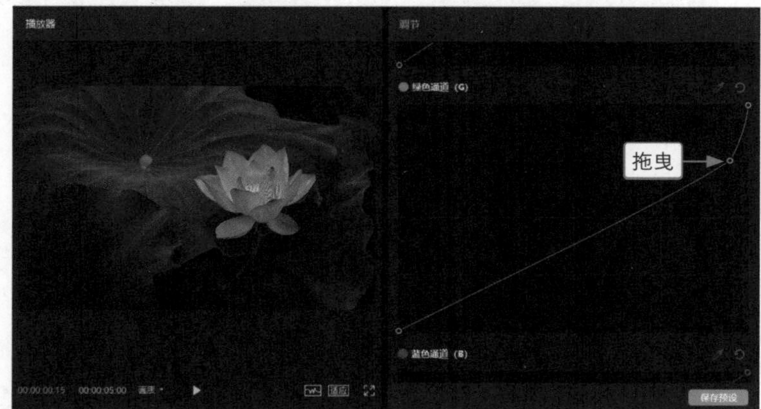

图 4–48

“绿色通道”面板中的绿色曲线主要控制画面中的绿色和洋红色占比，由于绿色和洋红色为互补色，因此控制绿色曲线就可以调整绿色和洋红色，使画面偏绿或者偏洋红。例如，向上拖曳绿色曲线可以提高画面中绿色的占比，使画面偏绿。

2. 用剪映手机版制作

剪映手机版的操作方法如下。

步骤 01 导入视频素材，拖曳时间轴至 15f 的位置，选择素材，在工具栏中点击“调节”按钮，在“调节”选项卡中选择“曲线”选项，弹出“曲线”面板，在亮度选项卡○中添加控制点，并向下拖曳至相应位置，如图 4-49 所示，调整画面的曝光。

步骤 02 ❶切换至绿色曲线选项卡●；❷添加控制点并向上拖曳至相应位置，如图 4-50 所示，即可增加画面中的绿色占比。

步骤 03 向下拖曳控制点至相应位置，如图 4-51 所示，增加画面中的洋红色占比，使花朵的颜色更突出。

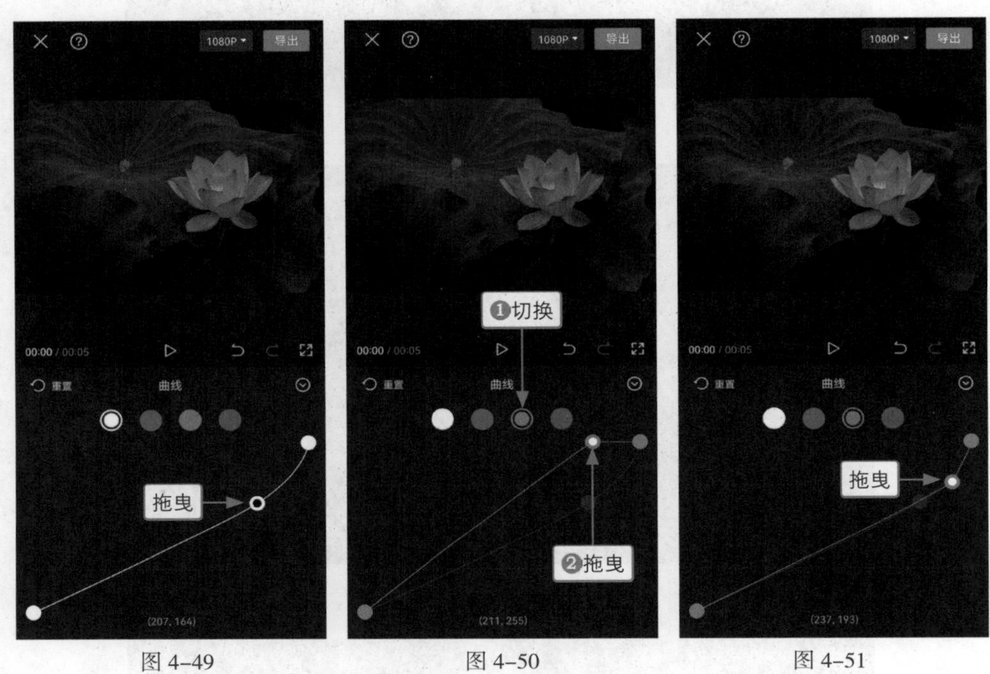

图 4-49　　图 4-50　　图 4-51

4.2.3　色卡调色：《清新人像》

效果展示 色卡调色是非常流行的一种调色方法，不需要添加滤镜和设置调节参数，利用各种颜色的色卡就能调出相应的色调。例如，使用白色和蓝色两张色卡就可以轻松地调出宝丽来色调，这种色调来源于宝丽来胶片相机，非常适合用于人像视频中，能让暗黄的皮肤变得通透自然。调色前后对比如图 4-52 所示。

图 4-52

1. 用剪映电脑版制作

剪映电脑版的操作方法如下。

步骤 01 在“本地”选项卡中导入视频素材和两张色卡素材，❶将视频素材添加到视频轨道中；❷将两张色卡素材分别拖曳至画中画轨道，如图 4-53 所示。

步骤 02 在“播放器”面板中调整两段色卡素材的画面大小，使其覆盖视频画面，并在画中画轨道调整两段色卡素材的时长，使其与视频时长保持一致，如图 4-54 所示。

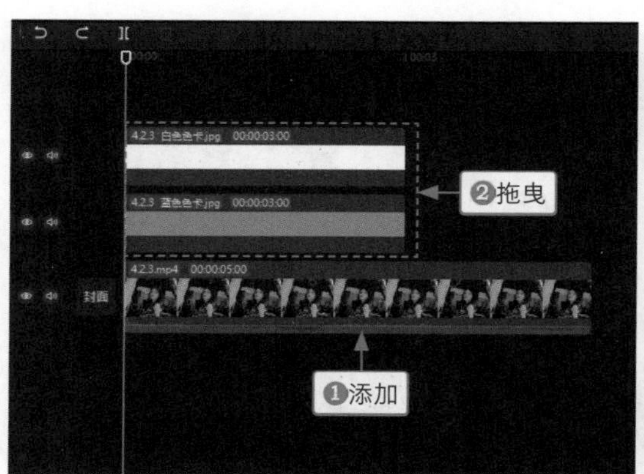

图 4-53

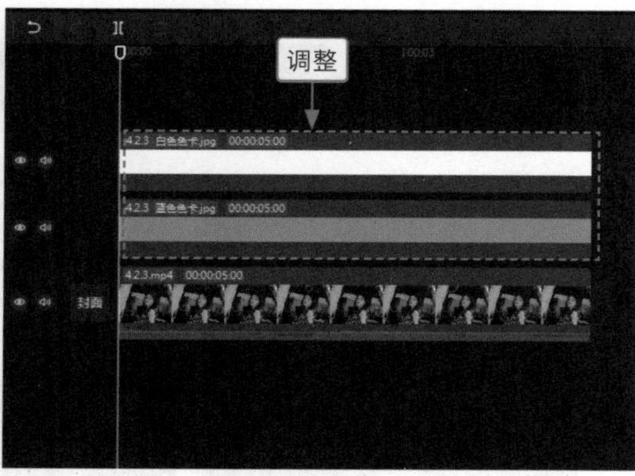

图 4-54

色卡调色的优点在于一张色卡就能为画面定调，减少了设置参数的过程，多张色卡还可以叠加使用，非常灵活方便。

步骤 03 选择白色色卡素材，在“画面”操作区的“基础”选项卡中，❶设置“混合模式”为“柔光”模式；❷拖曳滑块，设置“不透明度”参数为 50%，如图 4-55 所示。

步骤 04 选择蓝色色卡素材，在“画面”操作区的“基础”选项卡中，❶设置“混合模式”为“柔光”模式；❷拖曳滑块，设置“不透明度”参数为 30%，如图 4-56 所示，即可完成色卡调色。

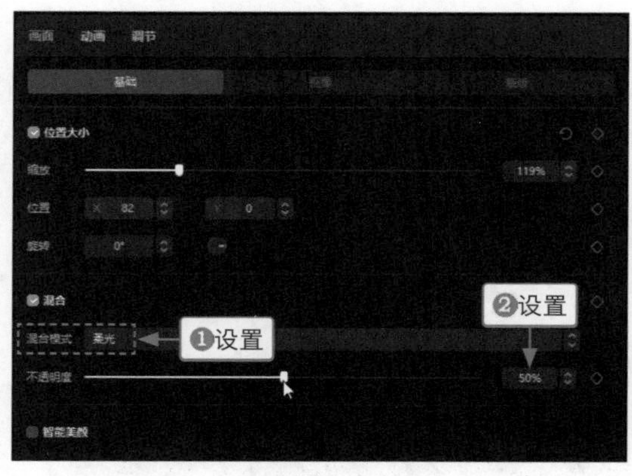

图 4-55

图 4-56

2. 用剪映手机版制作

剪映手机版的操作方法如下。

步骤 01 在视频轨道中导入视频素材，在画中画轨道中添加两段色卡素材，调整它们的画面大小和持续时长，选择白色色卡素材，在工具栏中点击“混合模式”按钮，弹出“混合模式”面板，选择“柔光”选项，如图 4-57 所示。

步骤 02 返回到上一级工具栏，点击“不透明度”按钮，弹出“不透明度”面板，拖曳滑块，设置“不透明度”参数为 50，如图 4-58 所示。

步骤 03 用与上述同样的方法，设置蓝色色卡素材的“混合模式”为“柔光”模式、“不透明度”参数为 30，如图 4-59 所示，即可完成色卡调色视频的制作。

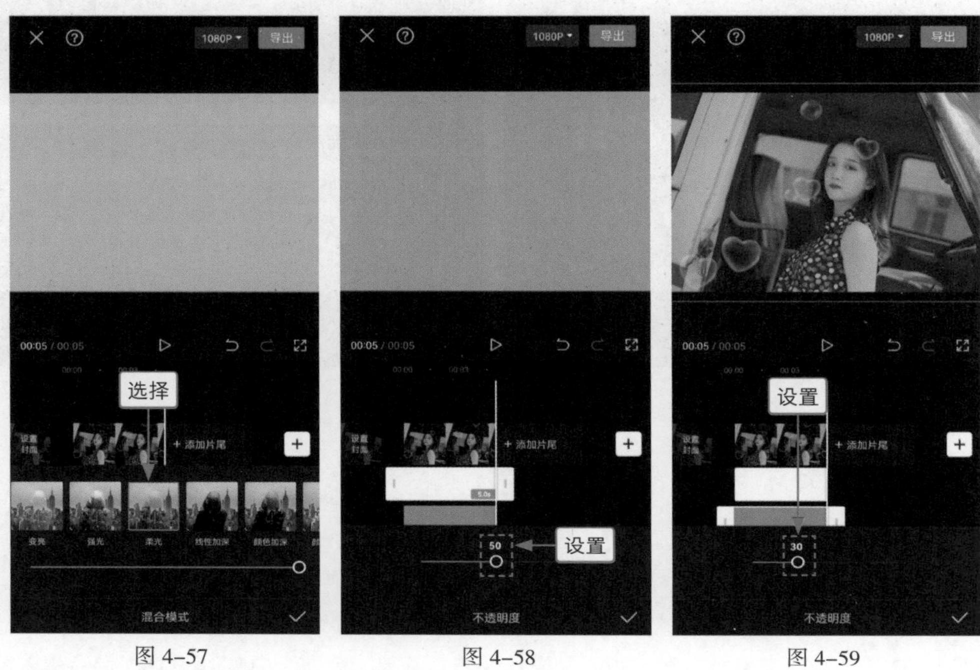

图 4-57　　图 4-58　　图 4-59

课后实训：LUT调色

效果展示 在调色网站中可以下载 LUT 文件，把 LUT 文件下载到电脑里，再导入剪映中，就可以应用 LUT 工具调色了。调色前后对比如图 4-60 所示。

图 4-60

本案例制作主要步骤如下：

首先导入视频素材，切换至“调节”功能区，在 LUT 选项卡中单击“导入 LUT”按钮，在弹出的对话框中选择 LUT 文件，单击“打开”按钮，将其导入 LUT 选项卡，❶单击 LUT 效果右下角的“添加到轨道”按钮，将其添加到调节轨道；❷调整“调节 1”效果的时长，如图 4-61 所示。

然后在“调节”操作区的“基础”选项卡中，设置“强度”参数为 80，如图 4-62 所示，调整画面的色彩，即可完成 LUT 调色视频的制作。

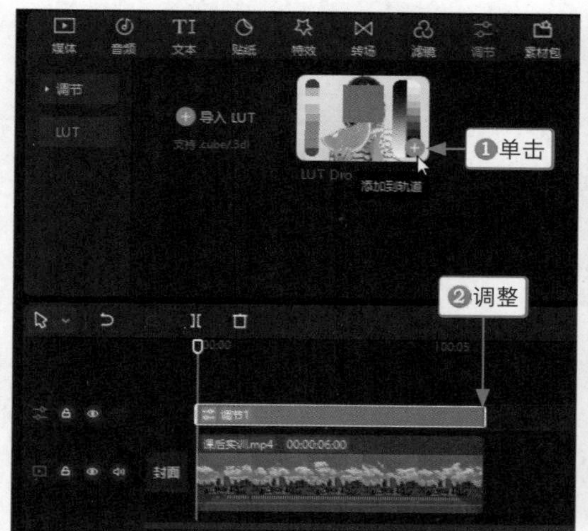

图 4-61

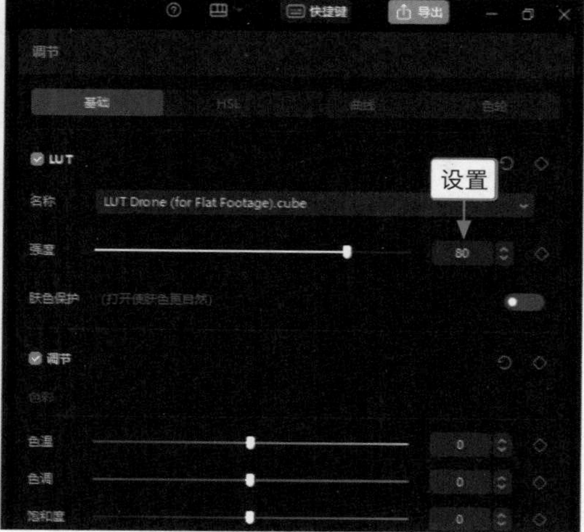

图 4-62

第 5 章 字幕：用文字诉说心底的话

我们在刷短视频的时候，常常可以看到很多短视频中都添加了字幕效果，或用于歌词，或用于语音解说，让观众在短短几秒内就能看懂更多视频内容。本章主要介绍在剪映中添加文字和文字模板、识别歌词、生成智能字幕，以及制作穿过文字和人走字出等文字动画的操作方法。

5.1 添加字幕

用户可以使用剪映的“文字”功能给自己拍摄的短视频添加合适的文字内容，使视频更加具有观赏性。

5.1.1 添加文字：《杜甫江阁》

效果展示 用户可以根据视频画面展示的内容为视频添加文字，还可以为文字设置字体、添加动画，让文字更加生动，效果如图 5-1 所示。

图 5-1

1. 用剪映电脑版制作

剪映电脑版的操作方法如下。

步骤 01 在剪映中导入视频素材并将其添加到视频轨道中，如图 5-2 所示。

步骤 02 ❶切换至“文本”功能区；❷在“新建文本”选项卡中单击“默认文本”选项右下角的“添加到轨道”按钮⊕，如图 5-3 所示。

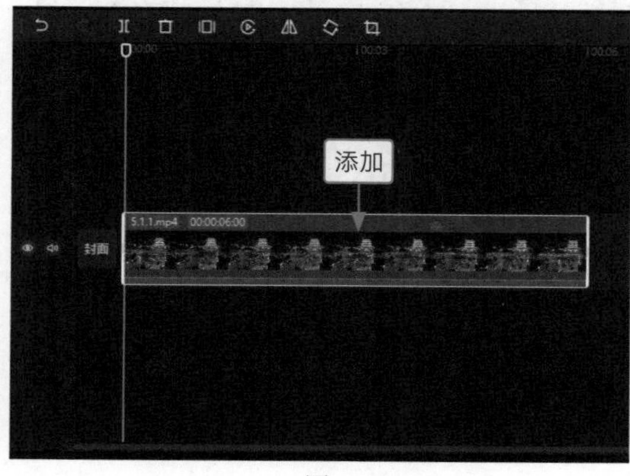

图 5-2

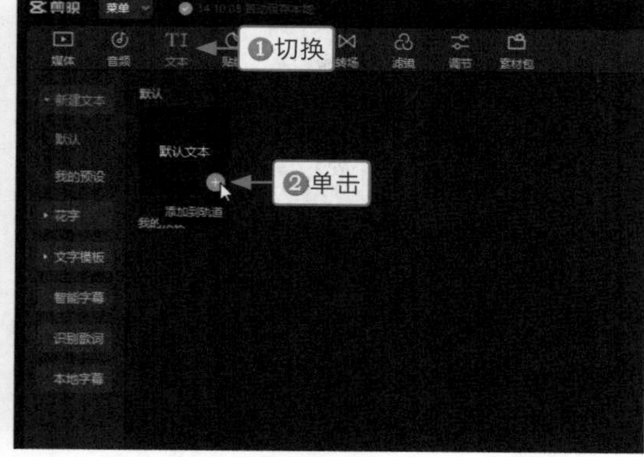

图 5-3

步骤 03 执行操作后，即可添加一个默认文本，如图 5-4 所示。

步骤 04 按住文本右侧的白色拉杆并向右拖曳，调整文本的时长为 4s，如图 5-5 所示。

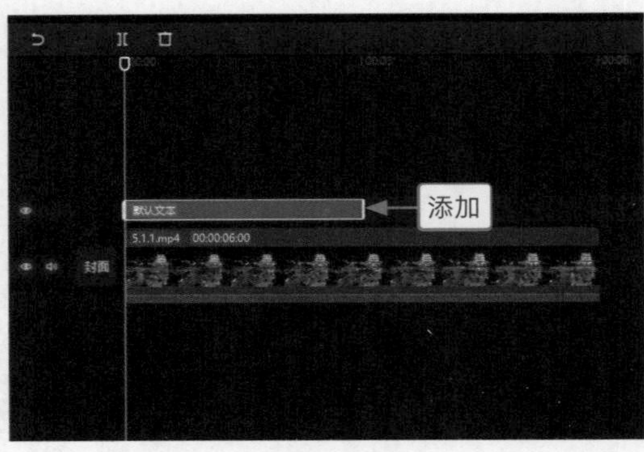

图 5-4

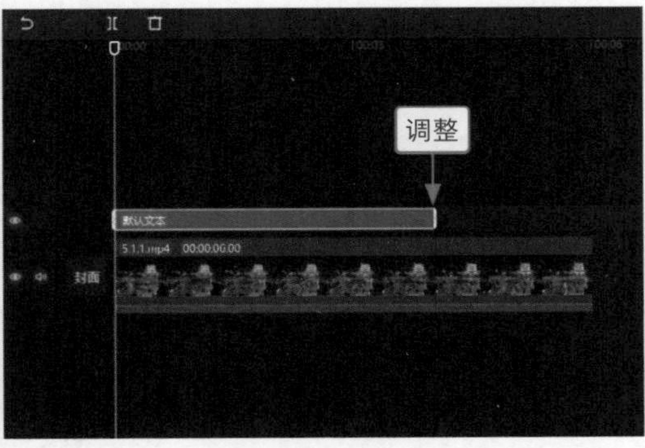

图 5-5

步骤 05　在“文本”操作区的“基础”选项卡中，❶输入相应文字；❷设置合适的字体，如图 5-6 所示。

步骤 06　❶切换至“动画”操作区；❷在“入场”选项卡中选择“弹入”动画；❸拖曳滑块，设置“动画时长”为 1.0s，如图 5-7 所示。

图 5-6

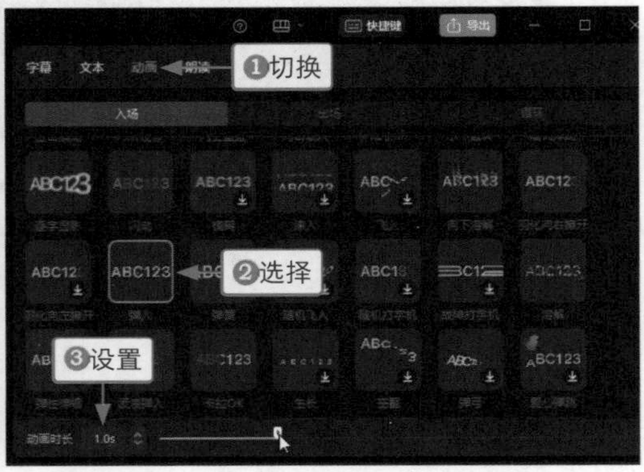

图 5-7

步骤 07　❶切换至“出场”选项卡；❷选择“向上溶解”动画，如图 5-8 所示。

步骤 08　在“播放器”面板中调整文本的大小和位置，如图 5-9 所示，即可为视频添加合适的文字。

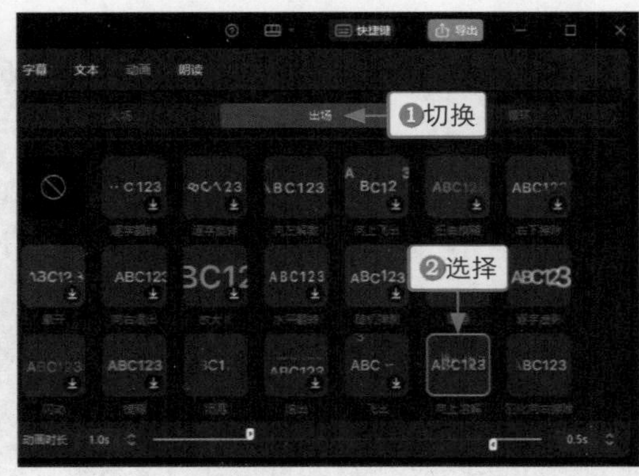

图 5-8

图 5-9

2. 用剪映手机版制作

剪映手机版的操作方法如下。

步骤 01 导入视频素材，依次点击“文字”按钮和“新建文本”按钮，如图 5-10 所示。

步骤 02 ❶在文本框中输入文字内容；❷在“字体”选项卡中选择合适的字体；❸调整文本的大小和位置，如图 5-11 所示。

步骤 03 ❶切换至“动画”选项卡；❷选择“弹入”入场动画；❸拖曳蓝色箭头滑块，设置动画时长为 1.0s，如图 5-12 所示。

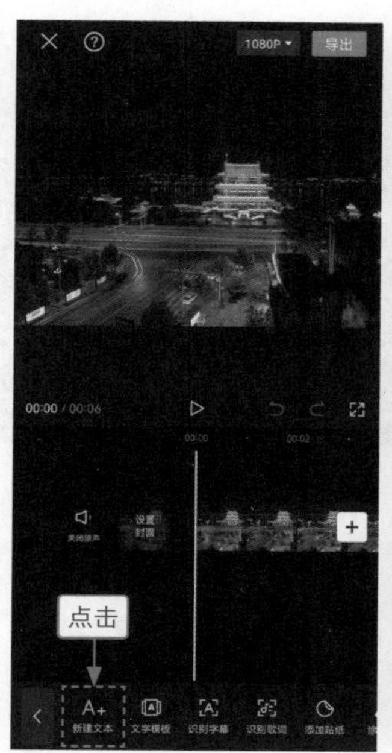

图 5-10

图 5-11

图 5-12

步骤 04 ❶切换至“出场动画”选项区；❷选择“向上溶解”动画，如图 5-13 所示。

步骤 05 调整文本的持续时长为 4s，如图 5-14 所示，即可完成字幕制作。

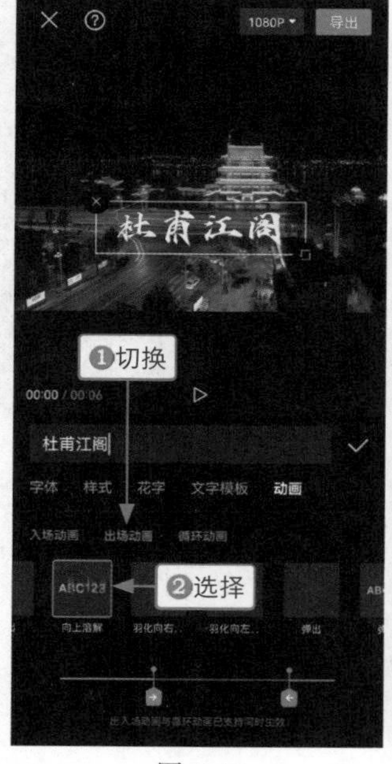

图 5-13

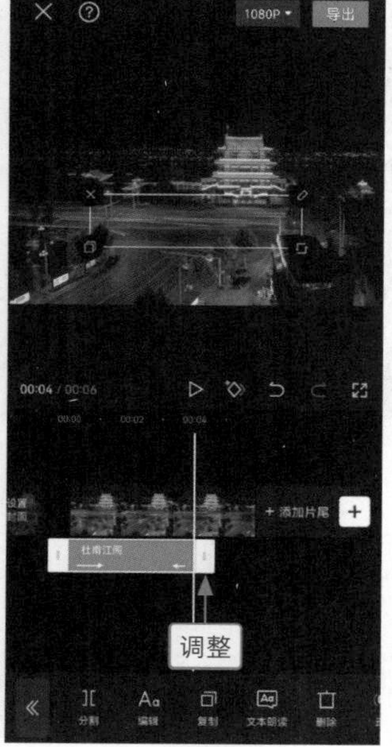

图 5-14

5.1.2 添加文字模板：《夏日赏荷》

效果展示 剪映中提供了丰富的文字模板，能够帮助用户快速制作出精美的短视频文字效果，效果如图 5–15 所示。

图 5–15

1. 用剪映电脑版制作

剪映电脑版的操作方法如下。

步骤 01 在剪映中导入视频素材，并将其添加到视频轨道中，如图 5–16 所示。

步骤 02 ❶单击“文本”按钮，进入“文本”功能区；❷在“文字模板”选项卡中，切换至“片头标题”选项区；❸单击所选文字模板右下角的“添加到轨道”按钮，如图 5–17 所示，即可将文字模板添加到字幕轨道中，调整文字模板的时长，使其与视频时长保持一致。

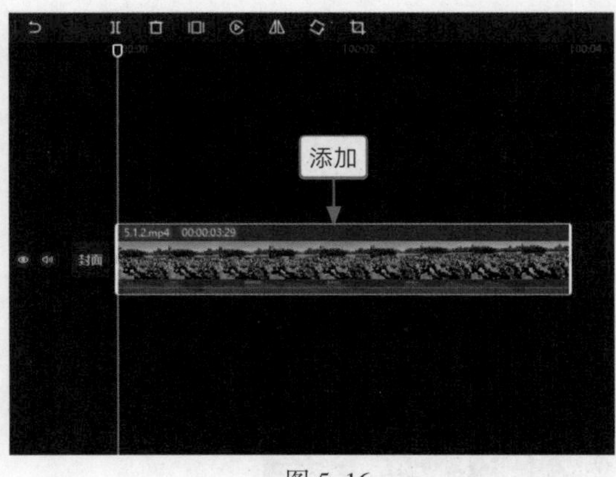

图 5–16

图 5–17

步骤 03 在“文本”操作区的“基础”选项卡中，修改第 1 段和第 2 段文本的内容，如图 5–18 所示。

步骤 04 在“播放器”面板中调整文本的大小，如图 5–19 所示。

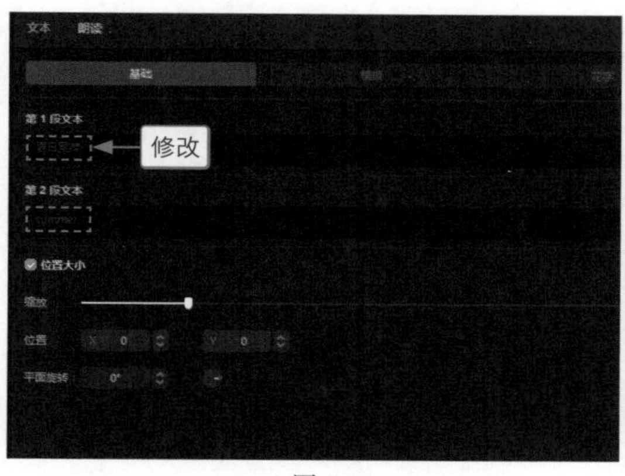

图 5-18

图 5-19

2. 用剪映手机版制作

剪映手机版的操作方法如下。

步骤 01 导入视频素材，依次点击“文字”按钮和“文字模板”按钮，如图 5-20 所示。

步骤 02 ❶切换至“片头标题”选项区；❷选择一个文字模板；❸修改文字内容，如图 5-21 所示。

步骤 03 ❶在预览区域调整文本的大小；❷调整文本的持续时长，使其与视频时长保持一致，如图 5-22 所示，即可完成文字模板的套用。

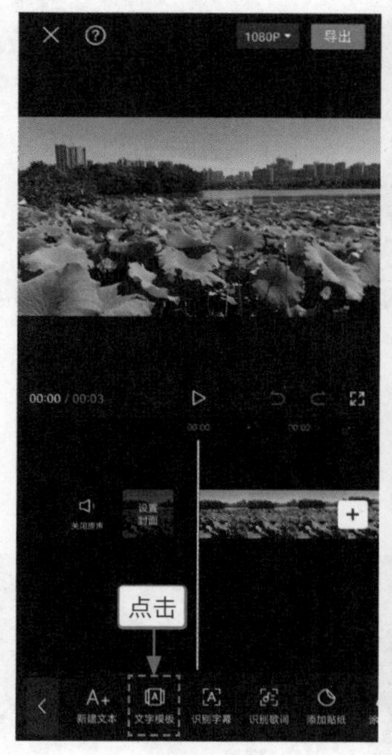

图 5-20

图 5-21

图 5-22

5.1.3 识别歌词：《寻寻觅觅》

效果展示 剪映能够自动识别音频中的歌词内容，可以非常方便地为背景音乐添加动态歌词，效果如图 5-23 所示。

图 5–23

1. 用剪映电脑版制作

剪映电脑版的操作方法如下。

步骤 01 导入视频素材，在“文本”功能区中，❶切换至“识别歌词”选项卡；❷单击“开始识别”按钮，如图 5–24 所示。

步骤 02 稍等片刻，即可生成歌词文本，如图 5–25 所示。

图 5–24

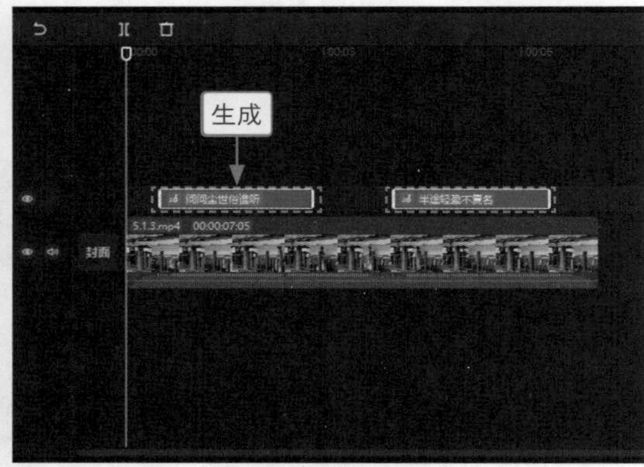

图 5–25

步骤 03 在“文本”操作区的“基础”选项卡中修改错误的歌词内容，选择第 1 个文本，设置合适的文字字体，如图 5–26 所示。

步骤 04 ❶切换至“花字”选项卡；❷选择合适的花字样式，如图 5–27 所示。

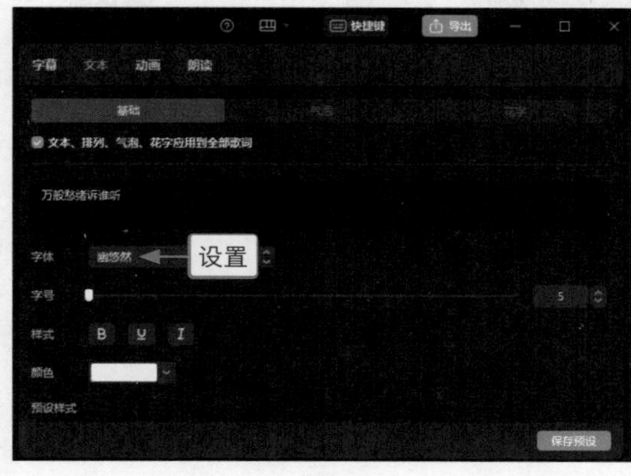

图 5–26

图 5–27

运用“识别歌词”功能生成的文本不管有多少个，都会被视为一个整体，只要设置其中一个文本的位置和大小，其他文本也会同步这些设置，为用户节省操作时间。不过，动画、朗读和关键帧的相关设置不会同步，用户只能对每个文本分别进行设置。

如果用户想单独设置某个文本，在“基础”选项卡中取消选中“文本、排列、气泡、花字应用到全部字幕”复选框即可。运用“智能字幕”功能生成的文本也是同样的道理。

步骤 05　在字幕轨道中根据歌曲节奏调整两个歌词文本的持续时长，如图 5–28 所示。

步骤 06　选择第 1 个文本，❶切换至“动画”操作区；❷选择“羽化向右擦开”入场动画；❸拖曳滑块，设置“动画时长”为最长，如图 5–29 所示。

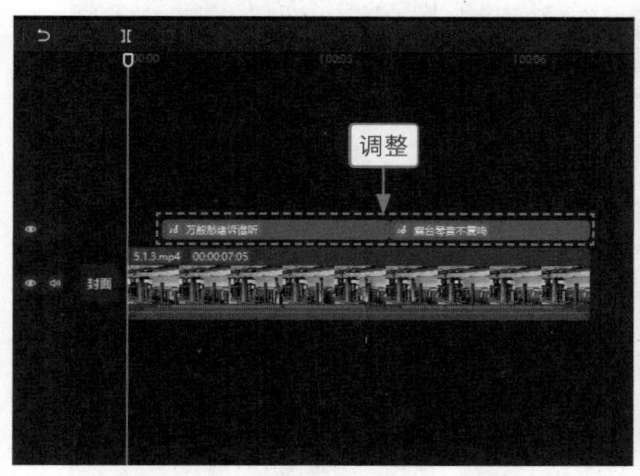

图 5–28

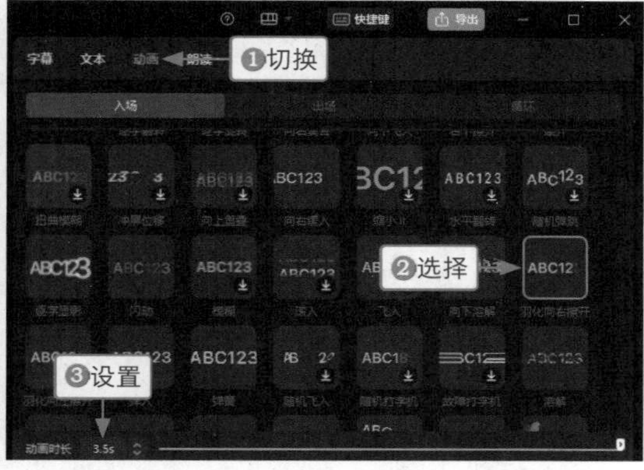

图 5–29

步骤 07　❶为第 2 个文本添加“羽化向右擦开”入场动画；❷设置“动画时长”为最长；❸在“播放器”面板中调整文本的位置和大小，如图 5–30 所示。

图 5–30

2. 用剪映手机版制作

剪映手机版的操作方法如下。

步骤 01　导入视频素材，依次点击“文字模板”按钮和“识别歌词”按钮，如图 5–31 所示。

步骤 02　弹出“识别歌词”面板，点击“开始匹配”按钮，如图 5–32 所示，稍等片刻即可生成歌词文本。

步骤 03 修改错误的歌词内容，调整两个文本的持续时长，选择第 1 个文本，在工具栏中点击“编辑”按钮，❶在“字体”选项卡中选择合适的字体；❷在预览区域调整文本的位置和大小，如图 5-33 所示。

步骤 04 ❶切换至“花字”选项卡；❷在“粉色”选项区中选择合适的花字样式，如图 5-34 所示。

步骤 05 ❶切换至“动画”选项卡；❷选择“羽化向右擦开”入场动画；❸拖曳蓝色箭头滑块，设置动画时长为最长，如图 5-35 所示。用与上述同样的方法，为第 2 个文本添加“羽化向右擦开”入场动画，并设置动画时长为最长。

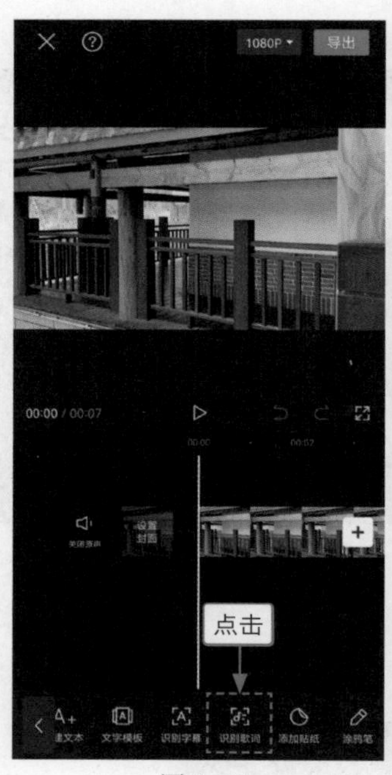

图 5-31

图 5-32

图 5-33

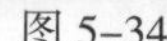
图 5-34

图 5-35

5.1.4 智能字幕：《日落尤其温柔》

效果展示 剪映的“识别字幕”功能准确率非常高，能够帮助用户快速识别视频中的背景声音并同步添加字幕，效果如图 5-36 所示。

图 5-36

1. 用剪映电脑版制作

剪映电脑版的操作方法如下。

步骤 01 将视频素材添加到视频轨道中，如图 5-37 所示。

步骤 02 在“文本”功能区中，❶切换至“智能字幕”选项卡；❷单击“识别字幕”中的“开始识别”按钮，如图 5-38 所示。

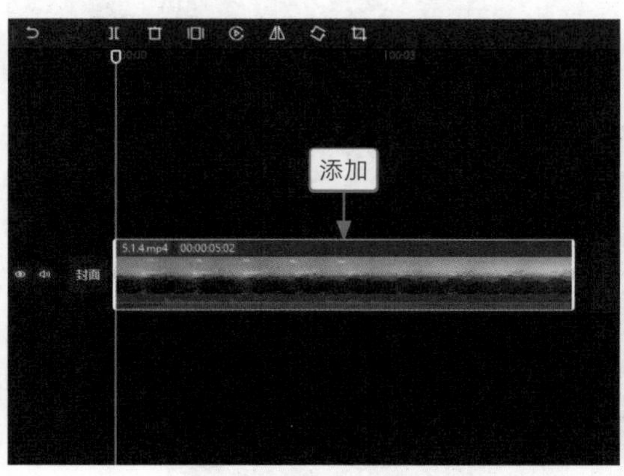

图 5-37

图 5-38

步骤 03 稍等片刻，即可生成识别的字幕，调整两个文本的持续时长，如图 5-39 所示。

步骤 04 选择第 1 个文本，在“文本”操作区的“基础”选项卡中，选择合适的字体，如图 5-40 所示。

步骤 05 ❶切换至“动画”操作区；❷在“入场”选项卡中选择“向下溶解”动画，如图 5-41 所示。

步骤 06 ❶切换至“出场”选项卡；❷选择“溶解”动画，如图 5-42 所示。

步骤 07 选择第 2 个文本，❶为其添加“向下溶解”入场动画和“溶解”出场动画；❷调整文本的位置和大小，如图 5-43 所示。

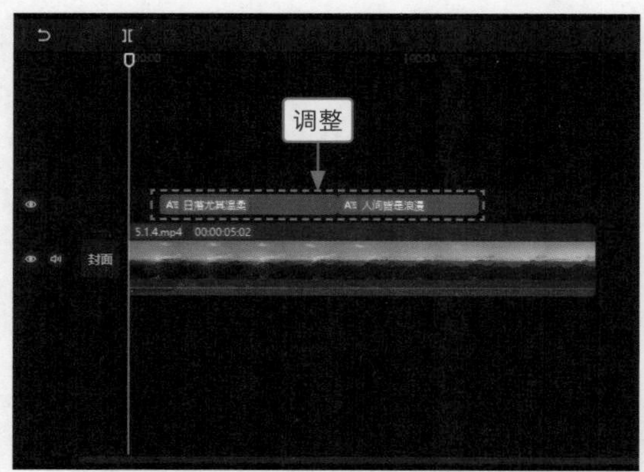

图 5-39

图 5-40

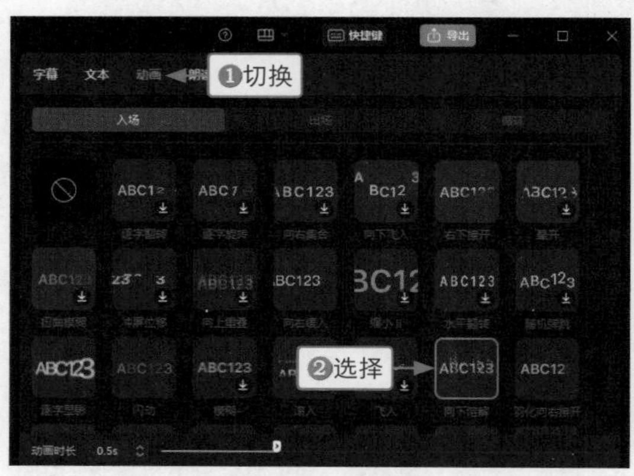

图 5-41

图 5-42

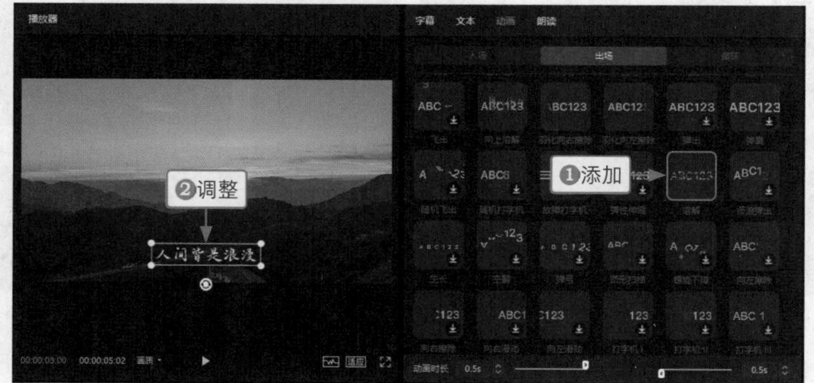

图 5-43

2. 用剪映手机版制作

剪映手机版的操作方法如下。

步骤 01 导入素材，在工具栏中点击“文字”按钮，如图 5-44 所示。

步骤 02 进入文字工具栏，点击“识别字幕”按钮，弹出“识别字幕”面板，点击“开始匹配”按钮，如图 5-45 所示。

步骤 03 识别完成之后，即可生成相应的字幕，调整两个文本的持续时长，❶选择第 1 个文本；❷在工具栏中点击“编辑”按钮，如图 5-46 所示。

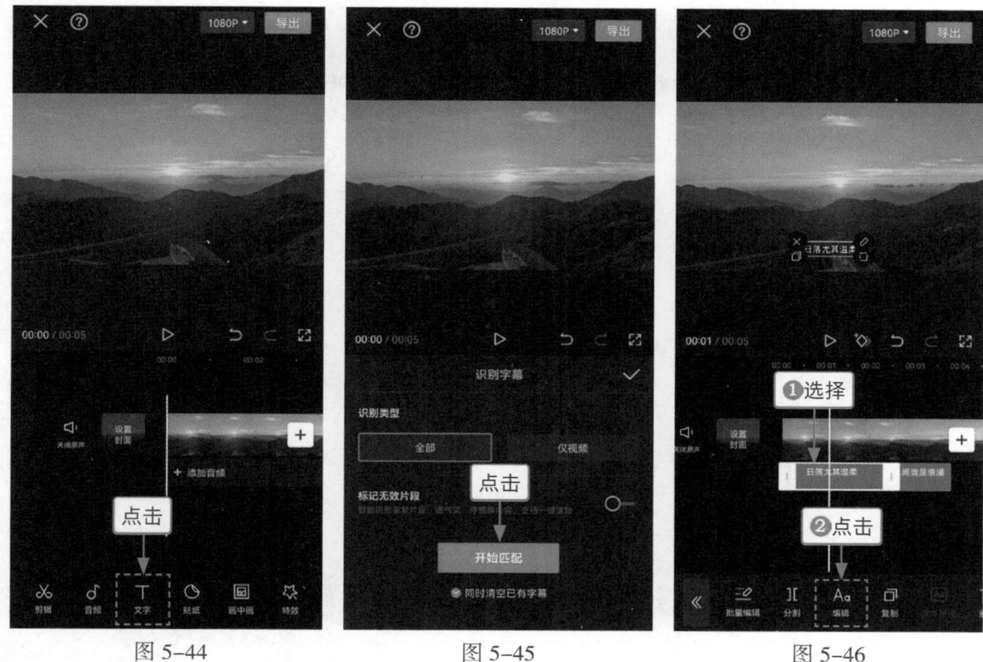

图 5-44　　图 5-45　　图 5-46

步骤 04　❶在“字体”选项卡中选择合适的字体；❷在预览区域调整文本的位置和大小，如图 5-47 所示。

步骤 05　❶切换至“动画”选项卡；❷在“入场动画”选项区中选择“向下溶解”动画，如图 5-48 所示。

步骤 06　❶切换至“出场动画”选项区；❷选择“溶解”动画，如图 5-49 所示。用与上述同样的方法，为第 2 个文本添加相同的入场和出场动画效果。

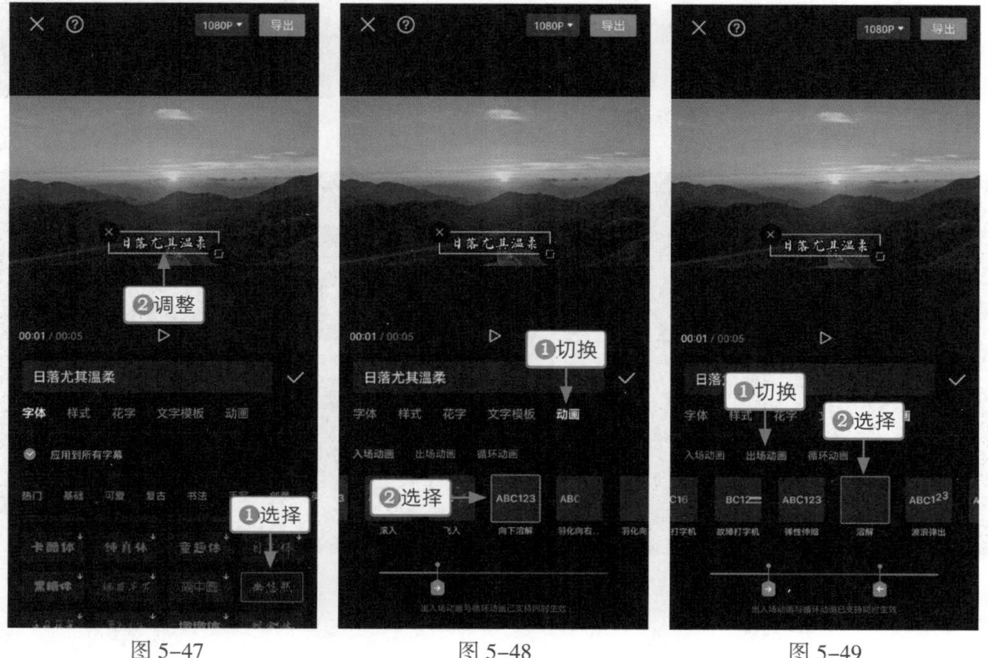

图 5-47　　图 5-48　　图 5-49

在剪映手机版的“识别字幕”面板中，用户可以选择“识别类型”为“全部”或“视频”来实现更精准的内容识别。另外，用户还可以开启“标记无效片段”开关，系统会自动标记出重复、停顿等无意义的片段，并支持一键清除这些片段，可以大大节省视频后期字幕的制作时间。

5.2 制作文字动画

在剪映中，制作文字动画效果，可以运用“智能抠像”“蒙版”“关键帧”等功能制作。本节主要介绍制作穿过文字效果和人走字出效果的操作方法。学会这些，可以让大家在制作文字动画效果时更加得心应手。

5.2.1 穿过文字：《拥抱浪漫》

效果展示 人物穿过文字效果主要运用剪映中的“智能抠像”功能制作而成，让人物从文字中间穿越过去，走到文字的前面，效果如图 5-50 所示。

图 5-50

1. 用剪映电脑版制作

剪映电脑版的操作方法如下。

步骤 01 在剪映中新建一个默认文本，调整时长为 00:00:06:04，如图 5-51 所示。

步骤 02 在“文本”操作区中，❶输入文字；❷设置合适的字体，如图 5-52 所示。

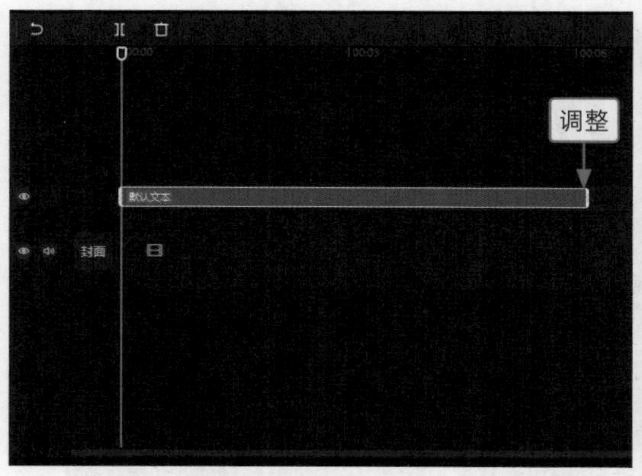

图 5-51

图 5-52

步骤 03 ❶在“动画”操作区的“出场”选项卡中选择“逐字虚影”动画；❷设置“动画时长”为 1.0s；❸调整文本的位置和大小，如图 5-53 所示。单击“导出”按钮，将文字导出为视频备用。

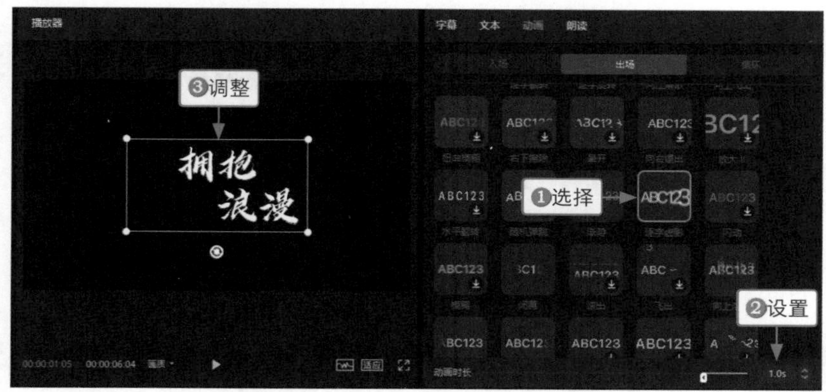

图 5-53

步骤 04 删除轨道中的文本，❶在视频轨道中添加一个人物视频；❷在第 1 条画中画轨道中添加前面导出的文字视频；❸在第 2 条画中画轨道中添加同一个人物视频，如图 5-54 所示。

步骤 05 调整第 2 条画中画轨道中的人物视频时长为 00:00:03:00，如图 5-55 所示。

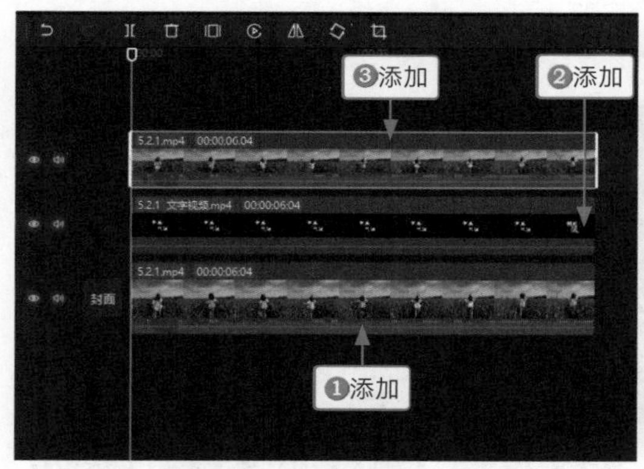

图 5-54

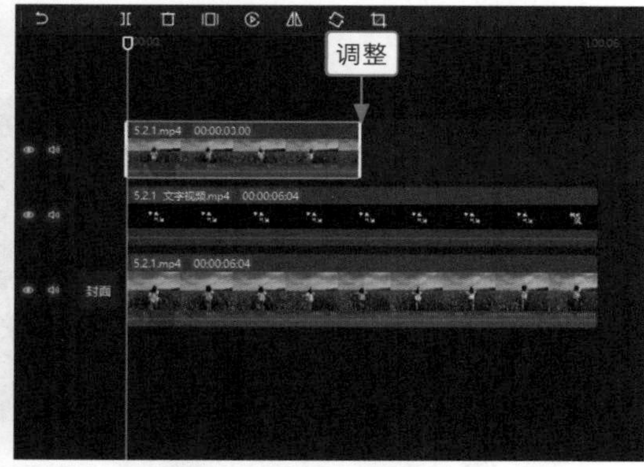

图 5-55

步骤 06 在“画面”操作区中，❶切换至“抠像”选项卡；❷选中“智能抠像”复选框，如图 5-56 所示，将人物抠取出来。

步骤 07 选择文字视频，在“画面”操作区的“基础”选项卡中设置“混合模式”为“滤色”模式，去除文字视频中的黑底，留下白色的文字，如图 5-57 所示，即可完成人物向前穿过文字效果的制作。

图 5-56

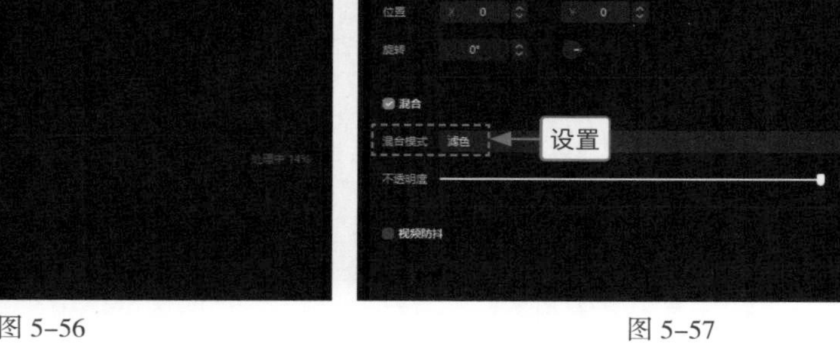

图 5-57

大家可以按层级来理解本例操作：由于抠像处理的人物视频在文字视频的上方，所以当视频中的人被抠出来后，自然就可以挡住下一层级的文字内容，在 3s 的位置抠取的人像消失，取而代之的是最底层的人像，也就呈现出了人物穿过文字的效果。

2. 用剪映手机版制作

剪映手机版的操作方法如下。

步骤 01 点击“开始创作”按钮，进入“照片视频”界面，❶切换至“素材库”界面；❷选择黑场素材；❸点击“添加”按钮，如图 5-58 所示，即可将黑场素材添加到视频轨道中，并调整时长为 6.1s。

步骤 02 新建一个文本，❶输入文字内容；❷选择合适的字体；❸在预览区域调整文本的大小和位置，如图 5-59 所示。

步骤 03 ❶切换至“动画”选项卡；❷选择“出场动画”选项区中的“逐字虚影”动画；❸设置动画时长为 1.0s，如图 5-60 所示。调整文本的时长，使其与黑场素材的时长保持一致，并点击“导出”按钮，将文字导出为视频备用。

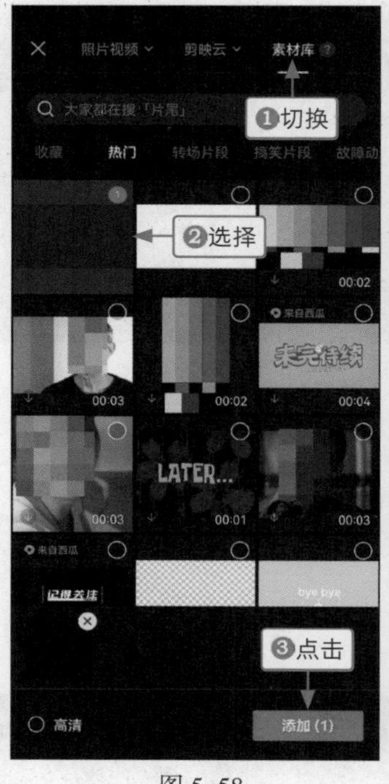

图 5-58

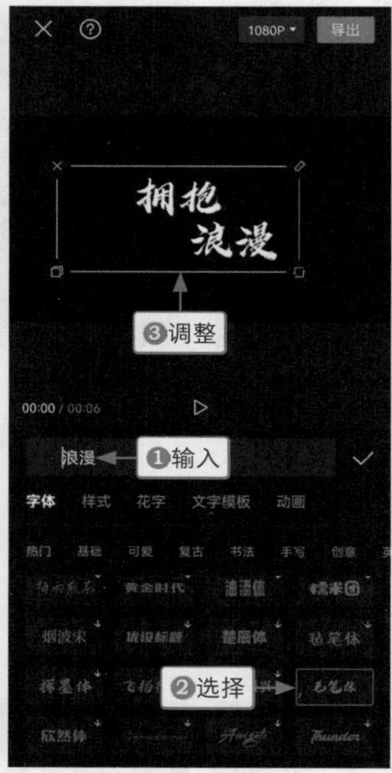

图 5-59

图 5-60

步骤 04 新建一个草稿文件，❶导入人物视频；❷依次点击“画中画”按钮和“新增画中画”按钮，如图 5-61 所示。

步骤 05 ❶在第 1 条画中画轨道中添加前面导出的文字视频；❷调整画面大小，使其铺满整个屏幕；❸在工具栏中点击“混合模式”按钮，如图 5-62 所示。

步骤 06 弹出“混合模式”面板，选择“滤色”选项，如图 5-63 所示，去除黑色背景。

图 5-61

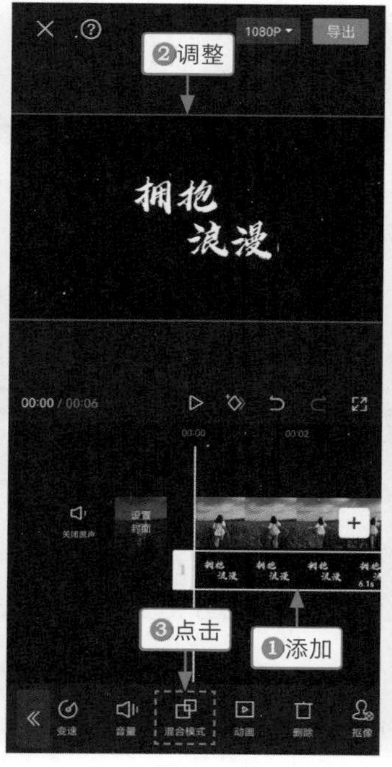

图 5-62

图 5-63

步骤 07 在第 2 条画中画轨道中，❶再次添加人物视频；❷调整画面大小，使其铺满屏幕；❸在工具栏中点击“抠像”按钮，如图 5-64 所示。

步骤 08 进入抠像工具栏，点击“智能抠像”按钮，如图 5-65 所示，即可抠出人像。

步骤 09 调整抠取的人物素材时长为 3.0s，如图 5-66 所示，即可完成人物穿过文字的效果制作。

图 5-64

图 5-65

图 5-66

5.2.2 人走字出：《南国佳人》

效果展示 人走字出效果是指人物走过后，文字随人物行走的动作慢慢显示。在剪映中，需要先将制作好的文字导出为文字视频，应用“滤色”混合模式，将文字和视频重新合成，并使用蒙版和关键帧制作人走字出效果，效果如图 5-67 所示。

图 5-67

1. 用剪映电脑版制作

剪映电脑版的操作方法如下。

步骤 01 新建一个时长为 7s 的文本，❶在“文本”操作区中输入文字内容；❷设置合适的字体；❸在“播放器”面板中调整文本的大小，如图 5-68 所示。单击“导出”按钮，将制作的文字导出为视频备用。

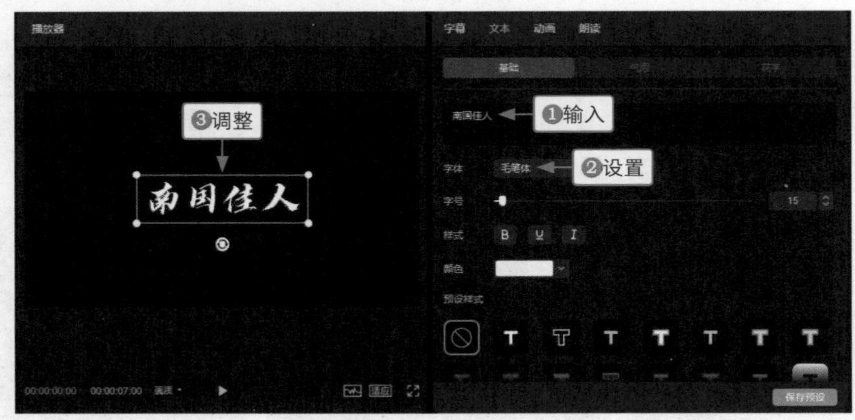

图 5-68

步骤 02 新建一个草稿文件，将人物行走视频和文字视频分别添加到视频轨道和画中画轨道中，如图 5-69 所示。

步骤 03 选择文字视频，在“画面”操作区中设置“混合模式”为“滤色”模式，如图 5-70 所示。

步骤 04 拖曳时间指示器至 00:00:02:13 的位置，此时视频中的人物刚好走到第 1 个字的位置，在“画面”操作区的“蒙版”选项卡中，❶选择“线性”蒙版；❷单击“反转”按钮；❸在“播放器”面板中调整蒙版的位置和旋转角度；❹在“蒙版”选项卡中点亮“位置”和“旋转”关键帧，如图 5-71 所示，在文字视频上添加第 1 个蒙版关键帧，让人物将文字全部遮盖住。

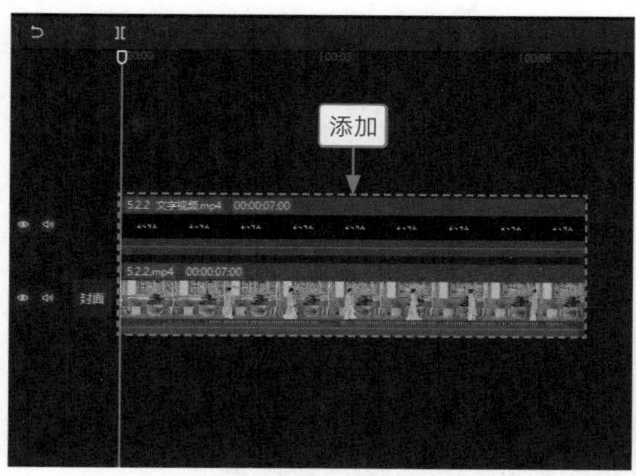

图 5-69

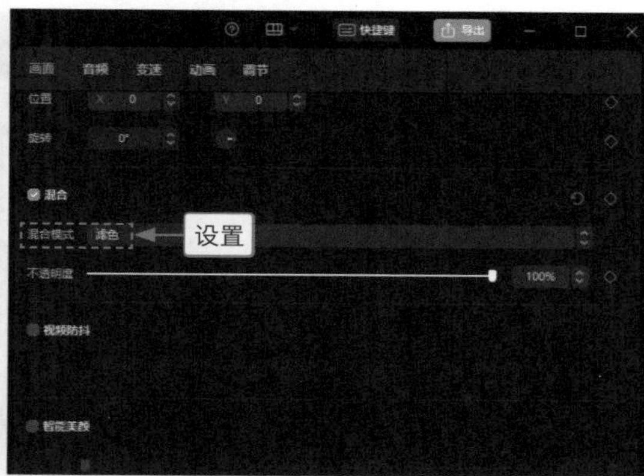

图 5-70

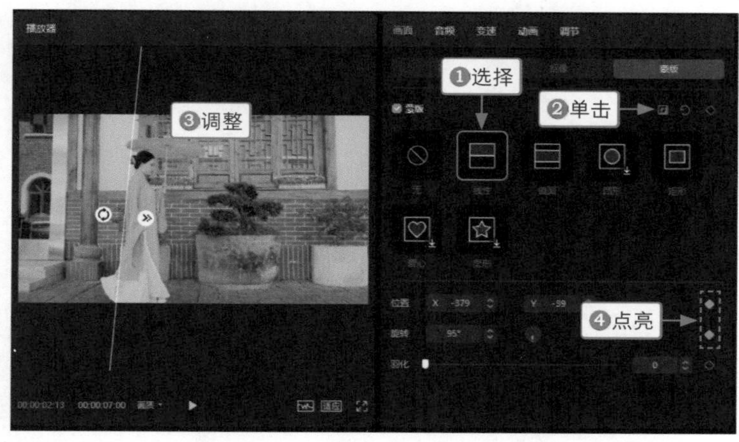

图 5-71

步骤 05 拖曳时间指示器至 00:00:03:02 的位置，此时人物刚好走到第 2 个字的位置，在“播放器”面板中调整蒙版的位置，使第 1 个文字显示出来，如图 5-72 所示，并自动点亮“位置”关键帧◆。

图 5-72

步骤 06 用与上述同样的方法，分别在 00:00:03:18、00:00:04:05 和 00:00:04:29 的位置，调整蒙版的位置，使文字完全显示出来，如图 5-73 所示。

图 5–73

2. 用剪映手机版制作

剪映手机版的操作方法如下。

步骤 01　导入黑场素材，设置其时长为 7.0s，新建一个文本，❶输入文字内容；❷选择合适的字体；❸调整文本大小，如图 5–74 所示，调整文本时长，并将制作的文字导出为视频备用。

步骤 02　新建一个草稿文件，将人物行走视频和文字视频分别添加到视频轨道和画中画轨道中，❶选择文字视频；❷在工具栏中点击“混合模式”按钮，如图 5–75 所示。

步骤 03　❶在弹出的“混合模式”面板中选择“滤色”选项；❷在预览区域调整文字视频的画面大小，如图 5–76 所示。

图 5–74　　图 5–75　　图 5–76

步骤 04　❶拖曳时间轴至相应位置；❷点击◇按钮添加关键帧；❸点击“蒙版”按钮，如图 5–77 所示。

步骤 05 ❶选择"线性"蒙版；❷调整蒙版的角度和位置；❸点击"反转"按钮，如图 5-78 所示。

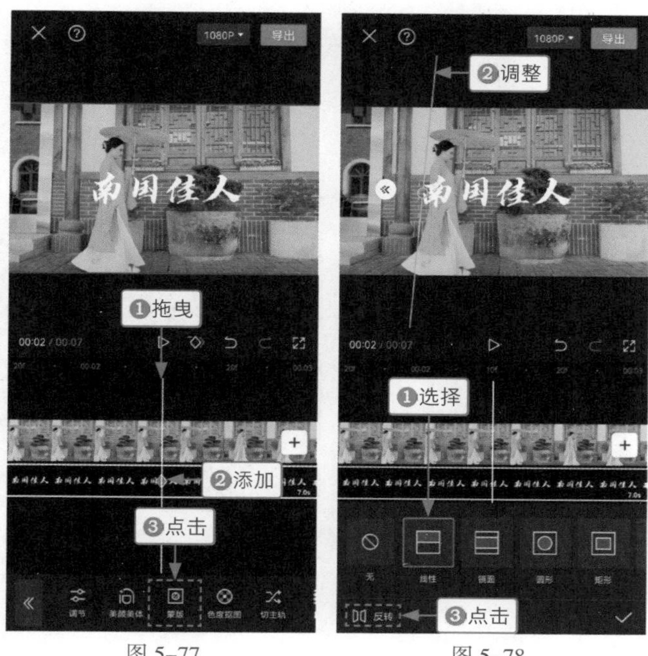

图 5-77　　图 5-78

步骤 06 ❶向后拖曳时间轴；❷调整蒙版的位置，如图 5-79 所示，使第 1 个文字露出。

步骤 07 用与上述同样的方法，不断向后拖曳时间轴至合适位置，并调整蒙版的位置，直到最后露出所有文字，如图 5-80 所示。

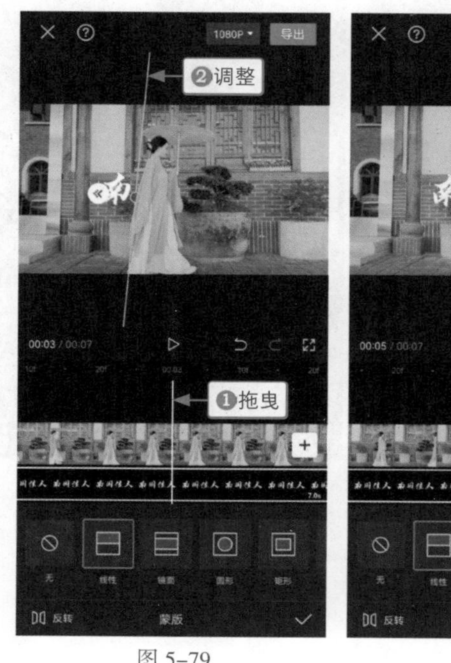

图 5-79　　图 5-80

课后实训：添加花字

效果展示 剪映中内置了很多花字模板，可以帮助用户一键制作出各种精彩的艺术字效果，效果如图 5-81 所示。

图 5-81

本案例制作主要步骤如下：

首先导入视频素材，❶在“文本”功能区的“花字”选项卡中单击相应花字样式中的“添加到轨道”按钮⊕；❷调整文本的时长，如图 5-82 所示。

然后❶输入文字内容；❷设置合适的字体；❸在“排列”选项区中设置“字间距”参数为 3；❹调整文本的大小和位置，如图 5-83 所示，即可为视频添加花字效果。

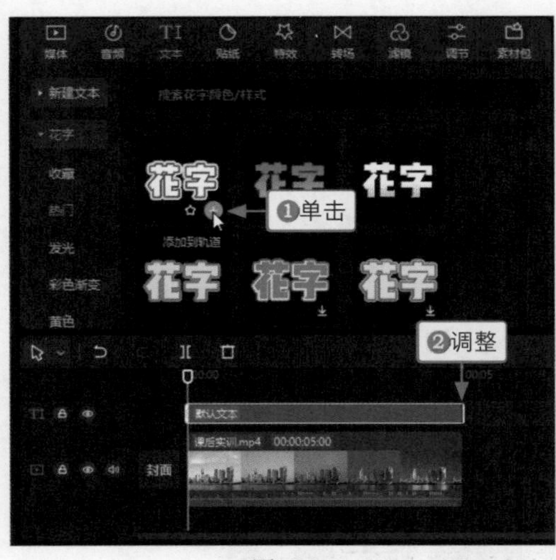

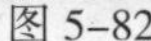

图 5-82

图 5-83

第 6 章　音频：为视频添加动人音符

短视频是一种声画结合、视听兼备的创作形式，因此音频也是很重要的因素。选择合适的背景音乐、音效或者语音旁白，能够让你的视频轻松上热门。本章介绍在剪映中添加音乐、添加音效、提取音乐、设置淡入淡出、添加文本朗读以及设置变声的操作方法。

6.1 添加音频

对于视频来说，背景音乐是其灵魂，所以添加音频是后期剪辑非常重要的一步。本节主要向大家介绍使用剪映为短视频添加音乐、添加音效和提取音频的操作方法。

6.1.1 添加音乐：《天若有情》

效果展示 剪映具有非常丰富的背景音乐资源库，而且还支持添加用户在抖音中收藏的音乐，用户可以根据自己的视频内容来添加合适的背景音乐，视频效果如图 6–1 所示。

图 6–1

1. 用剪映电脑版制作

剪映电脑版的操作方法如下。

步骤 01 将视频素材添加到视频轨道中，如图 6–2 所示。

步骤 02 ❶切换至“音频”功能区；❷展开“抖音收藏”选项卡；❸单击相应音乐右下角的“添加到轨道”按钮，如图 6–3 所示。

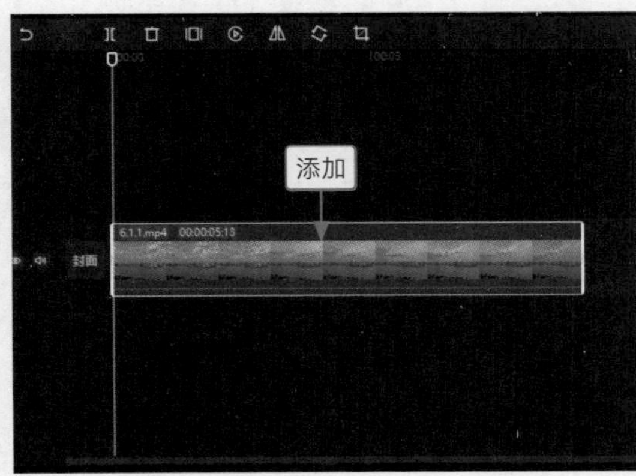

图 6–2

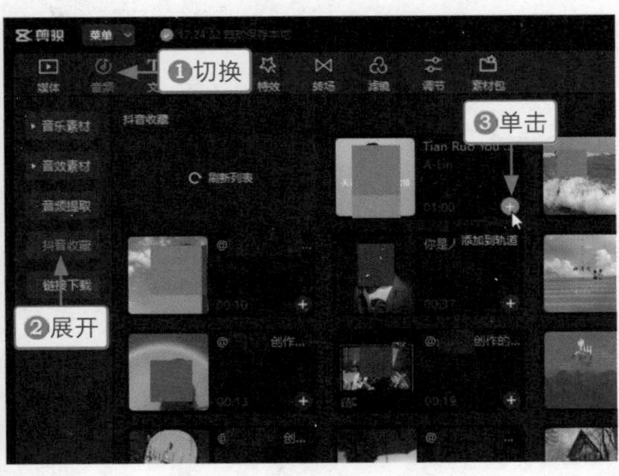

图 6–3

如果用户是第 1 次使用某首音乐，要先单击该音乐右下角的下载按钮，进行下载，下载完成后，可以单击该音乐进行试听，如果觉得满意，就可以单击音乐右下角的“添加到轨道”按钮，将其添加到音频轨道中。

步骤 03 执行操作后，即可为视频添加背景音乐，如图 6-4 所示。

步骤 04 ❶拖曳时间指示器至 00:00:23:09 的位置；❷单击“分割”按钮，如图 6-5 所示，即可将音频分割成两段。

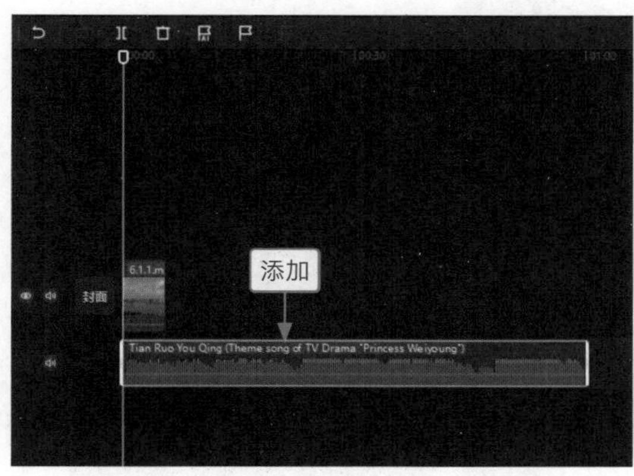

图 6-4

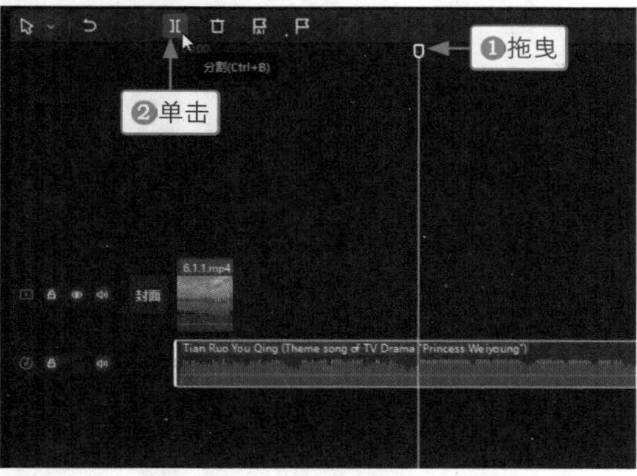

图 6-5

步骤 05 ❶选择前半段音频；❷单击“删除”按钮，如图 6-6 所示，即可将其删除。

步骤 06 ❶按住剩下的音频并向左拖曳，调整音频的位置，使其起始位置对准视频的起始位置；❷在视频的结束位置分割出多余的音频并删除，使音频的持续时长与视频的时长保持一致，如图 6-7 所示。

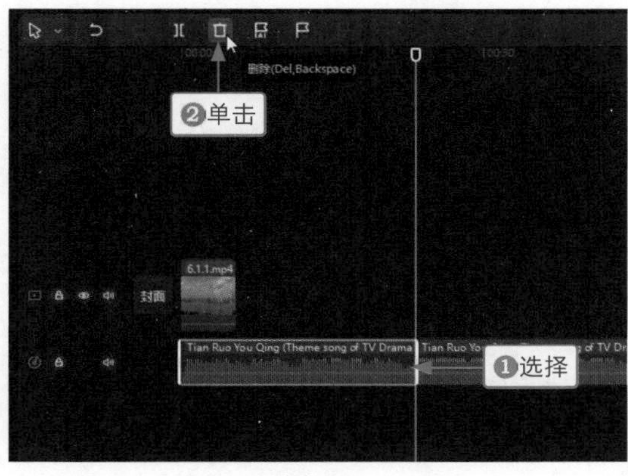

图 6-6

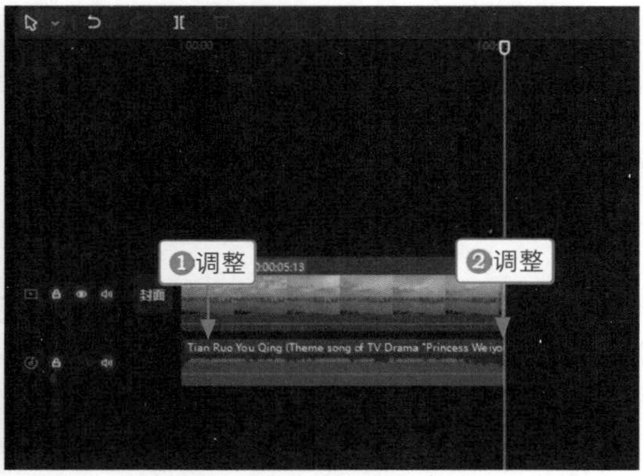

图 6-7

2. 用剪映手机版制作

剪映手机版的操作方法如下。

步骤 01 导入视频素材，依次点击“音频”按钮和“抖音收藏”按钮，进入“添加音乐”界面，在“抖音收藏”选项卡中点击相应音乐右侧的“使用”按钮，如图 6-8 所示，即可为视频添加合适的背景音乐。

步骤 02 ❶拖曳时间轴至相应位置；❷选择添加的音乐；❸在工具栏中点击“分割”按钮，如图 6-9 所示，即可分割出不需要的音频片段。

步骤 03 选择分割出的前半段音频，点击“删除”按钮，将其删除，❶按住音频并向左拖曳，调整音频的位置；❷调整音频的持续时长，如图 6-10 所示，即可完成音乐的添加。

图 6-8　　图 6-9　　图 6-10

6.1.2 添加音效：《海鸥之歌》

效果展示 剪映中提供了很多有趣的音频特效，例如综艺、笑声、机械、人声、转场、游戏、魔法、打斗、美食、动物、环境音、手机、悬疑以及乐器等类型，用户可以根据视频的情境来添加音效，视频效果如图 6-11 所示。

图 6-11

1. 用剪映电脑版制作

剪映电脑版的操作方法如下。

步骤 01 在“本地”选项卡中导入素材，单击视频素材右下角的“添加到轨道”按钮＋，如图6–12 所示，即可将素材添加到视频轨道中。

步骤 02 ❶切换至“音频”功能区；❷展开“音效素材”选项卡；❸在搜索框中输入“海浪和海鸥”，如图 6–13 所示，按【Enter】键，即可搜索相应音效。

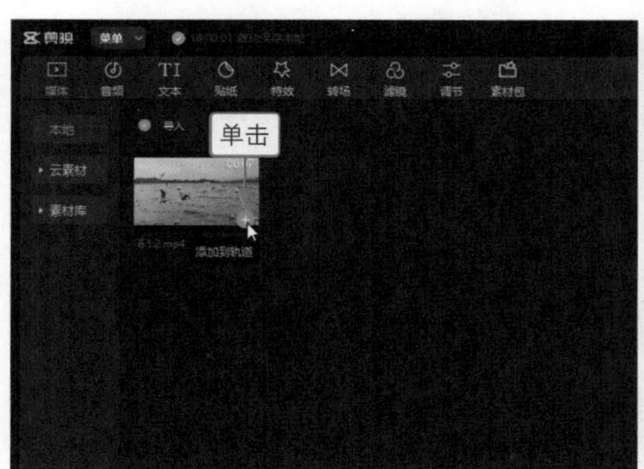

图 6–12

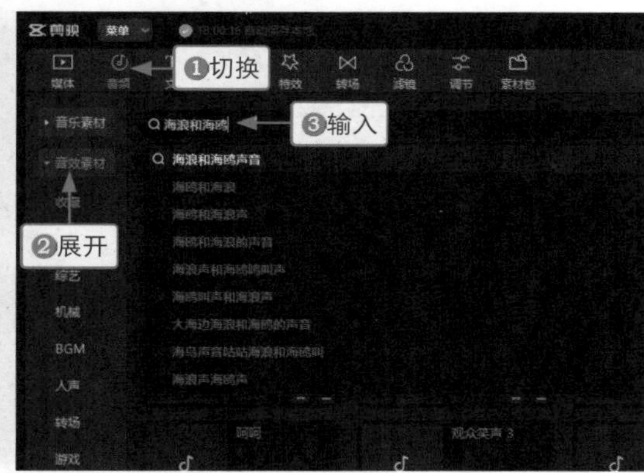

图 6–13

步骤 03 在搜索结果中，单击“海浪的声音和海鸥的叫声”音效右下角的“添加到轨道”按钮＋，如图 6–14 所示，即可为视频添加合适的音效。

步骤 04 调整音效的时长，使其与视频时长保持一致，如图 6–15 所示。

图 6–14

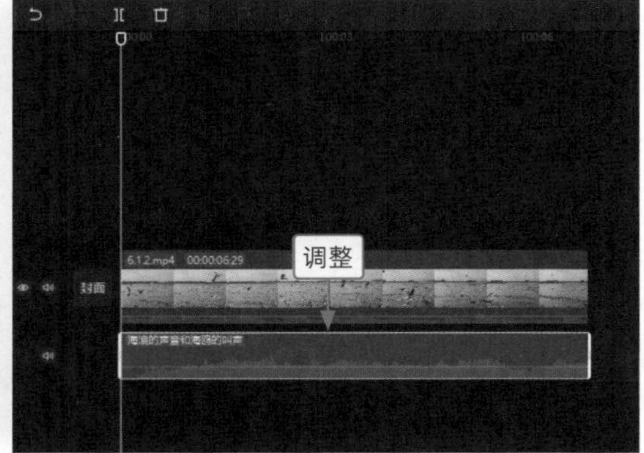

图 6–15

2. 用剪映手机版制作

剪映手机版的操作方法如下。

步骤 01 导入视频素材，依次点击“音频”按钮和“音效”按钮，进入音效素材库，❶在搜索框中输入“海浪和海鸥”；❷点击输入法面板上的“搜索”按钮，如图 6–16 所示，即可开始搜索相应音效。

步骤 02 在“搜索结果”列表中，点击“海浪的声音和海鸥的叫声”音效右侧的“使用”按钮，如图 6–17 所示，即可将其添加到音频轨道中。

步骤 03 调整音效的持续时长，使其与视频时长保持一致，如图 6–18 所示，即可完成音效的添加。

图 6–16　　图 6–17　　图 6–18

6.1.3　提取音乐:《回到身边》

效果展示 如果用户看到背景音乐好听的视频，可以将其保存下来，并通过剪映来提取视频中的背景音乐，添加到自己的视频中，视频效果如图 6–19 所示。

图 6–19

1. 用剪映电脑版制作

剪映电脑版的操作方法如下。

步骤 01 在“本地”选项卡中导入素材，单击视频素材右下角的“添加到轨道”按钮，如图 6–20 所示，即可将素材添加到视频轨道中。

步骤 02 ❶切换至“音频”功能区；❷展开“音频提取”选项卡；❸单击“导入”按钮，如图 6–21 所示。

图 6–20

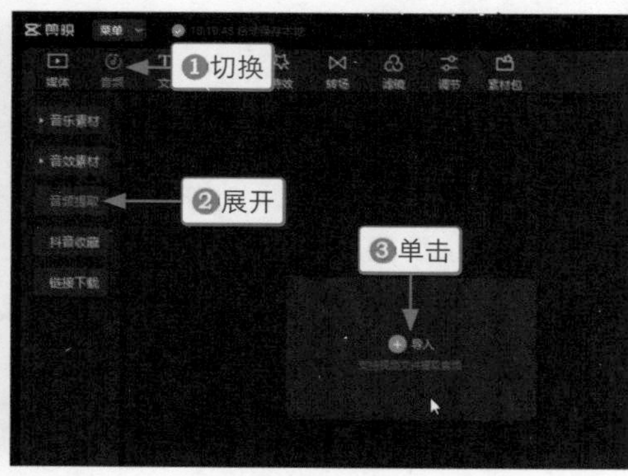

图 6–21

步骤 03 弹出“请选择媒体资源”对话框，❶选择要提取音频的视频；❷单击“导入”按钮，如图 6–22 所示，即可将音频提取到“音频提取”选项卡中。

步骤 04 单击提取音频右下角的“添加到轨道”按钮，如图 6–23 所示，即可为视频套用其他视频的背景音乐。

图 6–22

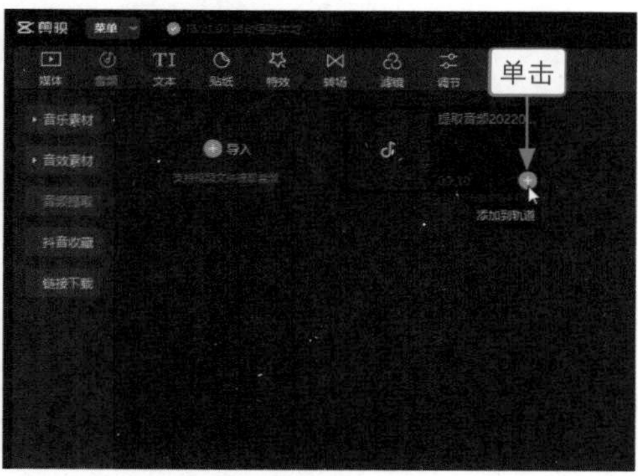

图 6–23

2. 用剪映手机版制作

剪映手机版的操作方法如下。

步骤 01 导入视频素材，依次点击“音频”按钮和“提取音乐”按钮，如图 6–24 所示。

步骤 02 进入“照片视频”界面，❶选择要提取音乐的视频；❷点击“仅导入视频的声音”按钮，如图 6–25 所示。

步骤 03 执行操作后，即可将其他视频的音乐添加到音频轨道中，如图 6–26 所示。

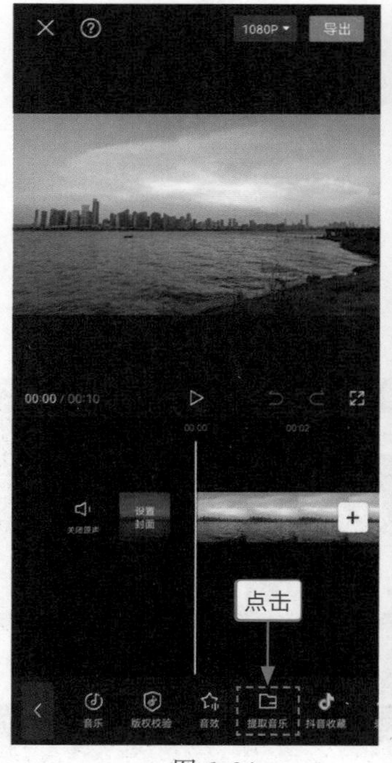

图 6–24

图 6–25

图 6–26

6.2 制作音频效果

用户为视频添加好背景音乐后，还可以为视频设置一些特殊的音频效果，例如为音频设置淡入淡出效果，为视频添加文本朗读音频，为视频录音并设置变声效果，来增加视频的趣味性。

6.2.1 设置淡入淡出：《日出东方》

效果展示 用户可以为添加的音频设置淡入淡出效果，让背景音乐的出现和消失显得不那么突兀，视频效果如图 6–27 所示。

图 6–27

1. 用剪映电脑版制作

剪映电脑版的操作方法如下。

步骤 01 在“本地”选项卡中导入素材，单击视频素材右下角的“添加到轨道”按钮，如图 6–28 所示，即可将素材添加到视频轨道中。

步骤 02 ❶切换至“音频”功能区；❷在“音乐素材”选项卡的搜索框中输入歌曲名称，如图 6–29 所示，按【Enter】键搜索相应歌曲。

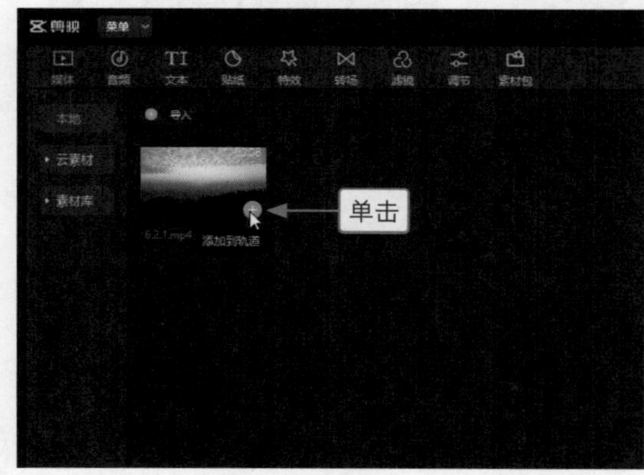

图 6–28

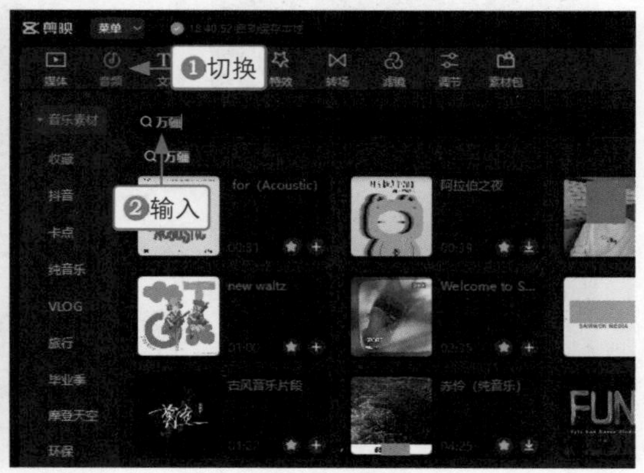

图 6–29

步骤 03 在搜索结果中单击相应音乐右下角的“添加到轨道”按钮，如图 6–30 所示，将音乐添加到音频轨道中。

步骤 04 ❶拖曳时间指示器至 00:00:05:20 的位置；❷单击“分割”按钮，如图 6–31 所示，将音频分割成两段，并删除前半段多余的音频。

图 6–30

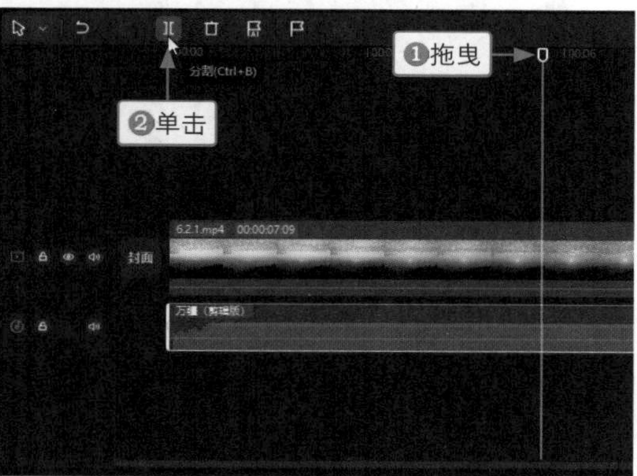

图 6–31

步骤 05 调整音频的位置和时长，如图 6–32 所示。

步骤 06 选择音频，在“音频”操作区的“基本”选项卡中拖曳“淡入时长”和“淡出时长”滑块，设置其参数分别为 0.7s 和 0.8s，如图 6–33 所示，即可为音频添加淡入淡出效果。

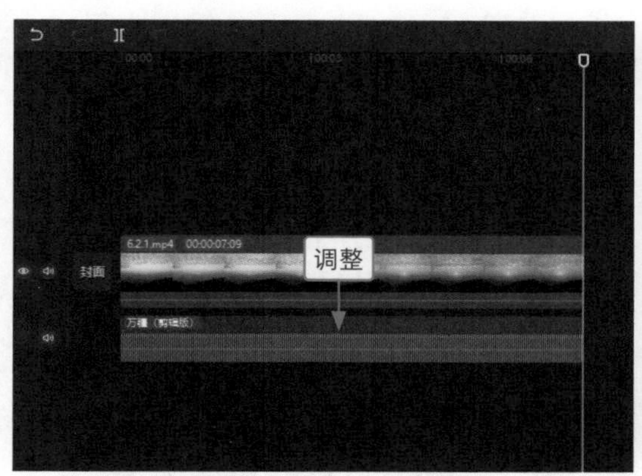

图 6–32

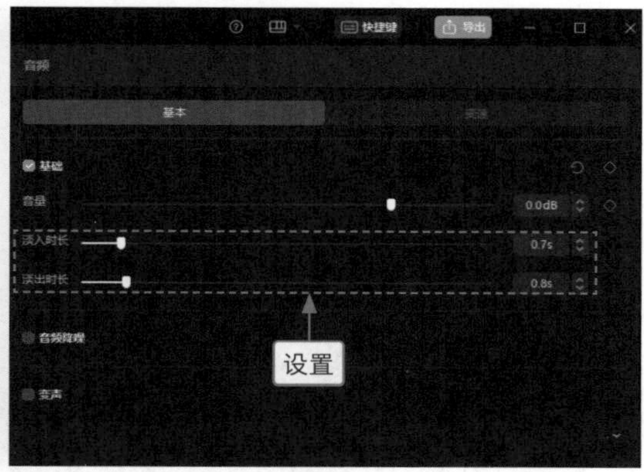

图 6–33

2. 用剪映手机版制作

剪映手机版的操作方法如下。

步骤 01 导入视频素材，依次点击“音频”按钮和“音乐”按钮，进入“添加音乐”界面，在搜索框中输入并搜索相应歌曲，在搜索结果中点击相应音乐右侧的“使用”按钮，如图 6–34 所示，即可为视频添加合适的背景音乐。

步骤 02 调整音频的时长和位置，❶选择音乐；❷在工具栏中点击“淡化”按钮，如图 6–35 所示。

步骤 03 弹出“淡化”面板，拖曳滑块，设置“淡入时长”参数为 0.7s，“淡出时长”参数为 0.8s，如图 6–36 所示，即可为背景音乐设置淡入淡出效果。

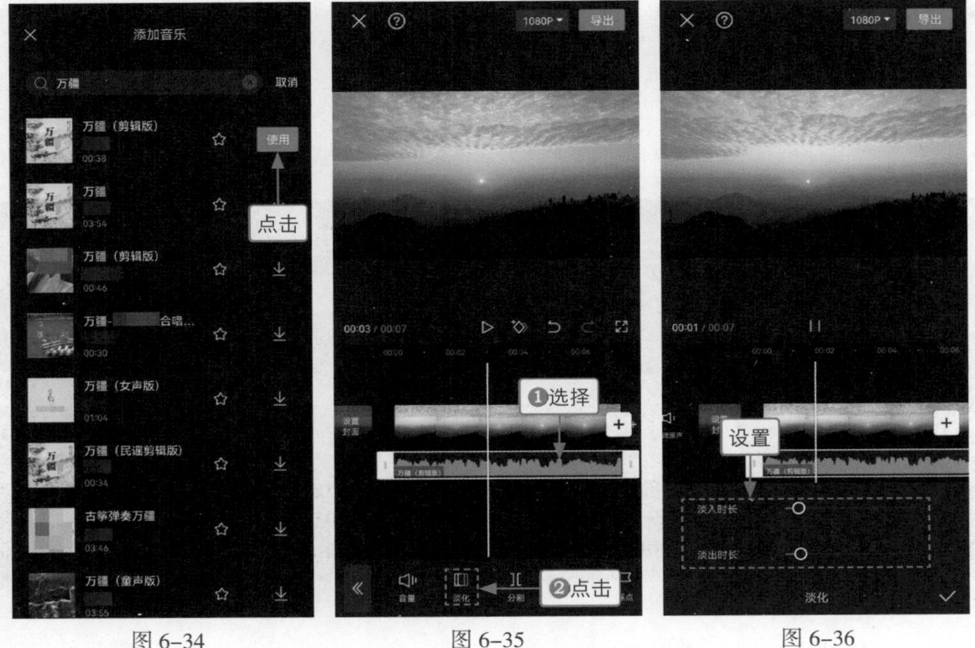

图 6–34　　图 6–35　　图 6–36

6.2.2　添加文本朗读：《生活的美好》

效果展示　剪映的“文本朗读”功能能够自动将视频中的文字内容转化为语音，提升观众的观看体验，视频效果如图 6–37 所示。

图 6–37

1. 用剪映电脑版制作

剪映电脑版的操作方法如下。

步骤 01　在“本地”选项卡中导入素材，单击视频素材右下角的“添加到轨道”按钮，如图 6–38 所示，即可将素材添加到视频轨道中。

步骤 02　拖曳时间指示器至 00:00:00:15 的位置，❶切换至“文本”功能区；❷在“新建文本”选项卡中单击“默认文本”选项右下角的“添加到轨道”按钮，如图 6–39 所示，为视频添加一个文本。

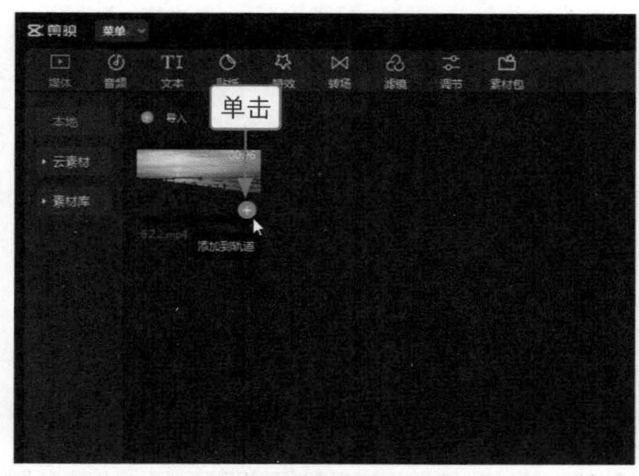

图 6-38

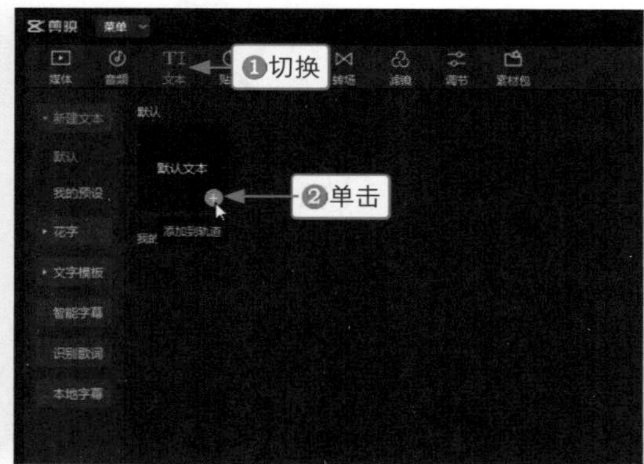

图 6-39

步骤 03 在“文本”操作区的“基础”选项卡中，❶输入相应文字内容；❷设置合适的字体；❸在“预设样式”选项区中选择合适的样式，如图 6-40 所示。

步骤 04 ❶切换至“动画”操作区；❷在“入场”选项卡中选择“逐字显影”动画，如图 6-41 所示。

图 6-40

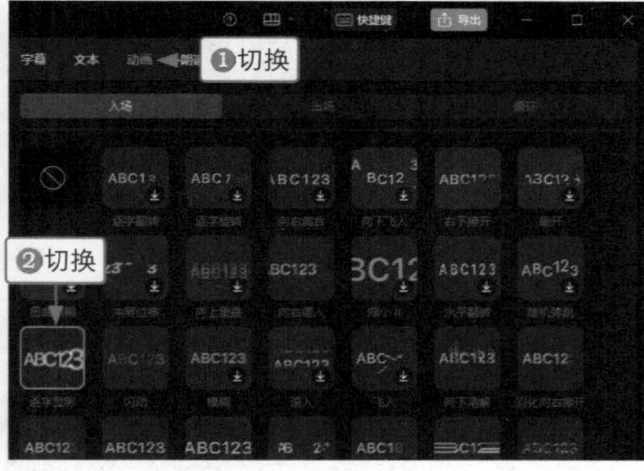

图 6-41

步骤 05 ❶切换至“出场”选项卡；❷选择“闭幕”动画，如图 6-42 所示。

步骤 06 在“播放器”面板中调整文本的位置和大小，如图 6-43 所示。

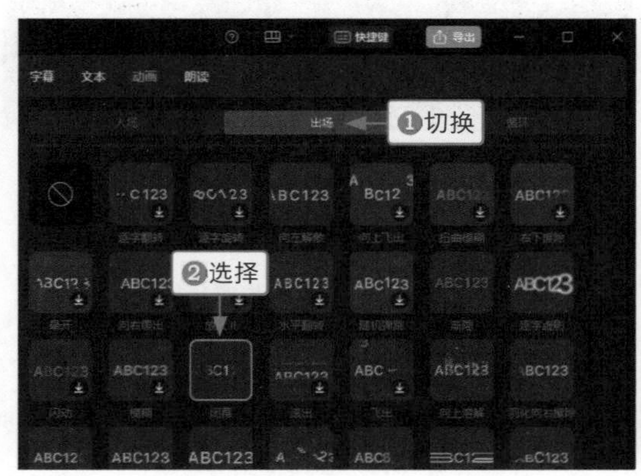

图 6-42

图 6-43

步骤 07 ❶调整文本的持续时长；❷拖曳时间指示器至 00:00:03:10 的位置；❸按【Ctrl + C】组合键复制该文本，按【Ctrl + V】组合键即可在时间指示器的右侧粘贴复制的文本，如图 6-44 所示。

步骤 08 调整复制文本的持续时长，在“基础”选项卡中修改文本内容，如图 6-45 所示。

步骤 09 选择第 1 个文本，❶切换至“朗读”操作区；❷选择“亲切女声”音色；❸单击“开始朗读”按钮，如图 6-46 所示，稍等片刻，即可生成对应的朗读音频。

步骤 10 用与上述同样的方法，为第 2 个文本添加“亲切女声”朗读音色，并生成对应的朗读音频，如图 6-47 所示。

剪映中的“文本朗读”功能支持中英文朗读，并为用户提供了 30 多种朗读音色，非常适合用来为视频制作解说音频，节省了用户后期配音的时间。

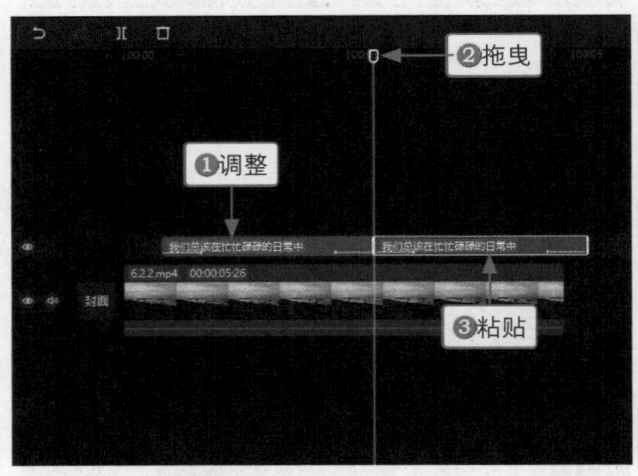

图 6-44

图 6-45

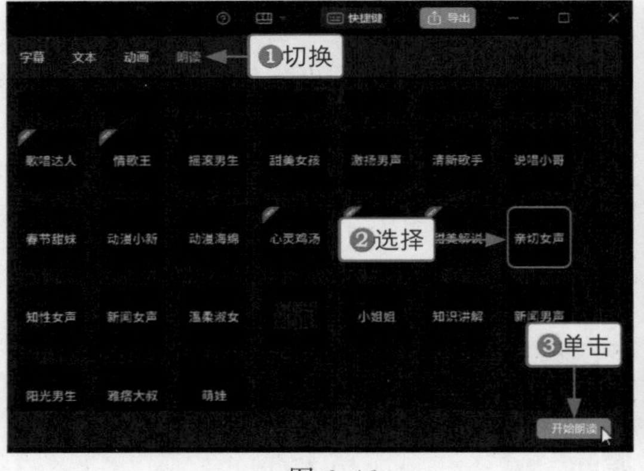

图 6-46

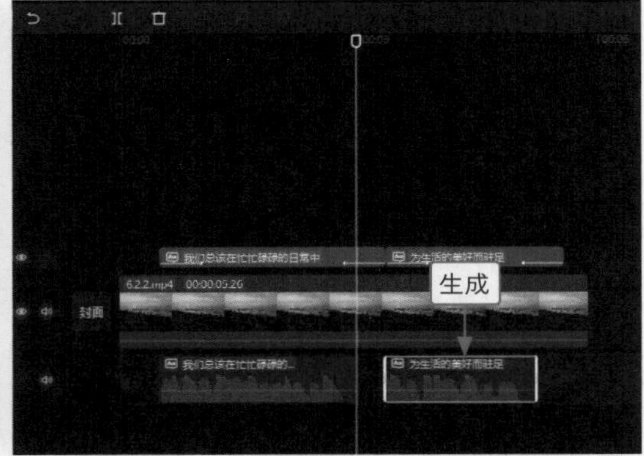

图 6-47

步骤 11 拖曳时间指示器至视频起始位置，❶切换至“音频”功能区；在“音乐素材”选项卡的“纯音乐”选项区中，❷单击相应音乐右下角的“添加到轨道”按钮，如图 6-48 所示，为视频添加一个背景音乐。

步骤 12 调整音乐的持续时长，选择音频，在“音频”操作区的“基础”选项卡中拖曳“音量”滑块，设置其参数为 -10.0dB，如图 6-49 所示，避免背景音乐干扰到朗读音频。

图 6-48

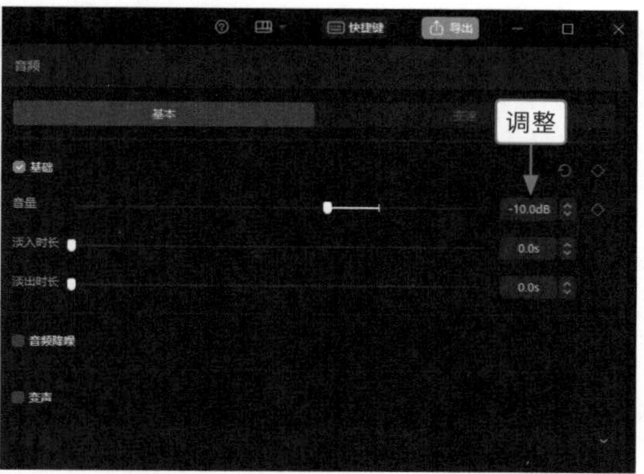

图 6-49

当视频有两段或更多的音频时，用户最好通过音量调节来避免音频重叠部分的互相干扰，影响视频的听感。一般来说，用户可以不调整或调高主音频的音量，并将其他音频的音量调低，从而达到突出主音频的目的。

2. 用剪映手机版制作

剪映手机版的操作方法如下。

步骤 01 导入视频素材，在 15f 的位置添加一个文本，❶输入文字内容；❷选择合适的字体；❸在预览区域调整文本的大小和位置，如图 6-50 所示。

步骤 02 ❶切换至“样式”选项卡；❷选择合适的文字样式，如图 6-51 所示。

步骤 03 ❶切换至“动画”选项卡；❷选择“逐字显影”入场动画，如图 6-52 所示。用与上述同样的方法，为文本添加“出场动画”选项区中的“闭幕”动画。

图 6-50

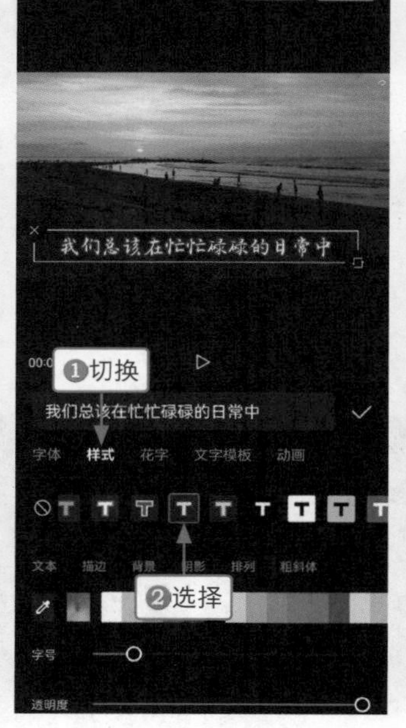

图 6-51

图 6-52

步骤 04 调整文本的持续时长，并在工具栏中点击“复制”按钮，复制该文本，❶修改复制文本的内容；❷调整复制文本的位置和时长，如图 6–53 所示。

步骤 05 选择第 1 个文本，在工具栏中点击“文本朗读”按钮，弹出“音色选择”面板，❶切换至“女声音色”选项卡；❷选择“亲切女声”音色，如图 6–54 所示，点击✓按钮，即可生成朗读音频。

步骤 06 用与上述同样的方法，为第 2 个文本添加“亲切女声”朗读效果，为视频添加合适的背景音乐，选择添加的音频，在工具栏中点击“音量”按钮，弹出“音量”面板，拖曳滑块，设置“音量”参数为 50，如图 6–55 所示。由于剪映手机版的“音量”参数没有负数，最终效果和电脑版的略有差别。

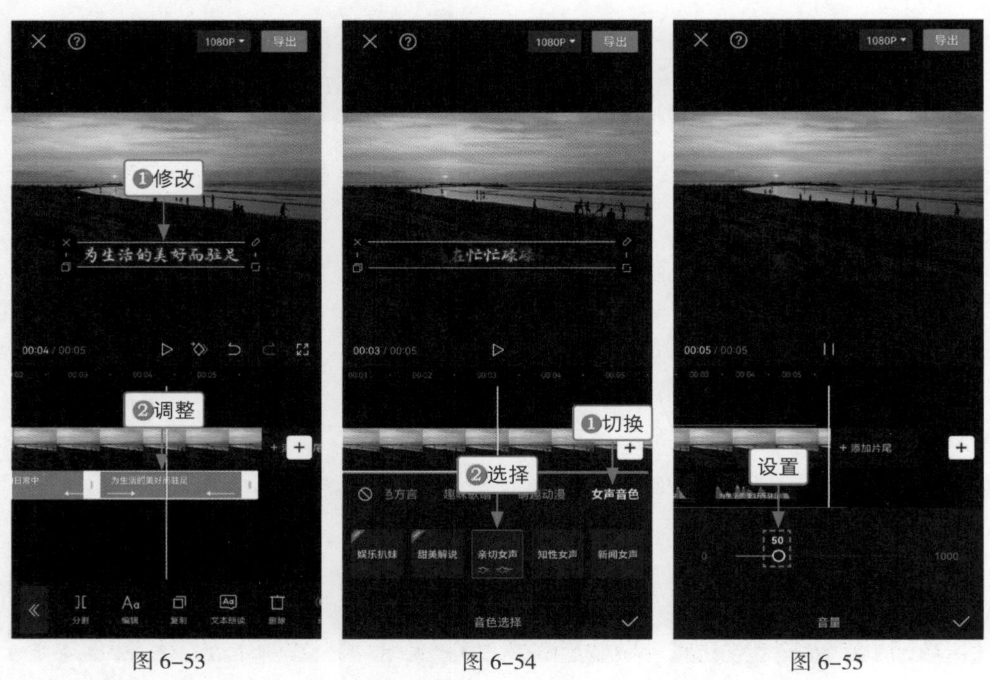

图 6–53　　图 6–54　　图 6–55

6.2.3 设置变声：《星河万里》

效果展示 在剪映中用户可以为视频配音，并运用“变声”功能对录音音频进行变声处理，不仅可以隐藏原声，还能让音频更加有趣，视频效果如图 6–56 所示。

图 6–56

1. 用剪映电脑版制作

剪映电脑版的操作方法如下。

步骤 01 在“本地”选项卡中导入素材，单击视频素材右下角的“添加到轨道”按钮[+]，如图 6-57 所示，即可将素材添加到视频轨道中。

步骤 02 ❶拖曳时间指示器至 00:00:01:05 的位置；❷在时间线面板中单击“录音”按钮[🎙]，如图 6-58 所示。

图 6-57

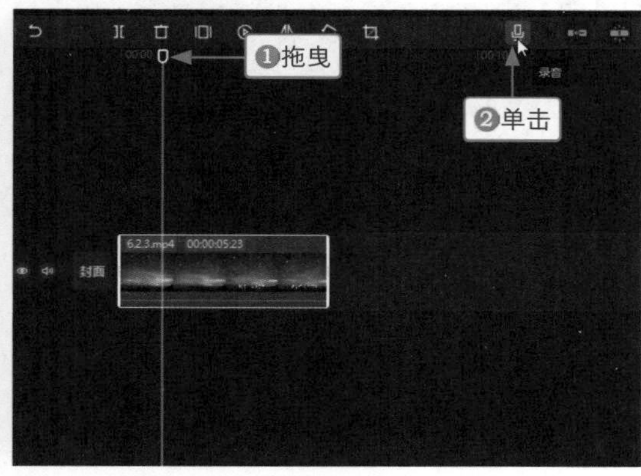

图 6-58

步骤 03 弹出“录音”对话框，单击录音按钮[●]，如图 6-59 所示，在“播放器”面板中显示 3s 倒数，并自动从时间指示器前 3s 的位置开始播放视频，倒数结束后，可以开始录音。

步骤 04 录音结束后，单击结束按钮[■]，即可结束录音，并在时间线面板中生成对应的录音音频，如图 6-60 所示。

图 6-59

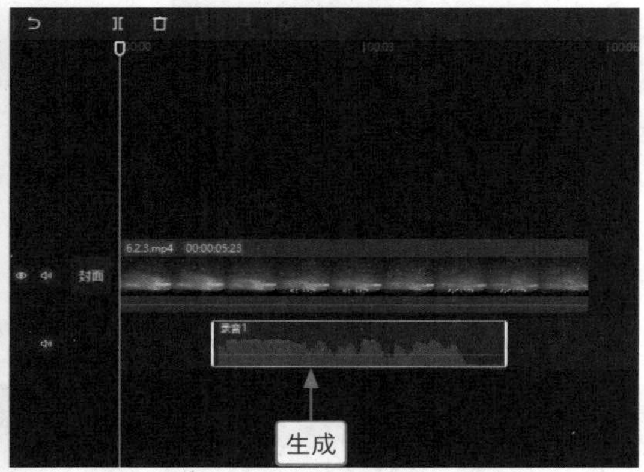

图 6-60

如果视频本身有声音或者在时间线面板中添加了音频，用户可以选中“录音”面板中的“草稿静音”复选框，将整个时间线面板静音，避免打扰录音时的思绪。

步骤 05 关闭“录音”对话框，在“音频”操作区的“基本”选项卡中，❶选中“音频降噪”复选框，对录音进行降噪；❷选中“变声”复选框，如图 6-61 所示。

步骤 06 在“变声”列表框中选择“花栗鼠”音色，如图 6-62 所示。

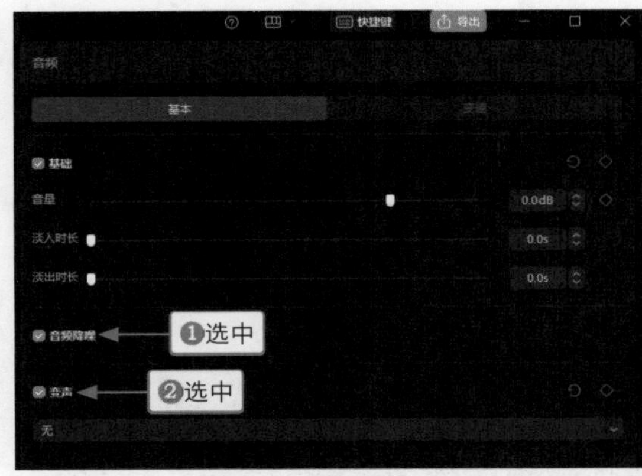

图 6-61

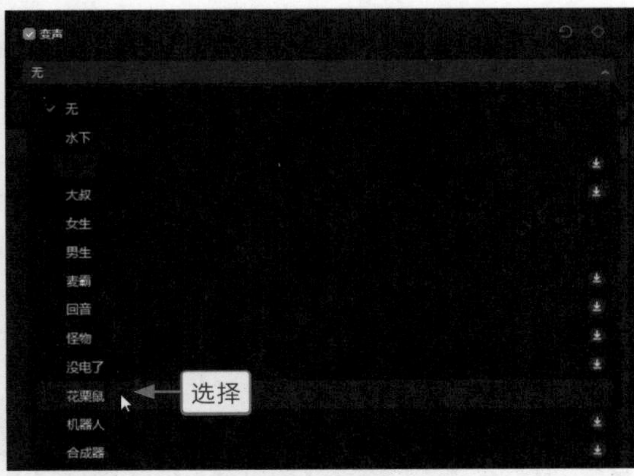

图 6-62

步骤 07 设置好变声音色后，用户还可以对变声效果进行设置，例如拖曳滑块，设置“音调”参数为 16、“音色”参数为 17，使变声效果更柔和，如图 6-63 所示。

步骤 08 拖曳时间指示器至视频起始位置，❶切换至“音频”功能区；❷在“音乐素材”选项卡的“纯音乐”选项区中单击相应音乐右下角的“添加到轨道”按钮，如图 6-64 所示，为视频添加背景音乐。

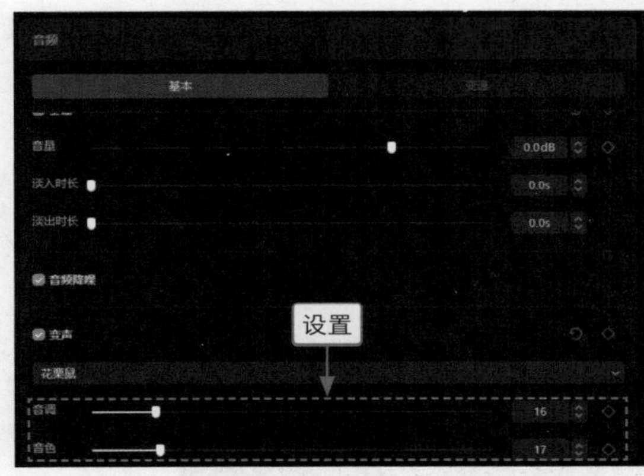

图 6-63

图 6-64

步骤 09 调整背景音乐的持续时长，如图 6-65 所示。

步骤 10 在“基本”选项卡中拖曳滑块，设置“音量”参数为 -15.0dB，如图 6-66 所示。

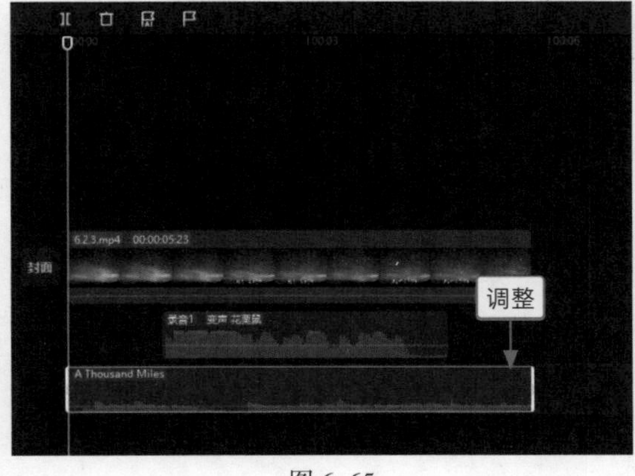

图 6-65

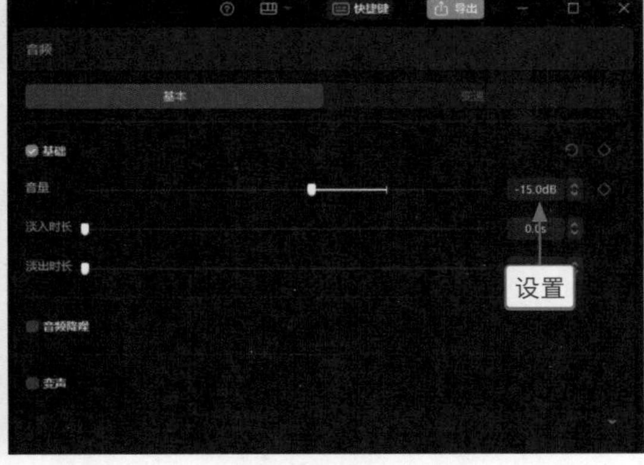

图 6-66

2. 用剪映手机版制作

剪映手机版的操作方法如下。

步骤 01 导入视频素材，拖曳时间轴至相应位置，依次点击“音频”按钮和“录音”按钮，弹出“点击或长按进行录制”面板，点击录音按钮，如图 6-67 所示，“点击或长按进行录制”面板中会显示 3s 倒数，倒数结束后，自动从时间轴的位置开始播放视频，并开始录音。

步骤 02 录音结束后，点击停止按钮，结束录音，此时音频轨道中会生成相应的录音音频，❶选择音频；❷在工具栏中点击“降噪”按钮，如图 6-68 所示。

步骤 03 弹出“降噪”面板，点击按钮，打开“降噪开关”，如图 6-69 所示。

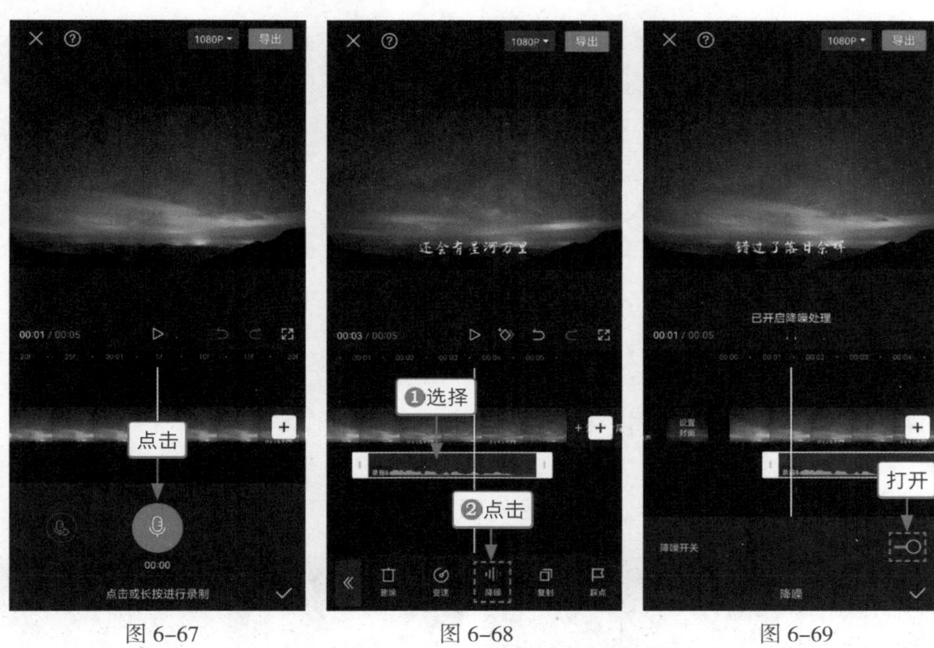

图 6-67　图 6-68　图 6-69

步骤 04 返回到上一级工具栏，点击“变声”按钮，弹出“变声”面板，❶切换至“搞笑”选项卡；❷选择“花栗鼠”音色；❸设置“音调”参数为 16、“音色”参数为 17，如图 6-70 所示。

步骤 05 为视频添加合适的背景音乐，设置其“音量”参数为 20，如图 6-71 所示。最终效果和电脑版的略有差别。

图 6-70

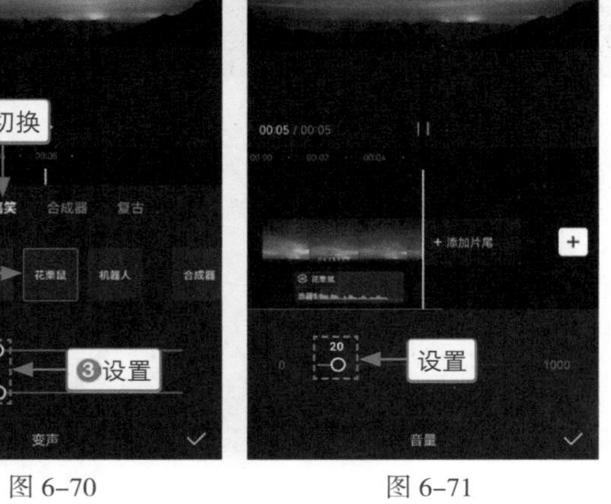

图 6-71

课后实训：设置变速和变调

效果展示 在剪映中，除了调整视频的播放速度，还可以为音频设置变速效果，并开启“声音变调”功能，制作出独一无二的背景音乐，视频效果如图 6-72 所示。

图 6-72

本案例制作主要步骤如下：

首先导入视频素材，切换至“音频”功能区，在“音乐素材”选项卡的“纯音乐”选项区中单击相应音乐右下角的“添加到轨道”按钮，如图 6-73 所示，即可为视频添加一个背景音乐。

然后❶切换至“音频”操作区的“变速”选项卡；❷拖曳“倍数”滑块，设置其参数为 2.0x；❸开启“声音变调”功能，如图 6-74 所示，最后调整音频的时长，即可完成音频的变速和变调处理。

图 6-73

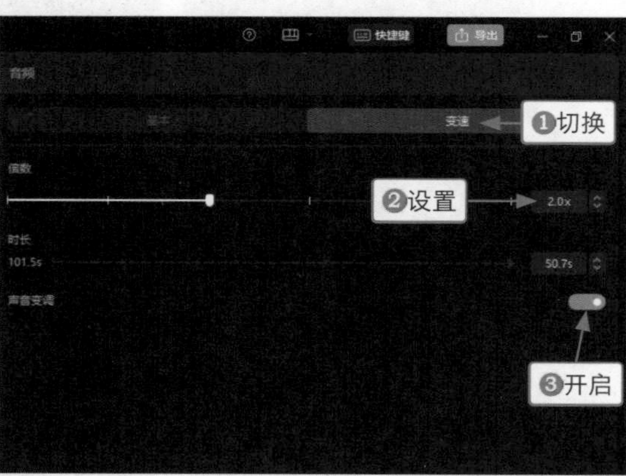

图 6-74

第 7 章　卡点：把控节奏动感踩点

用户想制作酷炫的卡点视频，找准节拍点是必须学会的技能。剪映提供了自动踩点和手动踩点两种找节拍点的方法，用户可以根据实际情况进行选择。本章介绍制作抽帧卡点视频、X 型开幕卡点视频、色彩渐变卡点视频、对焦卡点视频、边框卡点视频和多屏卡点视频的操作方法。

7.1 自动踩点

运用“自动踩点”功能可以一键标注出音频的节拍点，节省了用户自己添加节拍点的时间，让卡点视频的制作变得更简便、高效。

7.1.1 抽帧卡点:《文昌塔》

效果展示 抽帧卡点的制作方法是根据音乐节奏有规律地删除视频片段，也就是抽掉一些视频帧，从而达到卡点的目的，效果如图 7-1 所示。

图 7-1

1. 用剪映电脑版制作

剪映电脑版的操作方法如下。

步骤 01 在“本地”选项卡中导入素材，单击视频素材右下角的“添加到轨道”按钮，如图 7-2 所示，即可将素材添加到视频轨道中。

步骤 02 ❶切换至“音频”功能区；❷在“音乐素材”选项卡的“收藏”选项区中单击相应音乐右下角的“添加到轨道”按钮，如图 7-3 所示，为视频添加合适的卡点音乐。

图 7-2

图 7-3

用户在剪映中听到好听的歌曲，可以单击歌曲右下角的☆按钮将其收藏，如果下次想使用这首歌曲，可以直接在“音乐素材”选项卡的“收藏”选项区中找到。

步骤 03 ❶单击“自动踩点”按钮；❷在弹出的列表框中选择“踩节拍Ⅱ”选项，如图 7-4 所示。

步骤 04 执行操作后，即可在音频上自动添加小黄点，这些小黄点就是音频的节拍点，如图 7-5 所示。

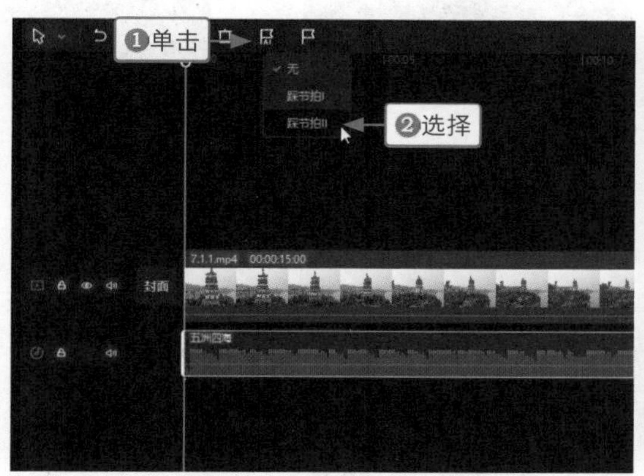

图 7-4

图 7-5

剪映的“自动踩点”功能有“踩节拍Ⅰ”和“踩节拍Ⅱ”两种模式，一般来说，“踩节拍Ⅰ”模式生成的节拍点比“踩节拍Ⅱ”模式的更少、更精炼，用户可以根据卡点的需求进行选择。

步骤 05 ❶拖曳时间指示器至第 1 个节拍点的位置；❷选择视频素材；❸单击“分割”按钮，如图 7-6 所示，对素材进行分割。

步骤 06 ❶拖曳时间指示器至第 2 个节拍点的位置；❷再对第 2 段素材进行分割，如图 7-7 所示。

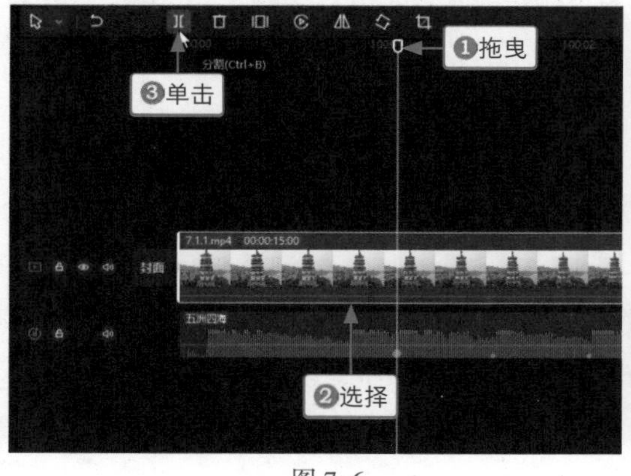

图 7-6

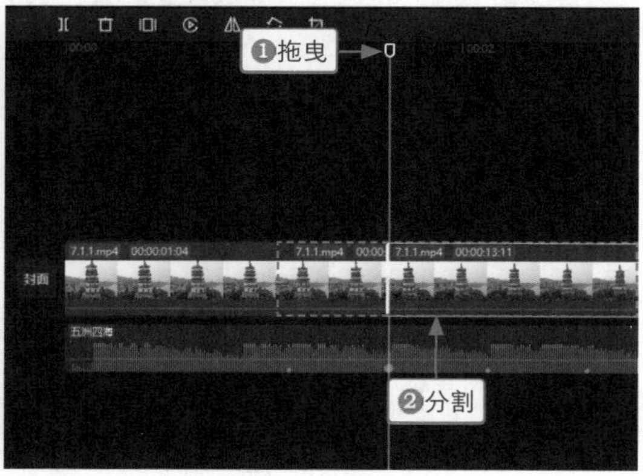

图 7-7

步骤 07 ❶选择第 2 段素材；❷单击“删除”按钮，如图 7-8 所示，将其删除，即可完成第 1 段抽帧片段的制作。

步骤 08 ❶在第 2 个节拍点的位置对素材再进行分割；❷拖曳时间指示器至第 3 个节拍点的位置；❸单击“分割”按钮，如图 7-9 所示。

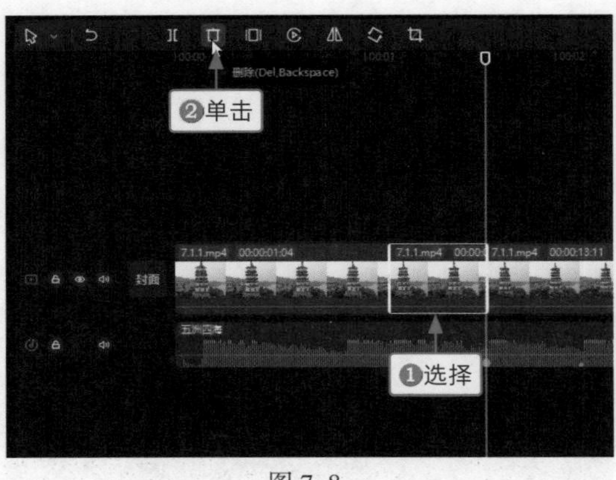

图 7-8

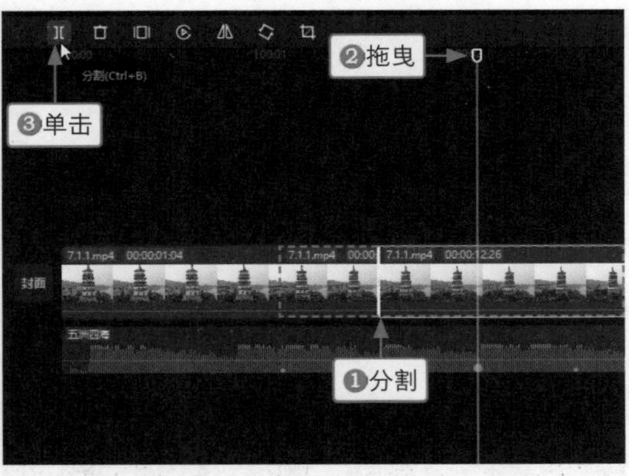

图 7-9

步骤 09 ①选择第 3 段素材；②单击“删除”按钮，如图 7-10 所示，将其删除，即可完成第 2 段抽帧片段的制作。

步骤 10 ①用与上述同样的方法，根据小黄点的位置分割和删除剩下的片段，制作其他的抽帧片段；②调整音乐的时长，使其与视频时长保持一致，如图 7-11 所示，即可完成抽帧卡点视频的制作。

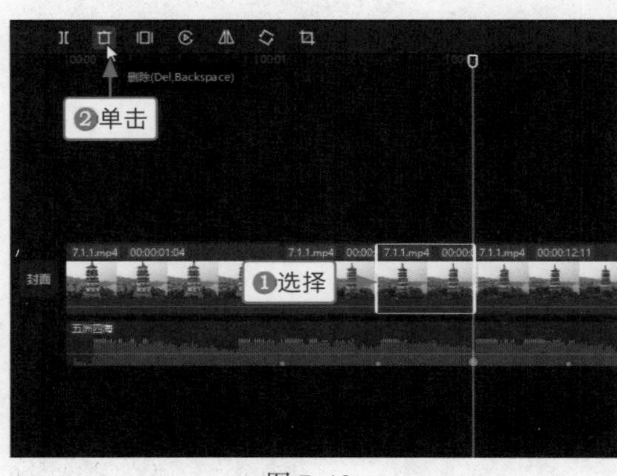

图 7-10

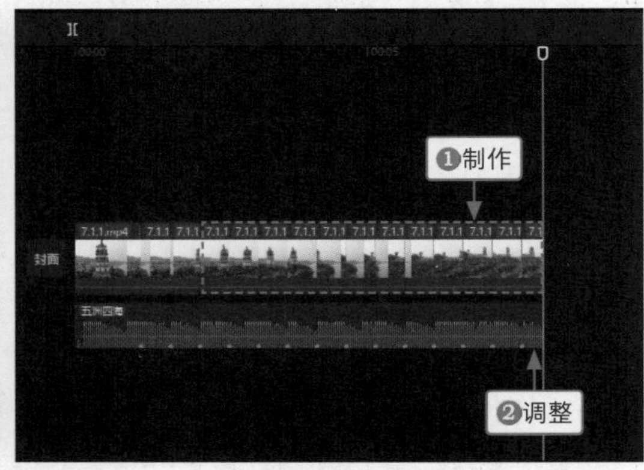

图 7-11

2. 用剪映手机版制作

剪映手机版的操作方法如下。

步骤 01 导入视频素材，依次点击“音频”按钮和“音乐”按钮，进入“添加音乐”界面，切换至“收藏”选项卡，点击相应音乐右侧的“使用”按钮，为视频添加卡点音乐，①选择添加的音乐；②在工具栏中点击“踩点”按钮，如图 7-12 所示，弹出“踩点”面板。

步骤 02 ①点击“自动踩点”按钮；②默认选择“踩节拍 II”选项，如图 7-13 所示，即可为音频添加节拍点。

步骤 03 ①拖曳时间轴至第 1 个节拍点的位置；②选择视频素材；③在工具栏中点击“分割”按钮，如图 7-14 所示。

图 7–12　　图 7–13　　图 7–14

步骤 04 用与上述同样的方法，在第 2 个节拍点的位置分割出一段素材，❶选择第 2 段素材；❷在工具栏中点击“删除”按钮，如图 7–15 所示，即可制作出第 1 段抽帧片段，

步骤 05 ❶在第 2 个节拍点的位置再分割出一段素材；❷在第 3 个节拍点的位置分割出一段素材并选择；❸点击“删除”按钮，如图 7–16 所示，即可制作出第 2 段抽帧片段。

步骤 06 ❶用与上述同样的方法，制作其他的抽帧片段；❷调整音频的时长，如图 7–17 所示，即可制作出抽帧卡点视频。

图 7–15　　图 7–16　　图 7–17

7.1.2 X 型开幕卡点：《岳麓大道》

效果展示 运用“镜面”蒙版可以将视频画面的显示范围设置为交叉的 X 型，搭配上动感的音乐和动画，制作出 X 型蒙版开幕卡点，效果如图 7-18 所示。

图 7-18

1. 用剪映电脑版制作

剪映电脑版的操作方法如下。

步骤 01 在视频轨道添加一个视频素材，如图 7-19 所示。

步骤 02 在“滤镜”功能区的“黑白”选项卡中，单击“默片”滤镜右下角的“添加到轨道”按钮，如图 7-20 所示。

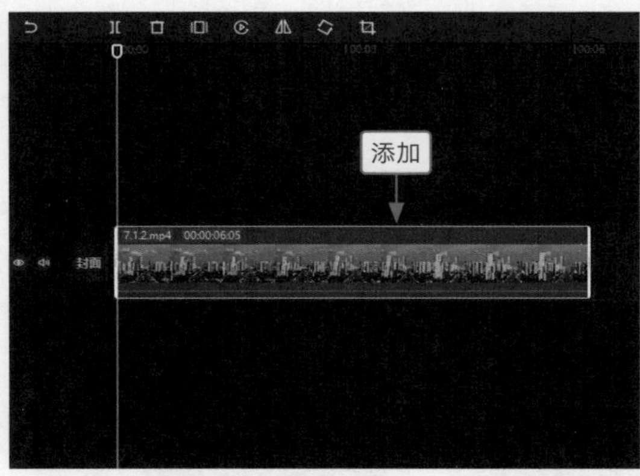

图 7-19

图 7-20

步骤 03 执行操作后，即可添加一个“默片”滤镜，调整滤镜时长，使其与视频时长保持一致，如图 7-21 所示。

步骤 04 执行操作后，将调色视频导出备用，并将“默片”滤镜删除，❶在音频轨道中添加一段背景音乐，调整音乐时长，使其与视频时长保持一致；❷单击“自动踩点”按钮；❸在弹出的列表框中选择“踩节拍 II”选项，如图 7-22 所示。

步骤 05 ❶切换至“媒体”功能区；❷展开“素材库”|“热门”选项卡；❸单击黑场素材右下角的“添加到轨道”按钮，如图 7-23 所示。

步骤 06 将黑场素材拖曳至画中画轨道中，并将其结束位置调整为与第 5 个节拍点对齐，如图 7-24 所示。

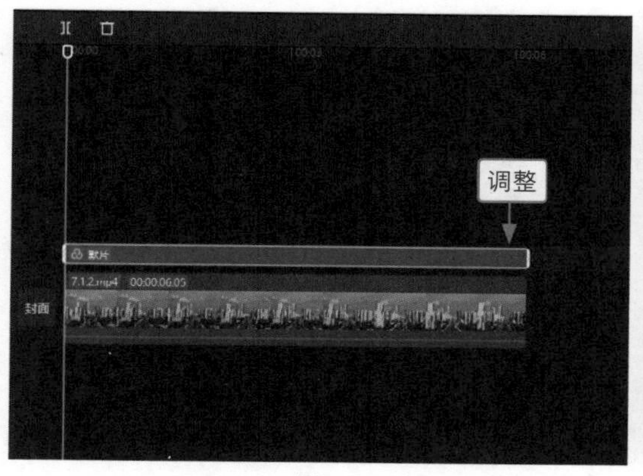

图 7–21

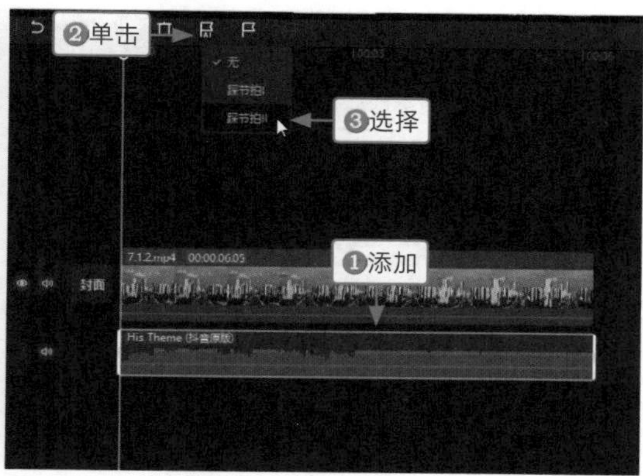

图 7–22

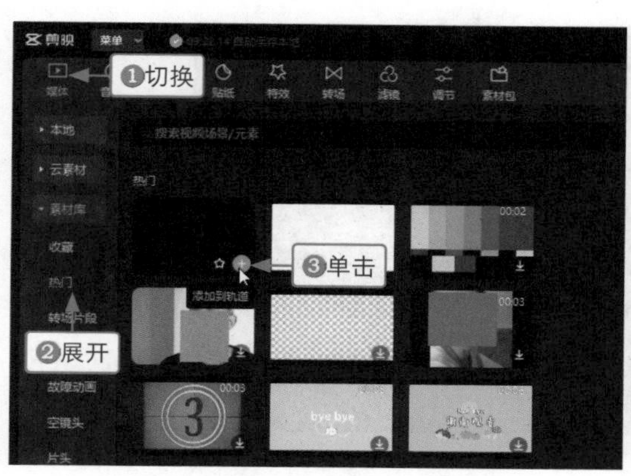

图 7–23

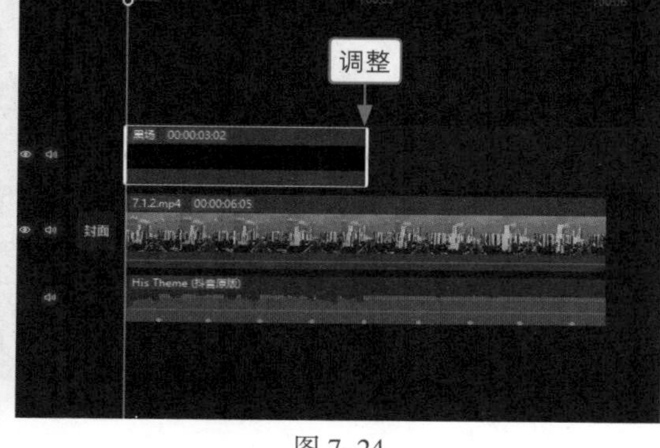

图 7–24

步骤 07 将前面导出的调色视频导入“媒体”功能区，如图 7–25 所示。

步骤 08 将调色视频添加到第 2 条画中画轨道中，拖曳左侧的白色拉杆，调整其开始位置与第 1 个节拍点对齐，如图 7–26 所示。

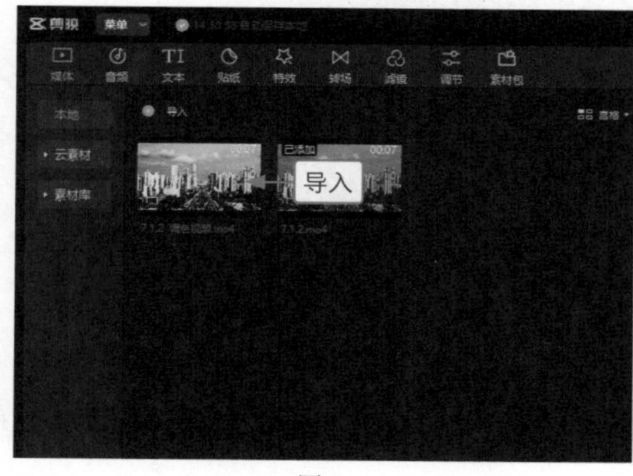

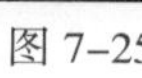

图 7–25

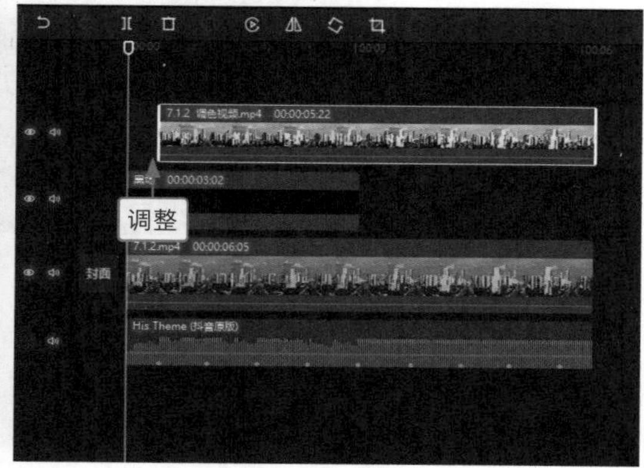

图 7–26

步骤 09 调整画中画素材的结束位置，使其与第 5 个节拍点对齐，如图 7–27 所示。

步骤 10 在“画面”操作区的“蒙版”选项卡中，选择“镜面”蒙版，如图 7–28 所示。

步骤 11 在预览窗口中调整蒙版的大小和角度，如图 7–29 所示。

步骤 12 复制第 2 条画中画轨道中的调色视频，将其粘贴至第 3 条画中画轨道中，并调整其开始位置与第 2 个节拍点对齐，结束位置与第 5 个节拍点对齐，如图 7–30 所示。

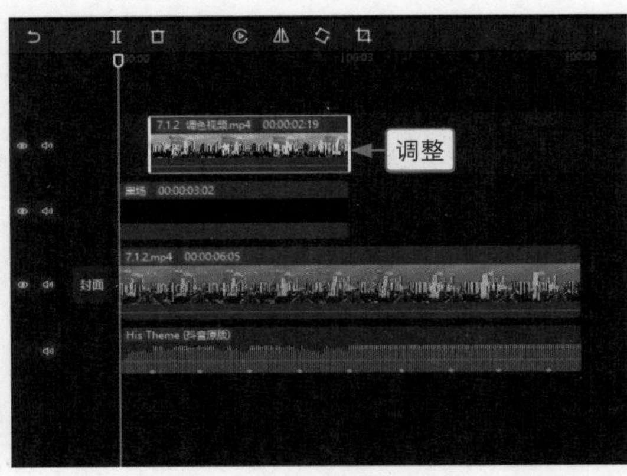

图 7–27

图 7–28

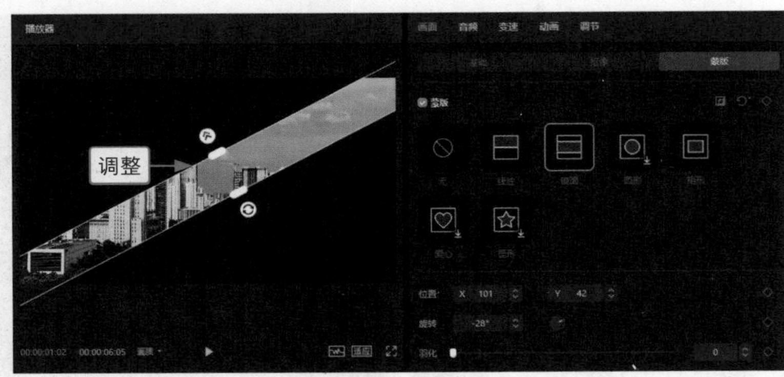

图 7–29

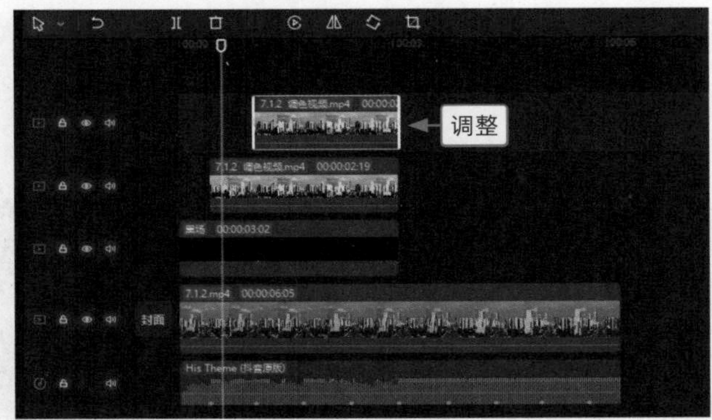

图 7–30

步骤 13 ❶在“蒙版”选项卡中将“旋转”参数中的负数改为正数，即可翻转蒙版，使画面呈 X 型；❷在预览窗口适当调整蒙版的位置，让画面更美观，如图 7–31 所示。

步骤 14 在第 4 条画中画轨道中，添加原视频素材，并调整其起始位置与第 3 个节拍点对齐、结束位置与第 5 个节拍点对齐，如图 7–32 所示。

步骤 15 用与上述同样的方法，为视频添加“镜面”蒙版并调整蒙版的位置和角度，如图 7–33 所示。

步骤 16 将第 4 条画中画轨道中的原视频复制粘贴到第 5 条画中画轨道中，并调整开始位置与第 4 个节拍点对齐，如图 7–34 所示。

步骤 17 在“蒙版”选项卡中，修改“旋转”参数为正数，使蒙版翻转，制作一组有颜色的 X 型画面，如图 7–35 所示。

图 7-31

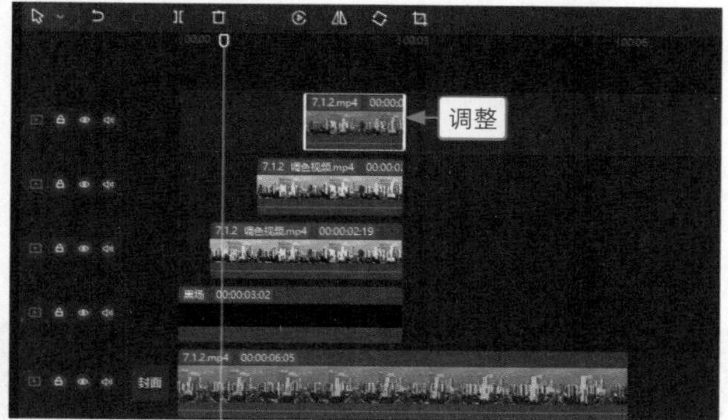

图 7-32

图 7-33

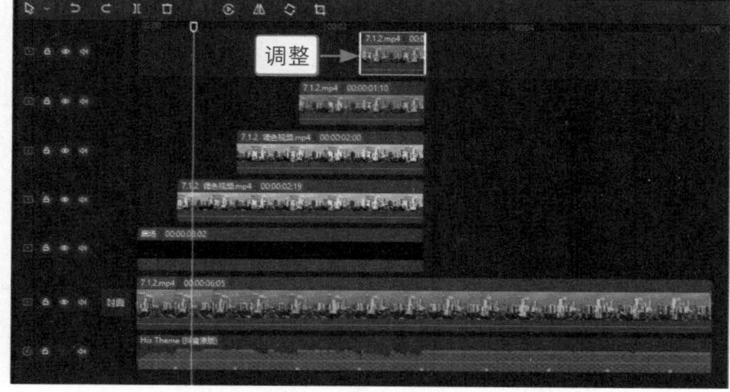

图 7-34

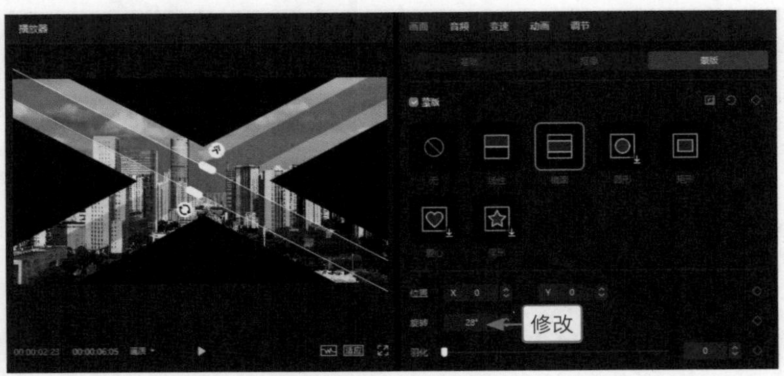

图 7–35

步骤 18 选择第 2 条画中画轨道中的视频，在“动画”操作区的“入场”选项卡中，选择“向左下甩入”动画，如图 7–36 所示，为视频添加动画效果。用同样的方法，为第 4 条画中画轨道中的视频添加“向左下甩入”入场动画。

步骤 19 选择第 3 条画中画轨道中的视频，在“动画”操作区的“入场”选项卡中，选择“向右下甩入”动画，如图 7–37 所示，为视频添加动画效果。用同样的方法，为第 5 条画中画轨道中的视频添加“向右下甩入”入场动画，即可完成 X 型开幕卡点视频的制作。

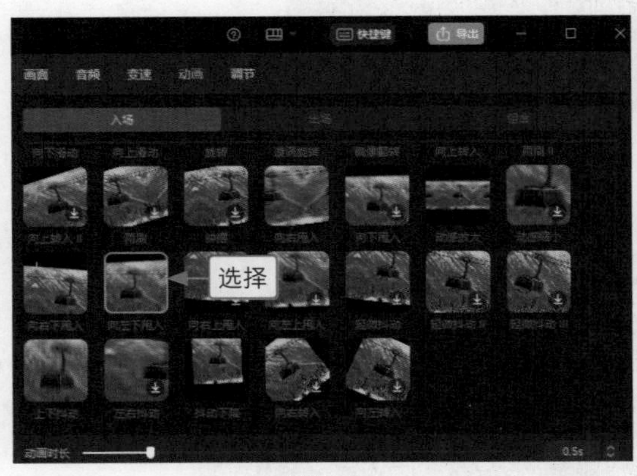

图 7–36

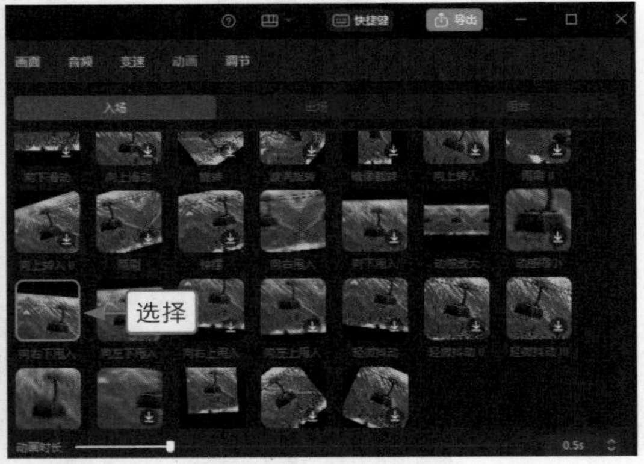

图 7–37

2. 用剪映手机版制作

剪映手机版的操作方法如下。

步骤 01 导入视频素材，❶为视频添加“默片”滤镜，并设置滤镜参数为 100；❷点击“导出”按钮，如图 7–38 所示，导出视频备用。

步骤 02 新建一个草稿文件，导入黑场素材和视频素材，选择“黑场”素材，点击“切画中画”按钮，将其切换至画中画轨道；为视频添加合适的卡点音乐，选择音乐，点击“踩点”按钮，在“踩点”面板中，点击“自动踩点”按钮，如图 7–39 所示，为音频添加节拍点。

步骤 03 调整黑场素材的时长，使其结束位置对准第 5 个节拍点，在第 2 条画中画轨道导入调色视频，❶在预览区域调整其画面大小；❷将调色视频的起始位置调整为与第 1 个节拍点对齐，结束位置调整为与第 5 个节拍点对齐；❸点击“蒙版”按钮，如图 7–40 所示。

图 7-38

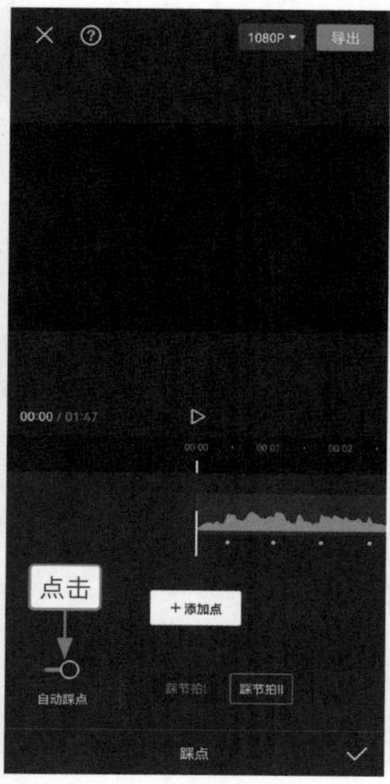

图 7-39

图 7-40

步骤 04　弹出“蒙版”面板，❶选择“镜面”蒙版；❷在预览区域调整蒙版的旋转角度、宽度和位置，如图 7-41 所示。

步骤 05　返回到上一级工具栏，点击“复制”按钮，将调色视频复制一份，并调整复制视频的位置和时长，点击“蒙版”按钮，在预览窗口调整蒙版的旋转角度、宽度和位置，如图 7-42 所示，即可制作出 X 型画面的效果。

图 7-41

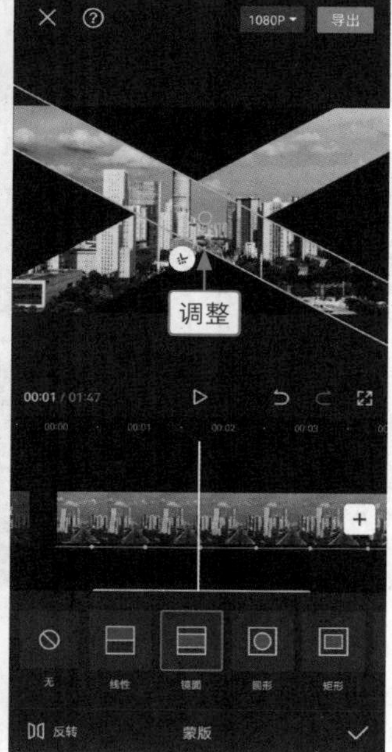

图 7-42

步骤 06 在第 4 条画中画轨道中导入原视频，调整素材的画面大小、位置和时长，❶为其选择“镜面”蒙版；❷在预览区域调整蒙版的旋转角度、宽度和位置，如图 7–43 所示。

步骤 07 将第 4 条画中画轨道中的素材复制一份，调整复制素材的位置和时长，在预览区域调整蒙版的旋转角度、宽度和位置，如图 7–44 所示。

步骤 08 选择第 2 条画中画轨道中的素材，依次点击“动画”按钮和“入场动画”按钮，在“入场动画”面板中选择“向左下甩入”动画，如图 7–45 所示。用同样的方法，为第 4 条画中画轨道中的视频添加“向左下甩入”入场动画。

步骤 09 用与上述同样的方法，为第 3 条和第 5 条画中画轨道中的素材添加“向右下甩入”入场动画，如图 7–46 所示，即可完成视频的制作。由于手机版调整蒙版的旋转角度和宽度不那么方便，因此效果可能会与电脑版的有所差异。

图 7–43

图 7–44

图 7–45

图 7–46

7.1.3 色彩渐变卡点：《多彩世界》

效果展示 色彩渐变卡点视频是短视频卡点类型中比较热门的一种，视频画面会随着音乐的节奏点从黑白色渐变为有颜色的画面，主要使用剪映的“自动踩点”功能和“变彩色”特效，制作出色彩渐变卡点短视频，效果如图 7-47 所示。

图 7-47

1. 用剪映电脑版制作

剪映电脑版的操作方法如下。

步骤 01 在视频轨道按顺序导入视频素材，如图 7-48 所示。

步骤 02 为视频添加合适的卡点音乐，为了让卡点效果更明显，用户可以选取节奏感明显的音乐片段，❶拖曳时间指示器至 00:00:01:25 的位置；❷单击“分割”按钮，如图 7-49 所示，即可将前面空白的音乐片段分割出来。

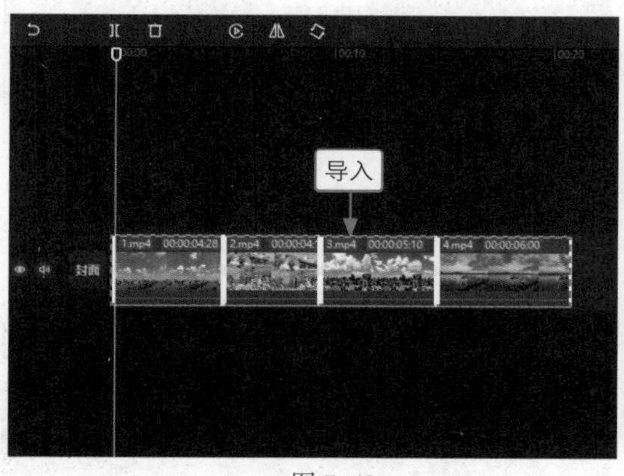

图 7-48

图 7-49

步骤 03 删除分割出的前半段空白音频，❶调整音乐的起始位置；❷单击“自动踩点”按钮；❸在弹出的列表框中选择“踩节拍 I ”选项，如图 7-50 所示。

步骤 04 执行操作后，❶即可在音频上添加黄色的节拍点；❷拖曳第 1 个素材右侧的白色拉杆，使其长度对准音频上的第 3 个节拍点，如图 7-51 所示。

步骤 05 用与上述同样的方法，❶调整其他素材时长，使其与相应的节拍点对齐；❷调整音乐的时长，使其与视频时长保持一致，如图 7-52 所示。

步骤 06 将时间指示器拖曳至视频起始位置，❶切换至“特效”功能区；❷在“基础”选项卡中单击“变彩色”特效中的“添加到轨道”按钮，如图 7-53 所示。

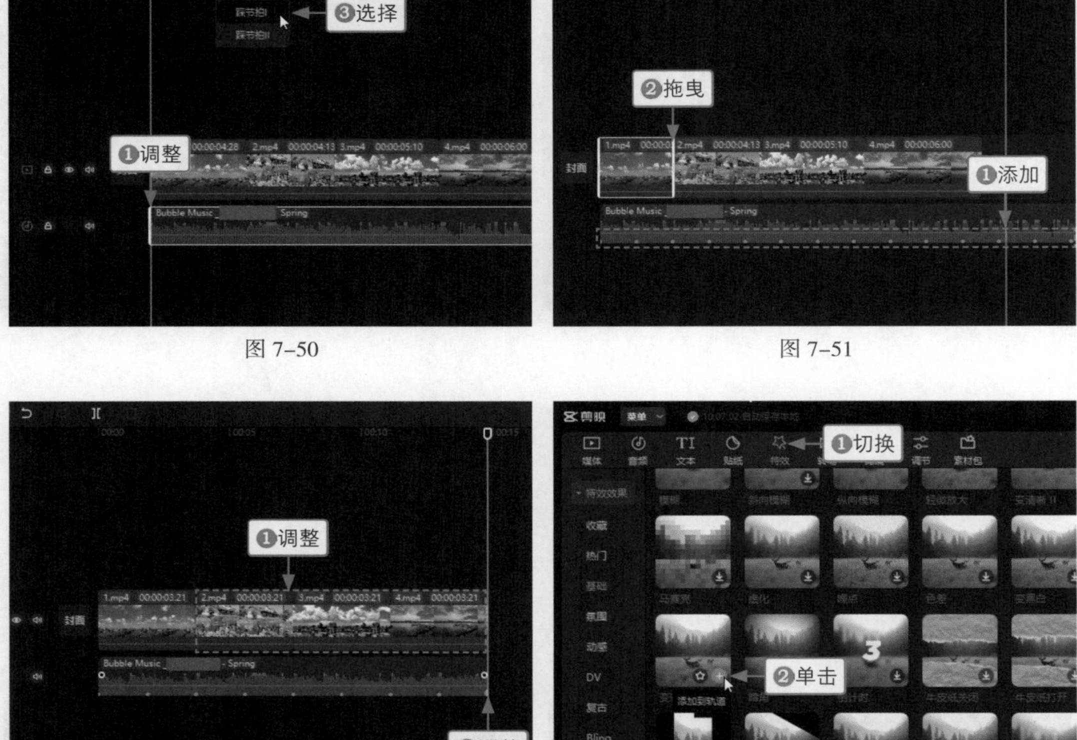

图 7-50

图 7-51

图 7-52

图 7-53

步骤 07 执行操作后，即可在轨道上添加“变彩色”特效，如图 7-54 所示。

步骤 08 拖曳特效右侧的白色拉杆，调整特效的时长与第 1 段视频的时长一致，如图 7-55 所示。

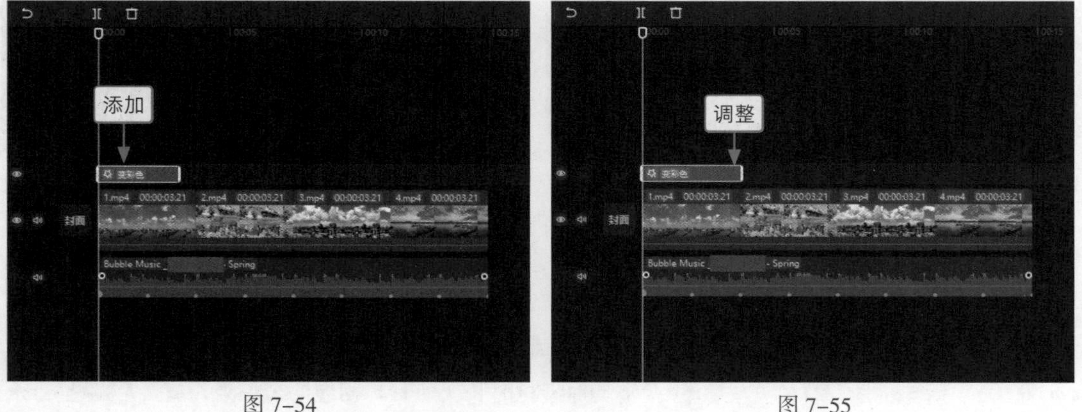

图 7-54

图 7-55

步骤 09 通过复制粘贴的方式，在其他 3 个视频的上方添加与视频同长的“变彩色”特效，如图 7-56 所示。执行操作后，即可在预览窗口中查看色彩渐变卡点视频效果。

图 7–56

2. 用剪映手机版制作

剪映手机版的操作方法如下。

步骤 01 导入 4 段视频素材，添加卡点音乐并选取合适的片段，调整音乐的起始位置，在工具栏中点击“踩点”按钮，弹出“踩点”面板，❶点击“自动踩点”按钮；❷选择“踩节拍Ⅰ”选项，如图 7–57 所示，为音频添加节拍点。

步骤 02 调整第 1 段素材的时长，使其结束位置对齐第 3 个节拍点，如图 7–58 所示。用同样的方法，调整剩下素材的时长，并删除多余的音乐。

步骤 03 返回到主面板，拖曳时间轴至视频起始位置，依次点击“特效”按钮和“画面特效”按钮，在“基础”选项卡中选择“变彩色”特效，调整特效的持续时长，使其与第 1 段视频的时长保持一致，如图 7–59 所示。用同样的方法，为其他素材分别添加“变彩色”特效，并调整特效的持续时长，即可完成色彩渐变卡点视频的制作。

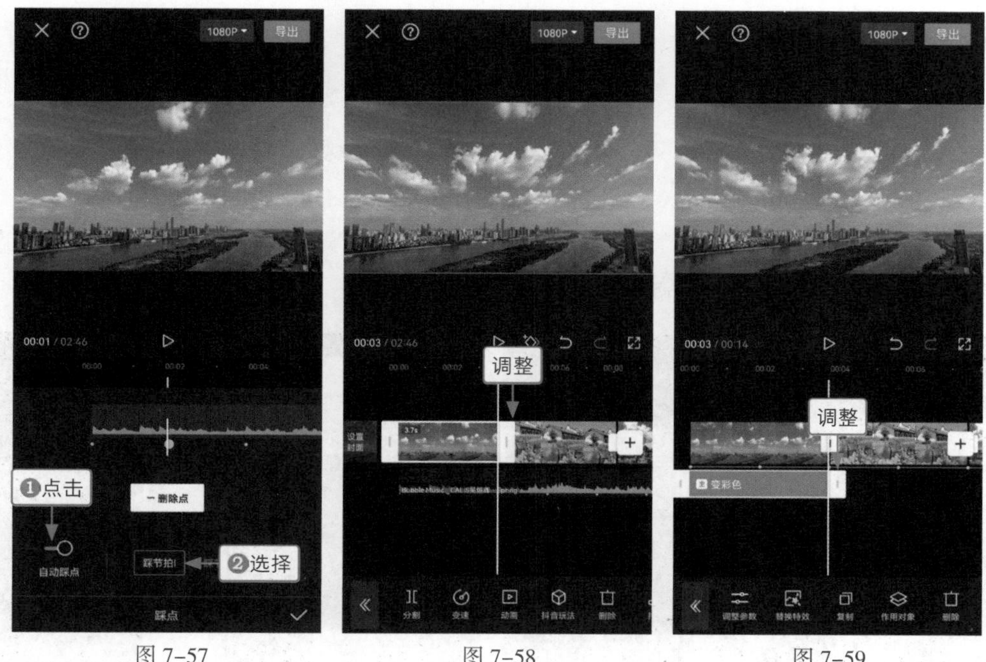

图 7–57　　图 7–58　　图 7–59

7.2 手动踩点

“手动踩点”功能需要用户根据音乐的节奏手动添加节拍点，虽然花费的时间比较多，但用户可以通过添加不同的节拍点来制作富有新意的卡点视频。

7.2.1 对焦卡点：《夏日晴空》

效果展示 在剪映中，有些音乐无法用“自动踩点”功能标出节拍点，此时用户就可以用“手动踩点”功能来自行添加节拍点，从而制作出卡点视频，效果如图 7-60 所示。

图 7-60

1. 用剪映电脑版制作

剪映电脑版的操作方法如下。

步骤 01 在“本地”选项卡中导入 4 段素材，❶全选所有素材；❷单击素材 1 右下角的“添加到轨道”按钮＋，如图 7-61 所示，即可将所有素材按顺序添加到视频轨道中。

步骤 02 ❶切换至“音频”功能区；❷在“抖音收藏”选项卡中单击相应音乐右下角的＋按钮，如图 7-62 所示，将其添加到音频轨道。

图 7-61

图 7-62

步骤 03 ❶拖曳时间指示器至 00:00:01:07 的位置；❷单击“手动踩点”按钮，如图 7-63 所示，即可在该位置添加一个节拍点。

步骤 04 用与上述同样的方法，单击“手动踩点”按钮，在适当位置再添加 6 个节拍点，如图 7-64 所示。

用户为音频添加好节拍点后，如果对某一个节拍点不满意，可以拖曳时间指示器至该节拍点的位置，单击“删除踩点”按钮将其删除；如果想批量清空节拍点，可以单击“清空踩点”按钮，将音频上的节拍点全部清除。

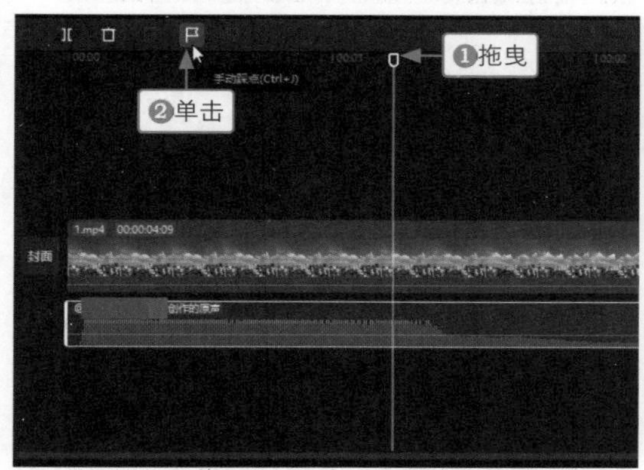

图 7-63

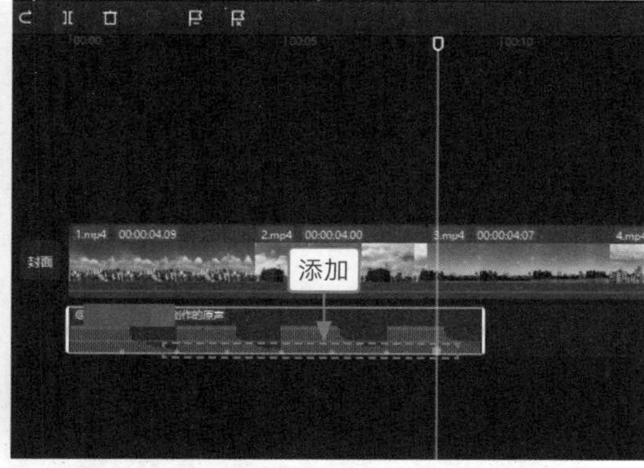

图 7-64

步骤 05 调整 4 段素材的时长，使第 1 段、第 2 段和第 3 段素材的结束位置分别对齐第 2 个、第 4 个和第 6 个节拍点，第 4 段素材的结束位置对齐音频的结束位置，如图 7-65 所示。

步骤 06 拖曳时间指示器至视频起始位置，❶切换至“特效”功能区；❷在“基础”选项卡中单击“变清晰”特效右下角的按钮，如图 7-66 所示，将其添加到特效轨道。

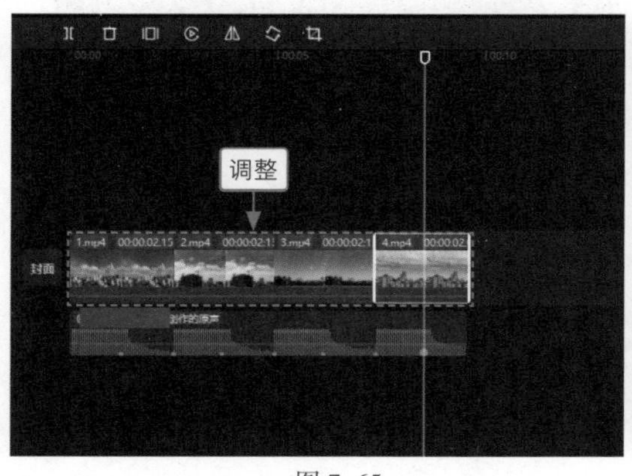

图 7-65

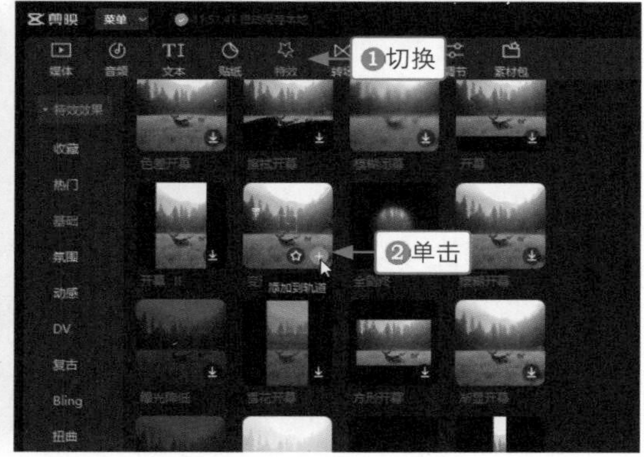

图 7-66

步骤 07 ❶切换至“滤镜”功能区；❷在“影视级”选项卡中单击“青橙”滤镜右下角的“添加到轨道”按钮，如图 7-67 所示，添加一个滤镜。

步骤 08 在“滤镜”操作区中拖曳“强度”滑块，设置其参数为 90，如图 7-68 所示，调整滤镜的强度效果。

图 7-67

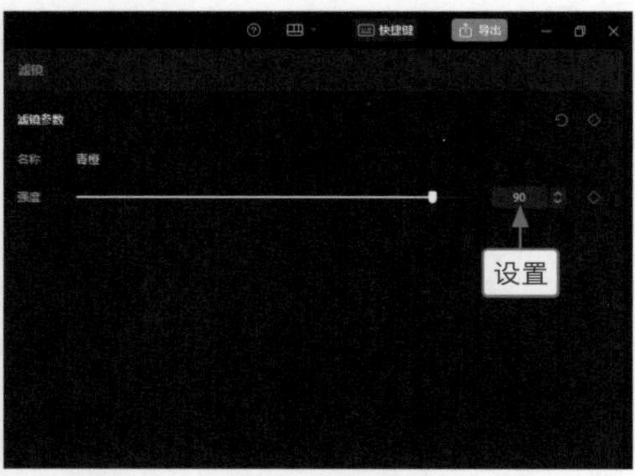

图 7-68

步骤 09 调整“变清晰”特效和“青橙”滤镜的位置与持续时长，使“变清晰”特效的结束位置对齐第 1 个节拍点，“青橙”滤镜的起始位置对齐第 1 个节拍点、结束位置对齐第 1 段素材的结束位置，如图 7-69 所示。

步骤 10 用复制粘贴的方法，为剩下的素材分别添加“变清晰”特效和“青橙”滤镜，并调整它们的位置和持续时长，如图 7-70 所示，即可完成对焦卡点视频的制作。

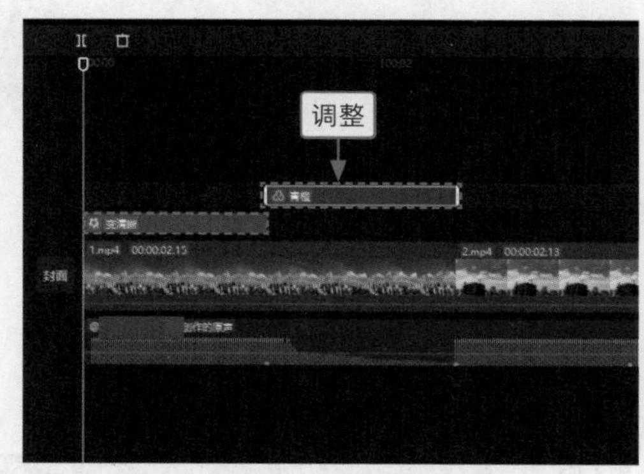

图 7-69

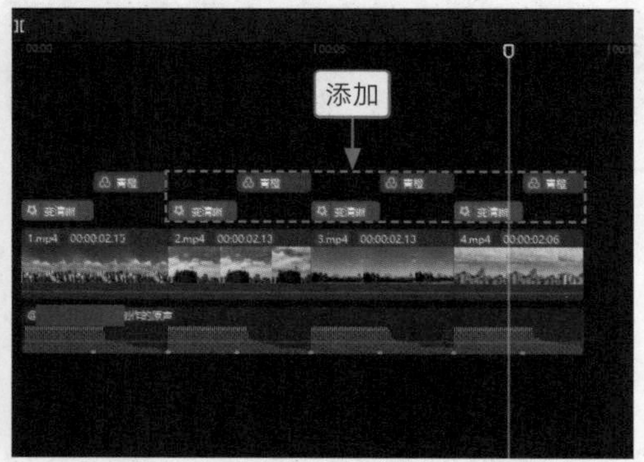

图 7-70

2. 用剪映手机版制作

剪映手机版的操作方法如下。

步骤 01 导入 4 段视频素材，添加合适的卡点音乐，选择音乐，点击“踩点”按钮，在“踩点”面板中，❶拖曳时间轴至相应位置；❷点击“添加点”按钮，如图 7-71 所示，即可在音频上添加一个节拍点。

步骤 02 用与上述同样的方法，在适当位置再添加 6 个节拍点，返回到主面板，❶调整 4 段素材的持续时长；❷依次点击“特效”按钮和“画面特效”按钮，如图 7-72 所示。

步骤 03 在“基础”选项卡中选择“变清晰”特效，调整特效的位置和持续时长，返回到主面板，点击“滤镜”按钮，❶在“影视级”选项卡中选择“青橙”滤镜；❷拖曳滑块，设置强度参数为 90，如图 7-73 所示。

步骤 04 调整“青橙”滤镜的位置和持续时长，在工具栏中点击“复制”按钮，复制一段滤镜，调整复制滤镜的位置和持续时长，如图 7-74 所示。用同样的方法，再复制两段“青橙”滤镜，并调整它们的位置和持续时长。

步骤 05 用与上述同样的方法，复制 3 段“变清晰”特效，并调整它们的位置和持续时长，如图 7-75 所示。

图 7-71　　图 7-72

图 7-73　　图 7-74　　图 7-75

7.2.2 边框卡点：《复古照片》

效果展示 根据卡点音乐，在剪映中可以添加“边框”特效制作照片相框效果，从而制作出边框卡点视频，让照片跟着音乐节奏一张张定格出来，效果如图 7-76 所示。

图 7–76

1. 用剪映电脑版制作

剪映电脑版的操作方法如下。

步骤 01 在视频轨道中导入素材，并添加卡点音乐，在 00:00:03:17 的位置将音频分割成两段，❶选择前半段音频；❷单击“删除”按钮，如图 7–77 所示。

步骤 02 调整音频的位置，单击“手动踩点”按钮，在适当位置添加相应的节拍点，如图 7–78 所示。

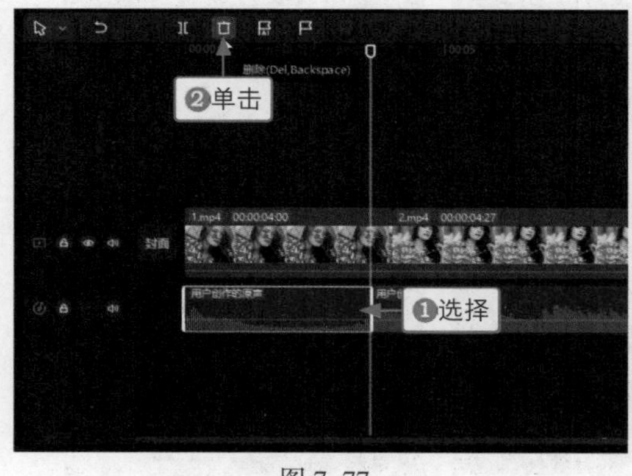

图 7–77

图 7–78

步骤 03 调整第 1 段素材的时长，使其结束位置对齐第 2 个节拍点，如图 7–79 所示。

步骤 04 根据节拍点的位置调整其他素材的时长，如图 7–80 所示。

步骤 05 ❶拖曳时间指示器至第 1 个节拍点的位置；❷选择第 1 段素材；❸单击“分割”按钮，如图 7–81 所示，将素材分割为两段。

步骤 06 用与上述同样的方法，分别在第 3 个和第 5 个节拍点的位置对素材进行分割，如图 7–82 所示。

步骤 07 拖曳时间指示器至第 1 段和第 2 段素材之间，❶切换至“转场”功能区；❷在“基础”选项卡中单击“闪黑”转场右下角的“添加到轨道”按钮，如图 7–83 所示，添加一个转场。

步骤 08 在“转场”操作区中拖曳“时长”滑块，设置其参数为 0.1s，如图 7–84 所示，调整转场的作用时长。

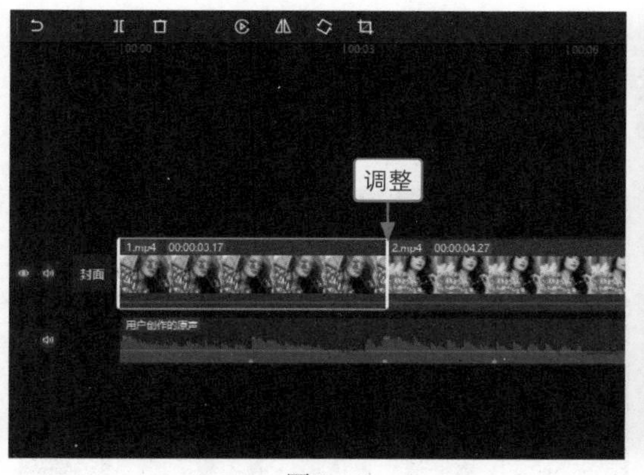

图 7–79

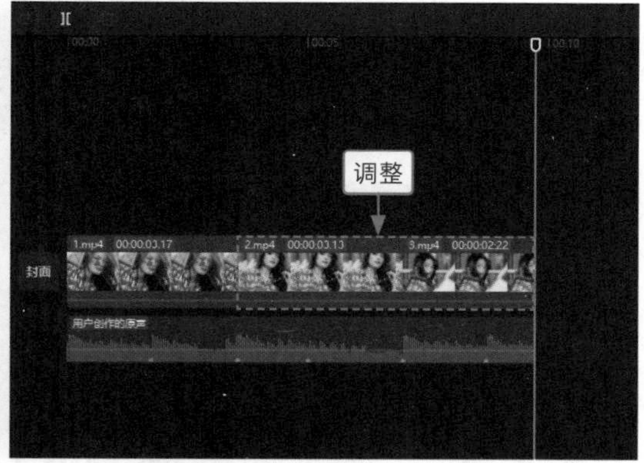

图 7–80

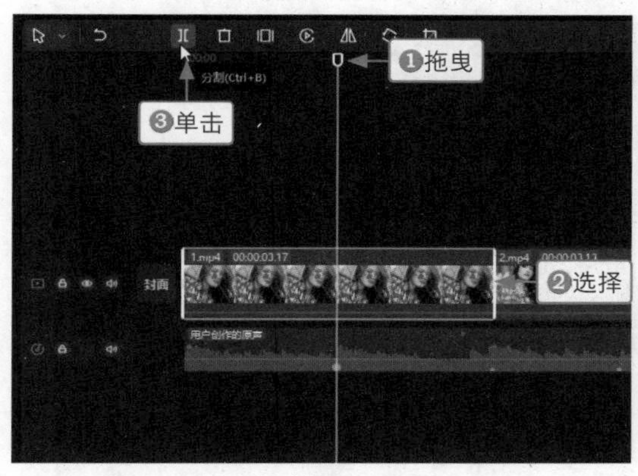

图 7–81

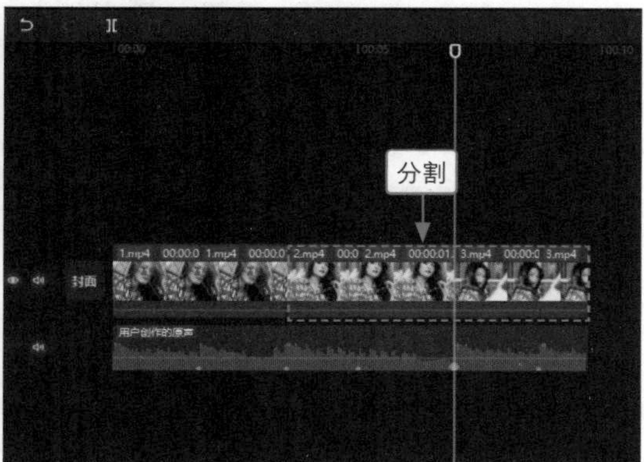

图 7–82

图 7–83

图 7–84

步骤 09 用与上述同样的方法，在第 3 段和第 4 段素材、第 5 段和第 6 段素材之间添加“闪黑”转场，并设置转场“时长”为 0.1s，如图 7–85 所示。

步骤 10 拖曳时间指示器至视频起始位置，❶切换至“特效”功能区；❷展开“边框”选项卡；❸单击“录制边框 II”特效右下角的“添加到轨道”按钮，如图 7–86 所示，为视频添加第 1 个特效。

步骤 11 在“边框”选项卡中单击“画展边框”特效右下角的“添加到轨道”按钮，如图 7–87 所示，为视频添加第 2 个特效。

步骤 12 调整“录制边框 Ⅱ”特效和“画展边框”特效的位置和时长，使“录制边框 Ⅱ”特效的起始位置对齐视频的起始位置、结束位置对齐第 1 个节拍点，“画展边框”特效的起始位置对齐第 1 个节拍点、结束位置对齐第 2 个节拍点，如图 7-88 所示。

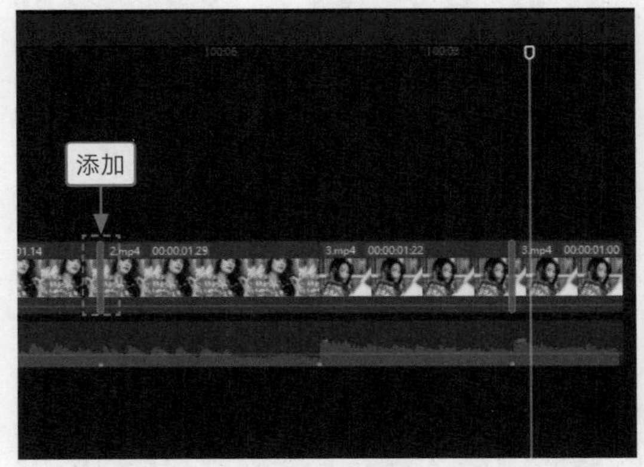

图 7-85

图 7-86

图 7-87

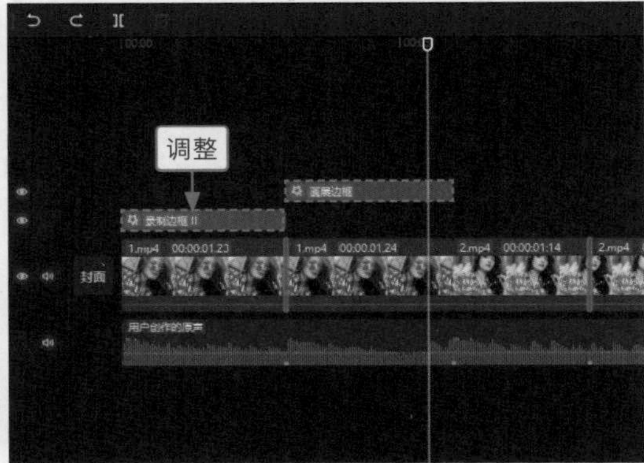

图 7-88

步骤 13 用复制粘贴的方法，在适当位置再添加“录制边框 Ⅱ”特效和“画展边框”特效，并调整它们的位置和持续时长，如图 7-89 所示。

步骤 14 由于“画展边框”特效会遮住一部分素材画面，为了让画面尽可能多地显示出来，用户可以适当调整画面的“缩放”参数，选择第 2 段素材，在“画面”操作区的“基础”选项卡中拖曳“缩放”滑块，设置其参数为 90%，如图 7-90 所示。

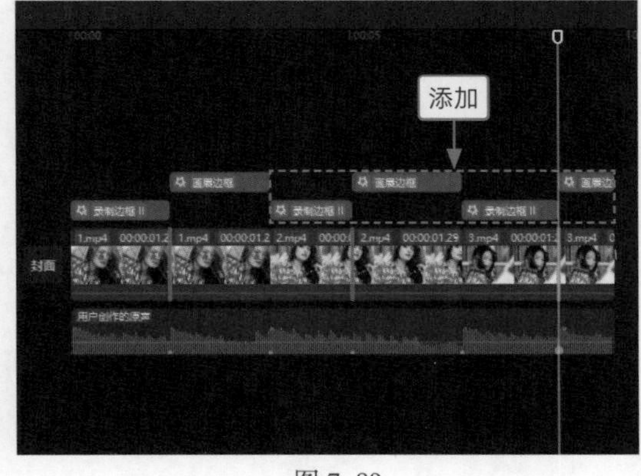

图 7-89

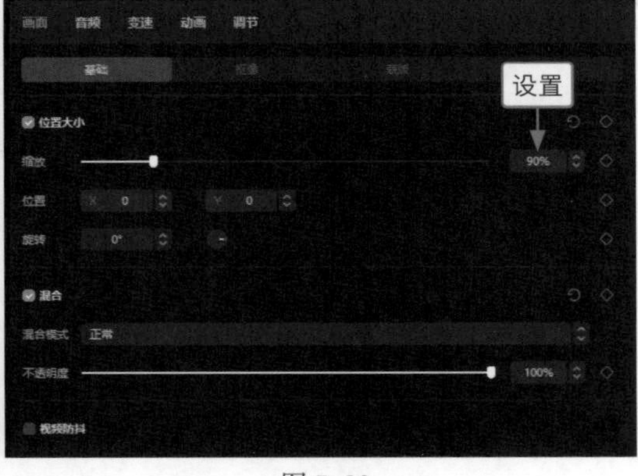

图 7-90

步骤 15 为了让效果更美观，用户还可以为人像添加美颜效果，❶在“基础”选项卡中选中“智能美颜”复选框；❷设置“磨皮”参数为 100、“瘦脸”参数为 100、“美白”参数为 40，如图 7-91 所示。

步骤 16 用与上述同样的方法，设置第 4 段和第 6 段素材的“缩放”参数均为 90%、“磨皮”和“瘦脸”参数均为 100、“美白”参数为 40，部分参数如图 7-92 所示，即可完成视频的制作。

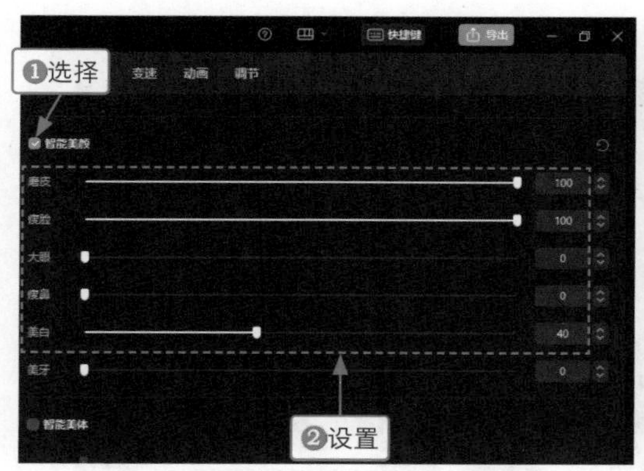

图 7-91

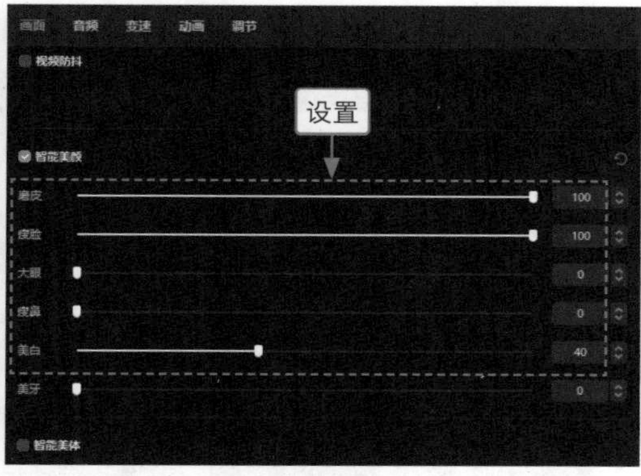

图 7-92

2. 用剪映手机版制作

剪映手机版的操作方法如下。

步骤 01 导入 3 段视频素材，添加卡点音乐，选取音乐片段并添加相应的节拍点，调整 3 段素材的时长，在第 1 个、第 3 个和第 5 个节拍点的位置对素材进行分割，如图 7-93 所示。

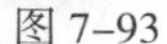
图 7-93

图 7-94

步骤 02 点击第 1 段和第 2 段素材中间的转场按钮，弹出“转场”面板，❶在“基础”选项卡中选择“闪黑”转场；❷拖曳滑块，设置转场时长为 0.1s，如图 7-94 所示。用同样的方法，在第 3 段和第 4 段素材、第 5 段和第 6 段素材之间添加“闪黑”转场，并设置转场时长为 0.1s。

步骤 03 返回到主面板，拖曳时间轴至视频起始位置，依次点击“特效”按钮和“画面特效”按钮，进入特效素材库，在“边框”选项卡中选择“录制边框 II”特效，如图 7-95 所示。用同样的方法，再为视频添加一个“边框”选项卡中的“画展边框”特效。

步骤 04 调整两段特效的位置和持续时长，选择“画展边框”特效，在工具栏中点击“作用对象”按钮，选择“全局”选项；返回到上一级工具栏，用复制的方法在适当位置添加“录制边框 II”特效和“画展边框”特效，并调整它们的位置和时长，如图 7-96 所示。

步骤 05 在预览区域调整第 2 段、第 4 段和第 6 段素材的大小，并分别为它们添加智能美颜效果，设置“磨皮”参数为 100、“瘦脸”参数为 100、“美白”参数为 40，部分参数如图 7-97 所示。

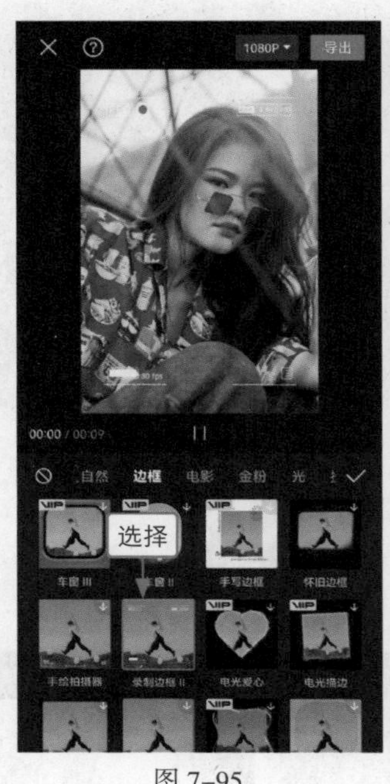

图 7-95

图 7-96

图 7-97

7.2.3 多屏卡点：《港风穿搭》

效果展示 多屏卡点视频效果的制作，主要使用剪映的“手动踩点”功能和“分屏”特效，实现一个视频画面根据节拍点自动分出多个相同的视频画面，效果如图 7-98 所示。

图 7-98

1. 用剪映电脑版制作

剪映电脑版的操作方法如下。

步骤 01 在剪映中导入一段视频素材，并将视频的音频分离出来，如图 7-99 所示。

步骤 02 选择音频素材，单击“手动踩点”按钮，添加相应的节拍点，如图 7-100 所示。

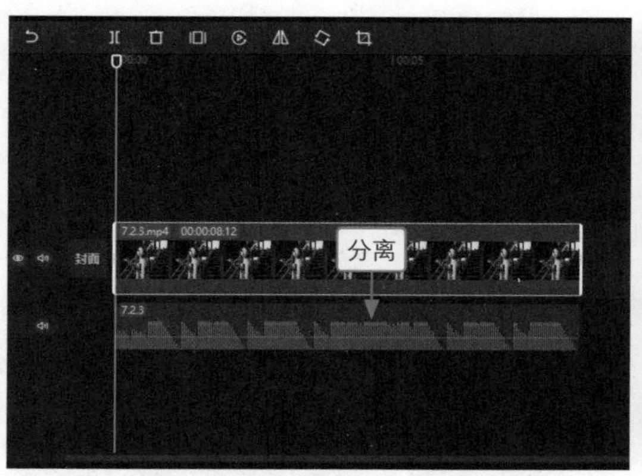

图 7-99

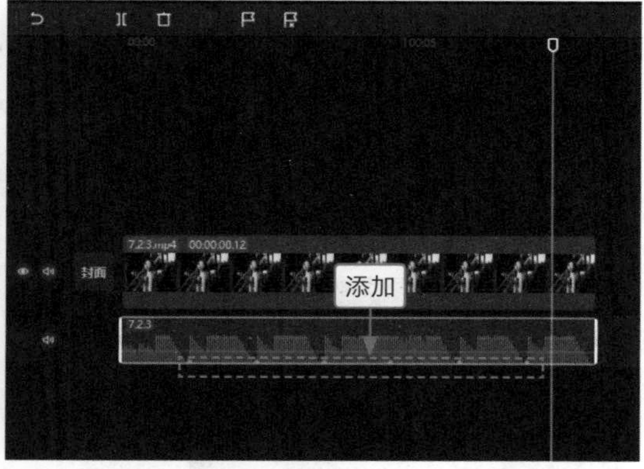

图 7-100

步骤 03 拖曳时间指示器至第 1 个节拍点的位置，❶切换至“特效”功能区；❷展开“分屏”选项卡；❸单击“两屏”特效右下角的“添加到轨道”按钮，图 7-101 所示。

步骤 04 执行操作后，即可为视频添加“两屏”特效，适当调整特效的时长，使其刚好卡在第 1 个和第 2 个节拍点之间，如图 7-102 所示。

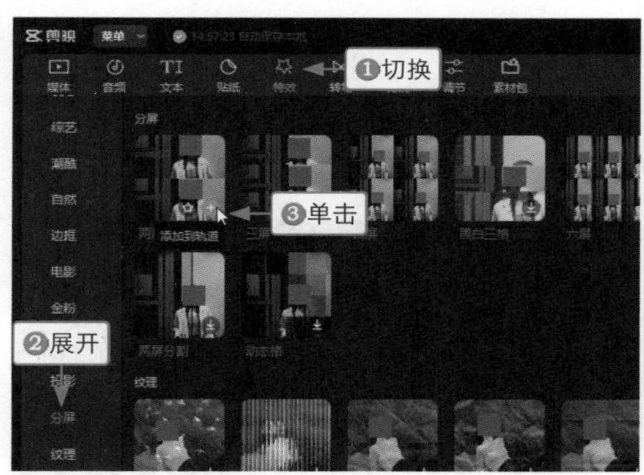

图 7-101

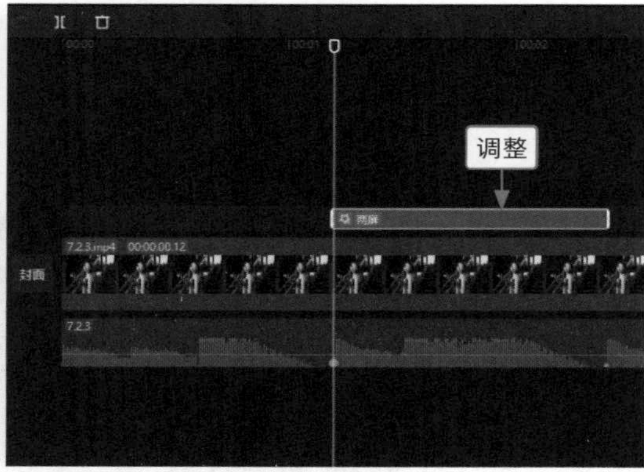

图 7-102

步骤 05 使用与上述同样的方法，在每两个节拍点之间，分别添加“三屏”特效、“四屏”特效、“六屏”特效、“九屏”特效以及“九屏跑马灯”特效，图 7-103 所示。

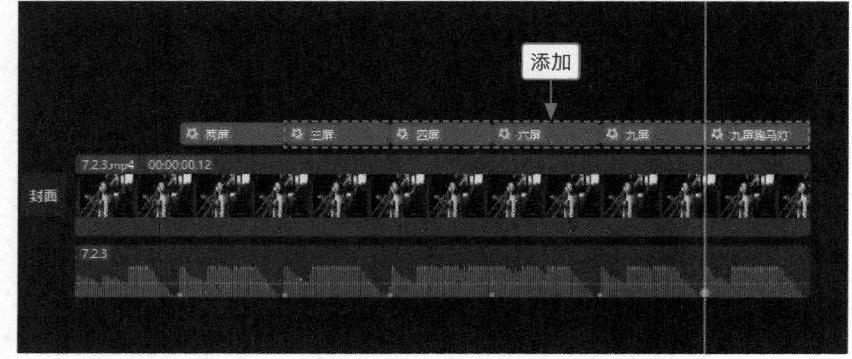

图 7-103

在剪映中，“九屏”特效是彩色的，而“九屏跑马灯”特效则与“九屏”特效不同，当其中一个屏亮的时候，其他屏都是黑白色的。

步骤 06 拖曳时间指示器至第 1 个节拍点的位置，❶切换至“氛围”选项卡；❷单击“星光绽放”特效右下角的“添加到轨道”按钮，如图 7-104 所示。

步骤 07 调整“星光绽放”特效的持续时长，如图 7-105 所示。

图 7-104

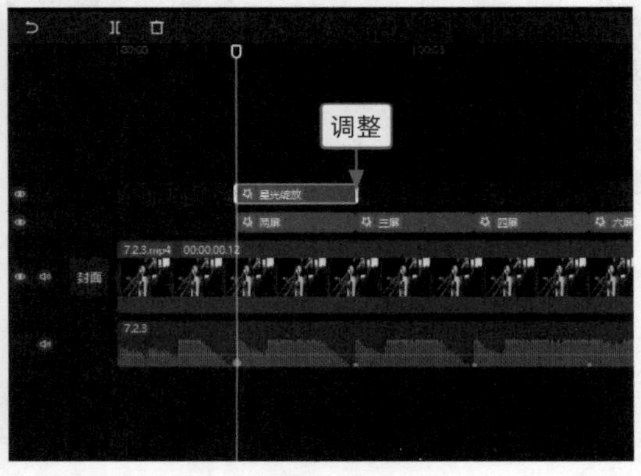

图 7-105

步骤 08 用复制粘贴的方法，在适当位置添加“星光绽放”特效，如图 7-106 所示。

步骤 09 选择视频素材，❶切换至“动画”操作区；❷在“入场”选项卡中选择“动感放大”动画；❸拖曳滑块，设置“动画时长”为 1.0s，如图 7-107 所示。

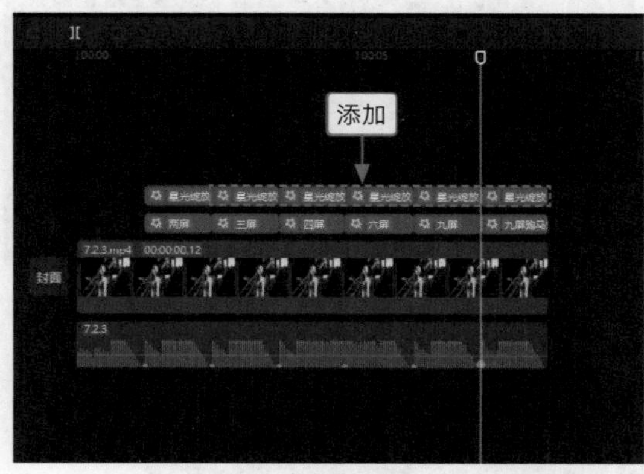

图 7-106

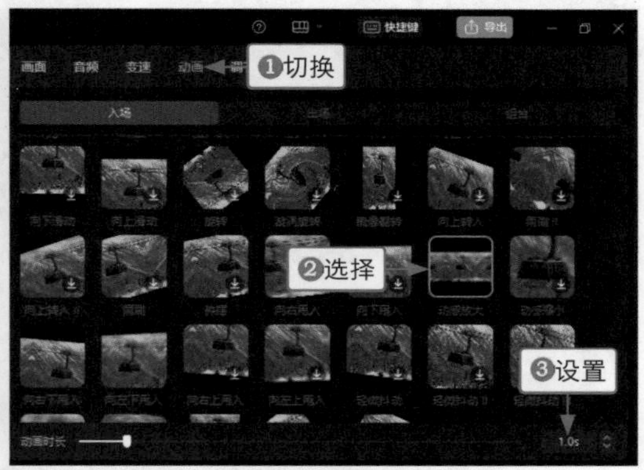

图 7-107

2. 用剪映手机版制作

剪映手机版的操作方法如下。

步骤 01 导入视频素材，并分离出音频，在音频上添加相应的节拍点，拖曳时间轴至第 1 个节拍点的位置，依次点击“特效”按钮和“画面特效”按钮，进入特效素材库，在“分屏”选项卡中选择“两屏”特效，如图 7-108 所示。

步骤 02 ❶调整“两屏”特效的持续时长，使其卡在第 1 个和第 2 个节拍点之间；❷用与上述同样的方法，再添加“三屏”特效、“四屏”特效、“六屏”特效、“九屏”特效和“九屏跑马灯”特效，并调整它们的位置和持续时长，如图 7-109 所示。

图 7–108

图 7–109

步骤 03 再为视频添加一个“氛围”选项卡中的“星光绽放”特效，调整特效的位置和时长，多次复制该特效并移动至合适位置，如图 7–110 所示。

步骤 04 选择视频素材，依次点击“动画”按钮和“入场动画”按钮，❶在“入场动画”面板中选择“动感放大”动画；❷拖曳滑块，设置动画时长为 1.5s，如图 7–111 所示，即可完成卡点视频的制作。

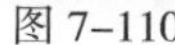

图 7–110

图 7–111

课后实训：滤镜卡点

效果展示 滤镜卡点主要是根据卡点音乐的节奏来添加不同的滤镜，以获得视频画面色彩的切换效果，效果如图 7-112 所示。

图 7-112

本案例制作主要步骤如下：

导入视频素材，添加合适的卡点音乐，单击“自动踩点”按钮，在弹出的列表框中选择“踩节拍 Ⅰ”选项，❶切换至“滤镜”功能区；❷为视频添加“室内”选项卡中的“梦境”滤镜；❸调整滤镜的时长，使其对齐第 2 个节拍点，如图 7-113 所示。

用与上述同样的方法，再为视频添加“复古胶片”选项卡中的“普林斯顿”滤镜、“影视级”选项卡中的“青橙”滤镜、“夜景”选项卡中的“冷蓝”滤镜、“黑白”选项卡中的“江浙沪”滤镜和“风景”选项卡中的“绿妍”滤镜，并调整滤镜的位置和时长，如图 7-114 所示，即可完成滤镜卡点视频的制作。

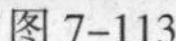

图 7-113

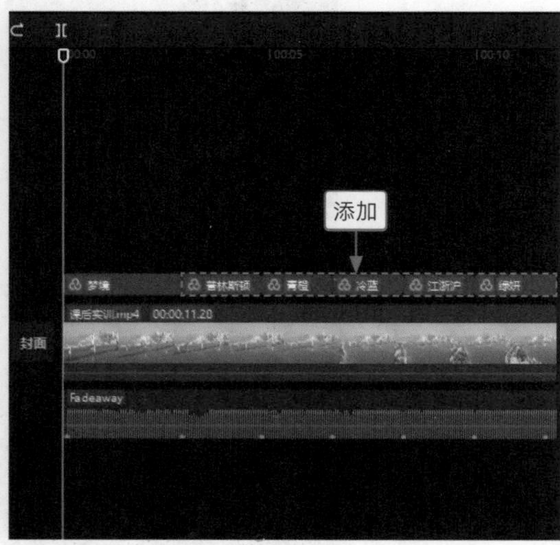

图 7-114

第 8 章　抠图：视频合成一点就通

剪映中有“智能抠像”和“色度抠图”两个抠图功能，“智能抠像”功能主要针对人像进行抠图；“色度抠图”功能主要通过抠除画面中的某种颜色进行抠图，例如抠除绿幕素材中的绿色。掌握这两个基本的抠图方法，并搭配上剪映中的其他功能，就能打造出炫酷的合成视频。

8.1 智能抠像

剪映中的“智能抠像”功能可以帮助用户轻松抠出视频中的人物图像，并利用抠出来的人像制作出不同的视频效果。本节主要介绍利用“智能抠像”功能更换视频背景、保留人物色彩和制作人物出框视频的操作方法。

8.1.1 人物出框：《潮流风范》

效果展示 在剪映中运用“智能抠像”功能将人像抠出来，这样就能制作出新颖酷炫的人物出框效果。可以看到原本人物在边框内，伴随着炸开的星火出现在边框之外，非常新奇有趣，效果如图 8-1 所示。

图8-1

1. 用剪映电脑版制作

剪映电脑版的操作方法如下。

步骤 01 在“本地”选项卡中导入两张照片素材，单击第 1 张照片素材右下角的“添加到轨道”按钮，如图 8-2 所示，将其添加到视频轨道中。

步骤 02 ❶切换至“特效”功能区；❷在“边框”选项卡中单击“原相机”特效右下角的“添加到轨道”按钮，如图 8-3 所示，为视频添加一个特效。

步骤 03 调整特效的持续时长，使其与视频时长保持一致，如图 8-4 所示。

步骤 04 由于第 1 张照片素材中的人像位置偏下，需要在“播放器”面板中稍微调整素材的位置，如图 8-5 所示，将视频导出备用。

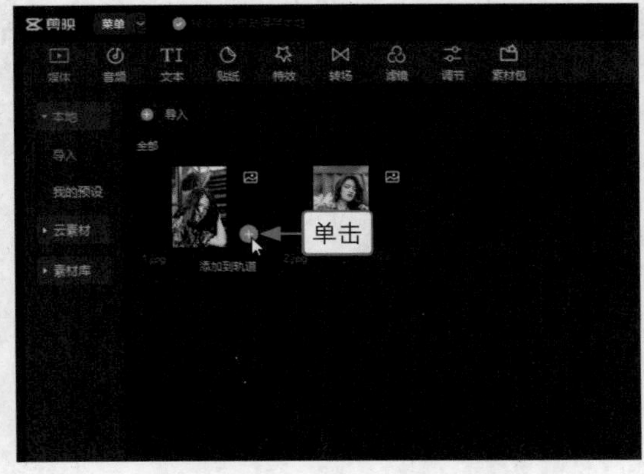

图8-2

图8-3

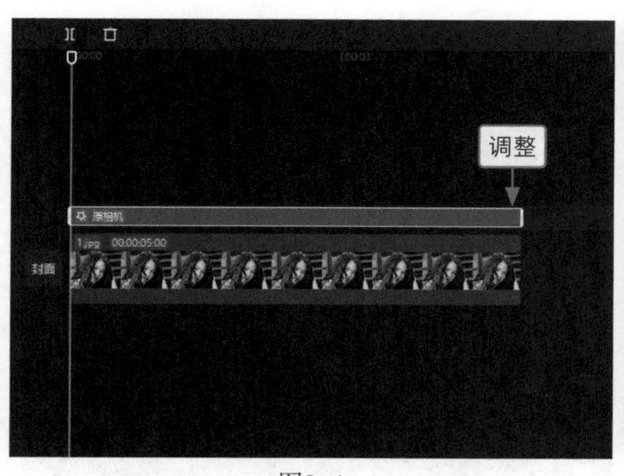

图8-4

图8-5

步骤 05 在“媒体”功能区中，选择第 2 张照片，如图 8-6 所示。

步骤 06 将第 2 张照片拖曳至视频轨道的照片上，如图 8-7 所示。

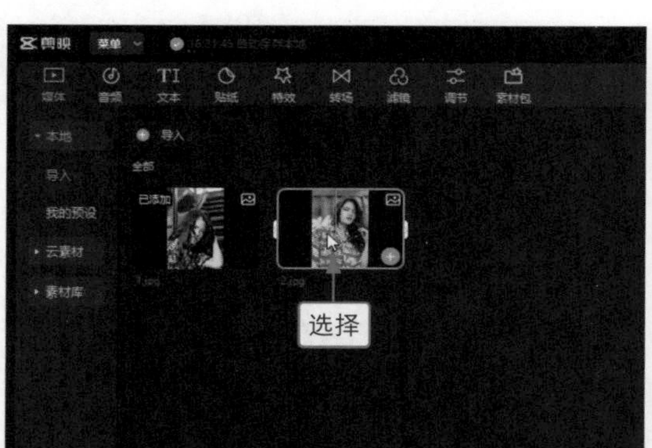

图8-6

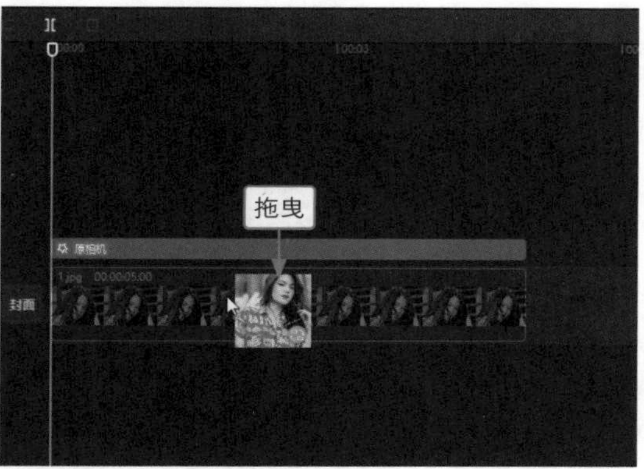

图8-7

步骤 07 弹出“替换”对话框，❶取消选中“复用原视频效果”复选框；❷单击“替换片段”按钮，如图 8-8 所示。

步骤 08 执行操作后，即可将照片替换，在“播放器”面板查看照片效果，如图 8-9 所示，单击“导出”按钮，将视频导出备用。

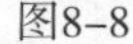

图8-8

图8-9

步骤 09 将轨道清空，在“媒体”功能区中导入前面导出的两个视频，如图 8-10 所示。

步骤 10 将两个视频添加到视频轨道中，并调整时长均为 00:00:04:00，如图 8-11 所示。

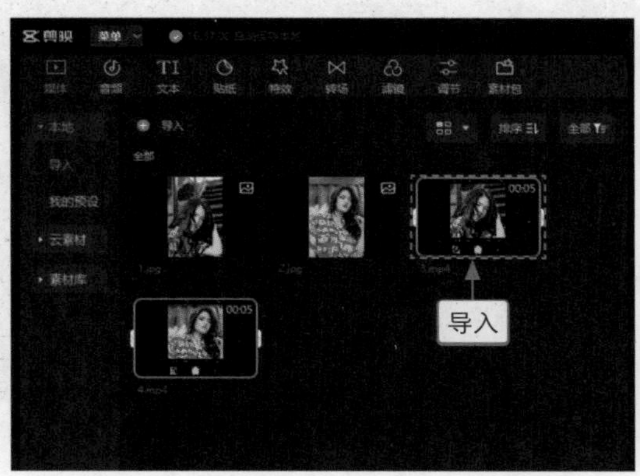

图8-10

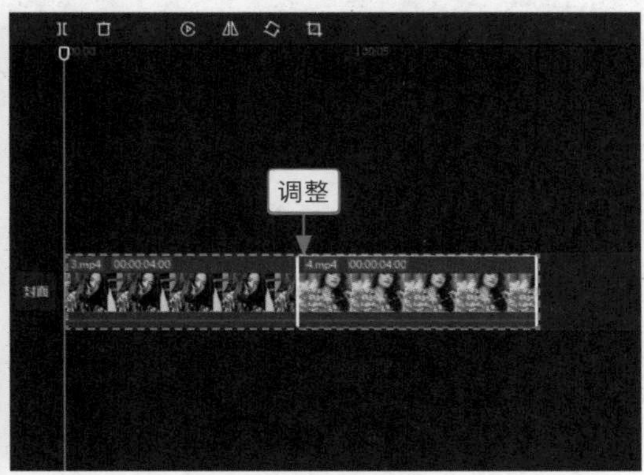

图8-11

步骤 11 ❶拖曳时间指示器至 00:00:01:00 的位置；❷将与视频对应的照片素材添加至画中画轨道中并调整素材时长，如图 8-12 所示。

步骤 12 在“画面”操作区，❶切换至“抠像”选项卡；❷选中“智能抠像”复选框，将人物抠出来，如图 8-13 所示。

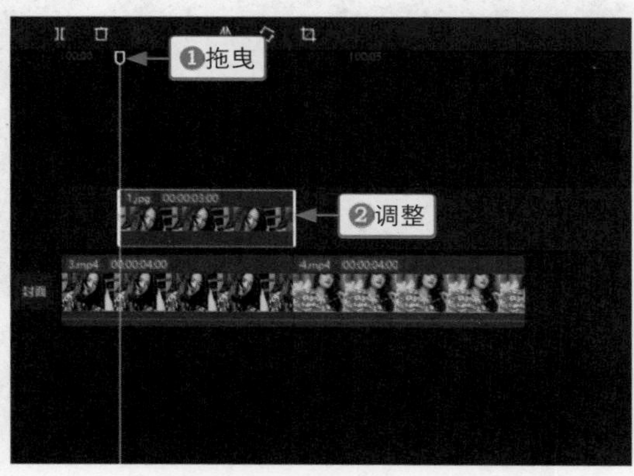

图8-12

图8-13

步骤 13 ❶单击“播放器”面板右下角的“适应”按钮；❷在弹出的列表框中选择“9：16（抖音）”选项，如图 8-14 所示。

步骤 14 在“播放器”面板中，调整照片和视频的画面位置，并调整照片的大小，如图 8-15 所示。

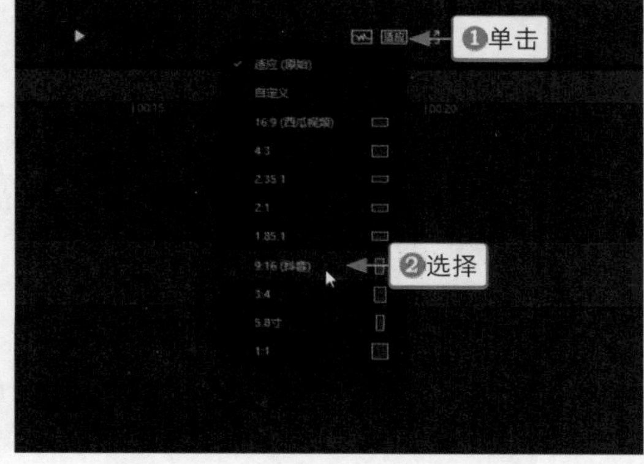

图8-14

图8-15

步骤 15 拖曳时间指示器至视频起始位置，在“特效”功能区中，❶切换至“氛围”选项卡；❷单击“关月亮”特效右下角的“添加到轨道”按钮[+]，如图 8–16 所示。

步骤 16 执行操作后，即可添加“关月亮”特效，调整特效的持续时长，使其结束位置对齐照片素材的起始位置，如图 8–17 所示。

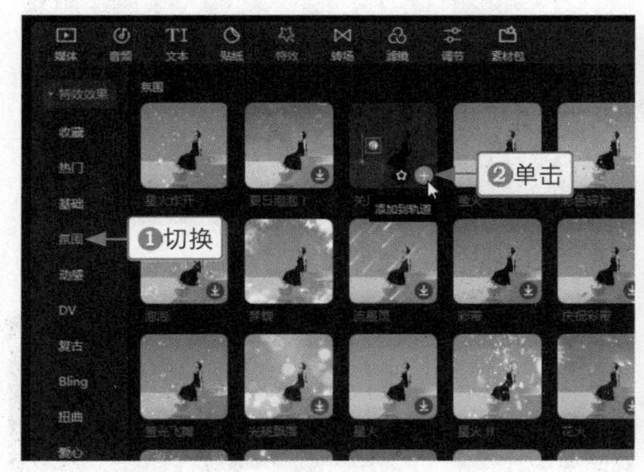

图8–16

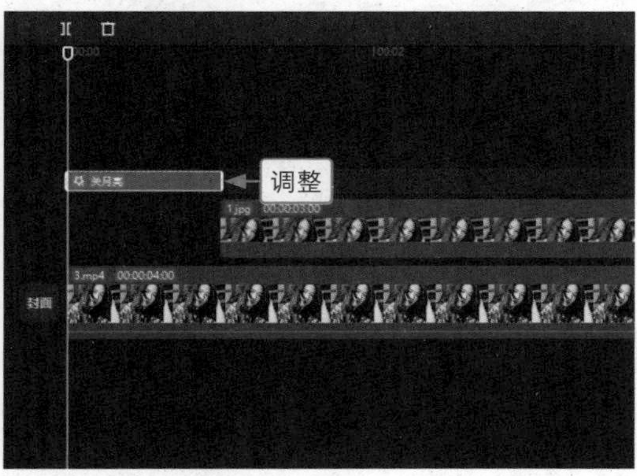

图8–17

步骤 17 拖曳时间指示器至“关月亮”特效后面，在“特效”功能区的“氛围”选项卡中，单击“星火炸开”特效右下角的“添加到轨道”按钮[+]，如图 8–18 所示。

步骤 18 执行操作后，即可添加“星火炸开”特效，如图 8–19 所示。

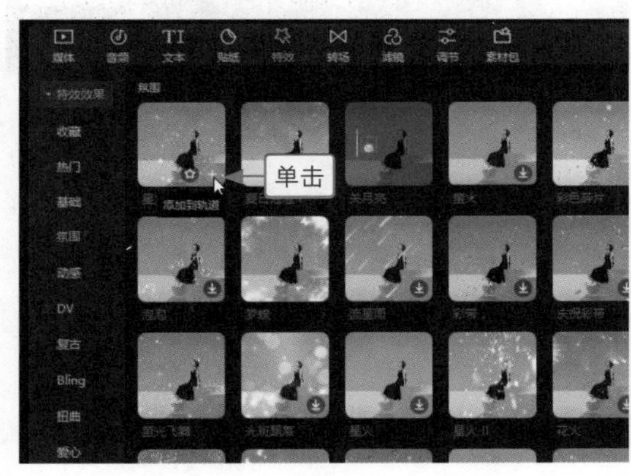

图8–18

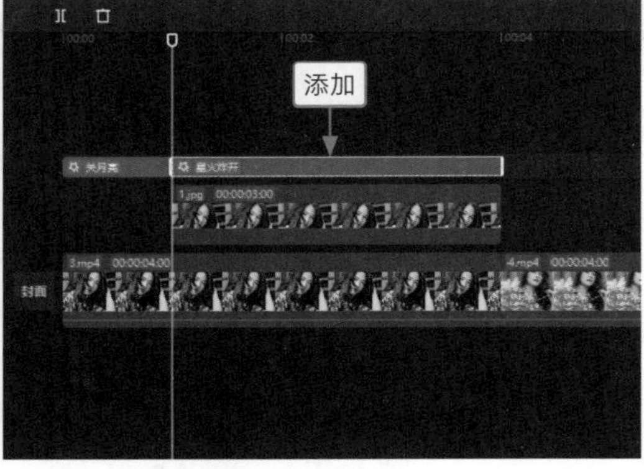

图8–19

步骤 19 选择照片素材，在“动画”操作区的“入场”选项卡中，❶选择“向右滑动”动画；❷设置“动画时长”参数为 1.0s，如图 8–20 所示。

步骤 20 用与上述同样的方法，在轨道中添加第 2 个视频对应的照片素材和特效，并调整照片素材和特效的时长，如图 8–21 所示。

步骤 21 对第 2 张照片进行抠像后，在“播放器”面板中，调整照片和对应视频的画面大小和位置，如图 8–22 所示。

步骤 22 选择第 2 张照片素材，在“动画”操作区的“入场”选项卡中，❶选择“向左滑动”动画；❷设置“动画时长”参数为 1.0s，如图 8–23 所示，为视频添加合适的背景音乐，即可完成人物出框视频的制作。

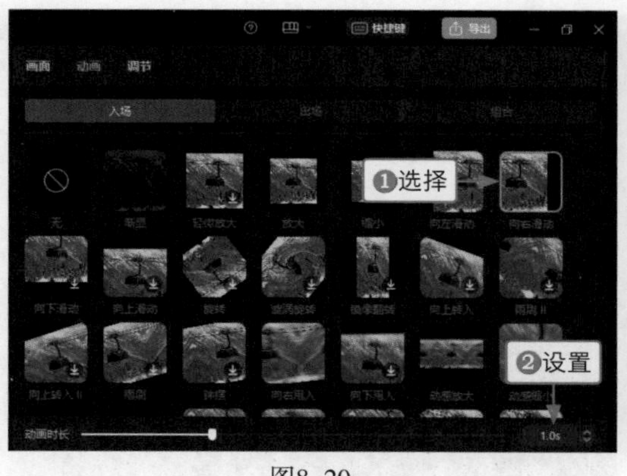

图8-20

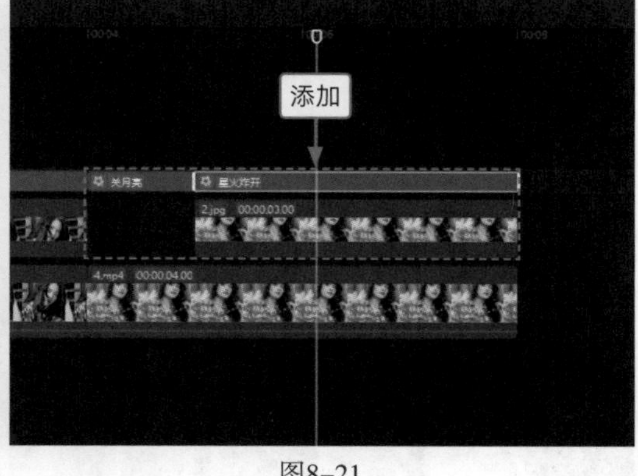

图8-21

图8-22

图8-23

2. 用剪映手机版制作

剪映手机版的操作方法如下。

步骤 01 在剪映中导入第 1 张照片素材，将素材的时长调整为 4s，在特效素材库的“边框”选项卡中选择“原相机”特效，调整特效的持续时长，在工具栏中点击“作用对象”按钮，在“作用对象”面板中选择“全局”选项，❶在预览区域调整素材的画面位置；❷点击“导出”按钮，如图 8-24 所示，将视频导出备用。

步骤 02 导出完成后，点击<按钮返回到视频编辑界面，选择照片素材，点击“替换”按钮，在“照片视频”界面中选择第 2 张照片素材，❶即可完成素材的替换；❷点击“导出”按钮，如图 8-25 所示，导出第 2 个视频备用。

步骤 03 新建一个草稿文件，在视频轨道导入之前导出的两段视频素材，在画中画轨道分别导入对应的两张照片素材，并调整它们的位置；选择第 1 张照片素材，依次点击“抠像”按钮和“智能抠像”按钮，抠出人像；返回到主面板，点击“比例”按钮，在“比例”面板中选择 9 : 16 选项；在预览区域调整视频素材和照片素材的位置与大小，如图 8-26 所示。

在剪映手机版中，特效的作用对象决定了特效会在哪一个或哪几个素材中显示。在本案例中，“原相机”特效的默认“作用对象”为“主视频”，当用户在预览区域调整主视频的画面大小和位置时，特效也会随之变化，因此要先将特效的“作用对象”更改为“全局”，再去调整主视频的画面位置和大小，这样才能制作出“原相机”特效的效果不变而主视频画面位置变化的效果。

图 8-24

图 8-25

图 8-26

步骤 04 用与上述同样的方法，抠出第 2 张照片素材的人像，并在预览区域调整视频和照片的位置与大小；拖曳时间轴至视频起始位置，为视频添加“氛围”选项卡中的“关月亮”特效和“星火炸开”特效；调整两段特效的位置和时长，如图 8-27 所示。

步骤 05 选择“星火炸开”特效，在工具栏中点击“作用对象”按钮，在弹出的“作用对象”面板中选择“全局”选项，如图 8-28 所示。

图8-27

图8-28

步骤 06 用与上述同样的方法，为第 2 段素材添加“关月亮”特效和“星火炸开”特效，调整两段特效的位置和时长，并更改“星火炸开”特效的作用对象。选择第 1 张照片素材，依次点击“动画”按钮和“入场动画”按钮，❶在“入场动画”面板中选择“向右滑动”动画；❷设置动画时长为1.0s，如图8-29所示。

步骤 07 用与上述同样的方法，❶为第2张照片素材添加“入场动画”面板中的“向左滑动”动画；❷设置动画时长为1.0s，如图8-30所示，添加合适的背景音乐，即可完成视频的制作。

图8-29

图8-30

8.1.2 投影仪：《日思夜想》

效果展示 利用“智能抠像”功能将视频中的人像抠出来，这样可以让人像不被另一段素材遮挡，从而制作出一种投影放映的效果，画面十分唯美，效果如图8-31所示。

图8-31

1. 用剪映电脑版制作

剪映电脑版的操作方法如下。

步骤 01 在剪映中导入两段视频素材，如图8-32所示。

步骤 02 ❶将第1段素材添加到视频轨道中；❷拖曳时间指示器至00:00:02:00的位置；❸单击“分割”按钮，如图8-33所示，将素材分割为两段。

步骤 03 在画中画轨道中添加第2段视频素材，如图8-34所示。

步骤 04 在“画面”操作区的“基础”选项卡中，❶设置“不透明度”参数为80%；❷在预览窗口中调整照片的位置和大小，如图8-35所示。

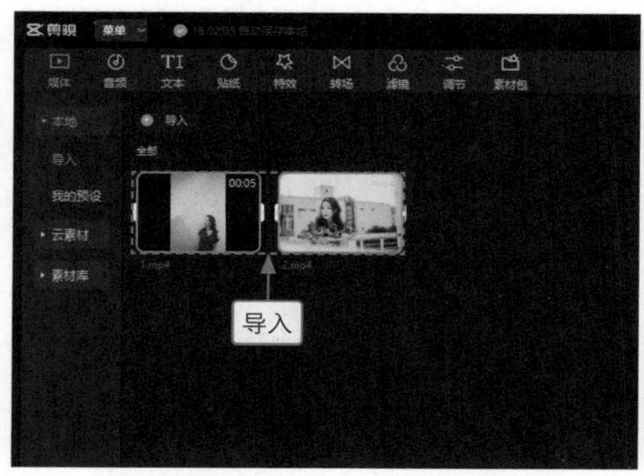

图8–32

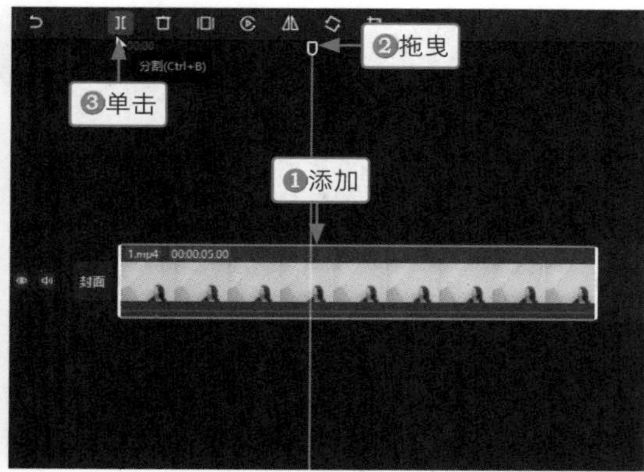

图8–33

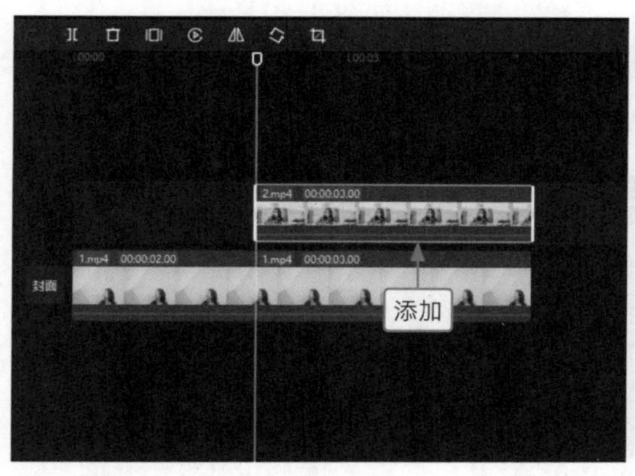

图8–34

图8–35

步骤 05 在“画面”操作区的“蒙版”选项卡中，①选择“线性”蒙版；②在预览窗口中调整蒙版的位置和羽化程度，使照片边缘线虚化，如图 8–36 所示。

步骤 06 复制视频轨道中的第 2 段视频素材，并将其粘贴在画中画轨道中，如图 8–37 所示。

图8–36

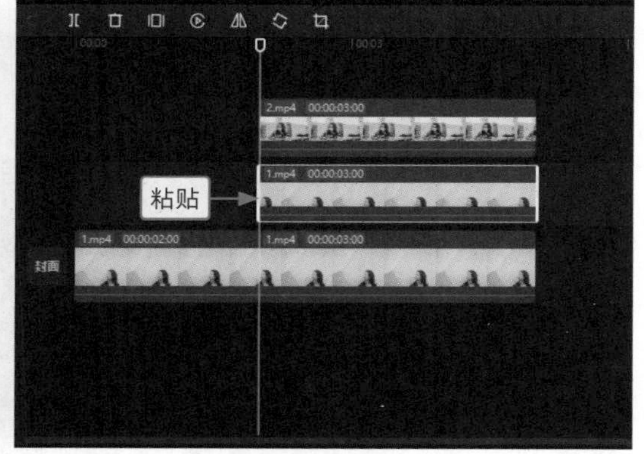

图8–37

步骤 07 在“画面”操作区的“抠像”选项卡中，选中“智能抠像”复选框，抠出人像，如图 8–38 所示。

步骤 08 将时间指示器拖曳至视频起始位置，在“特效”功能区的“基础”选项卡中，单击“变清晰”特效中的“添加到轨道”按钮，如图 8–39 所示。

图8-38

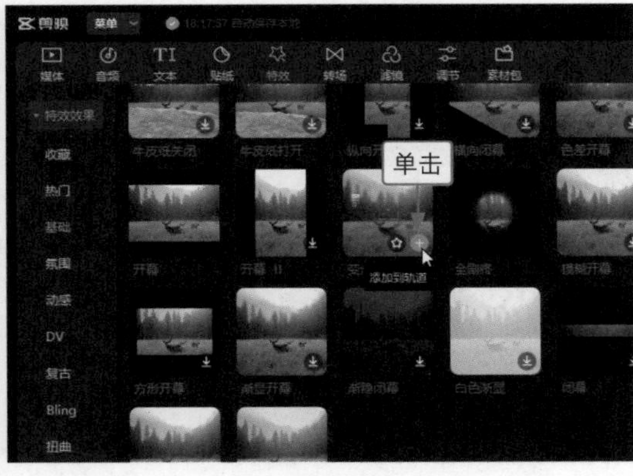

图8-39

步骤 09 执行操作后，即可添加“变清晰”特效，调整特效时长，如图 8-40 所示。

步骤 10 将时间指示器拖曳至“变清晰”特效的后面，在“特效”功能区的“氛围”选项卡中，单击“梦蝶”特效中的“添加到轨道”按钮，如图 8-41 所示。

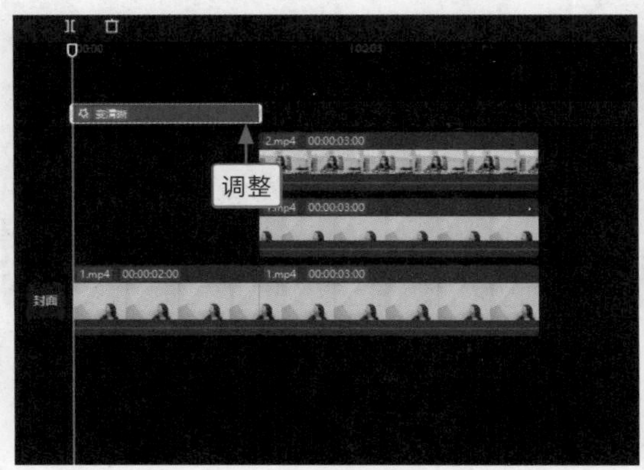

图8-40

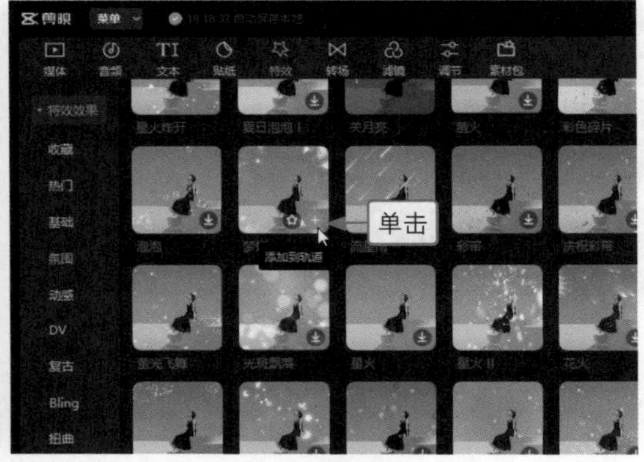

图8-41

步骤 11 执行操作后，即可添加“梦蝶”特效，如图 8-42 所示。

步骤 12 将时间指示器拖曳至“变清晰”特效的后面，在“贴纸”功能区的“线条风”选项卡中，单击所选贴纸中的“添加到轨道”按钮，如图 8-43 所示。

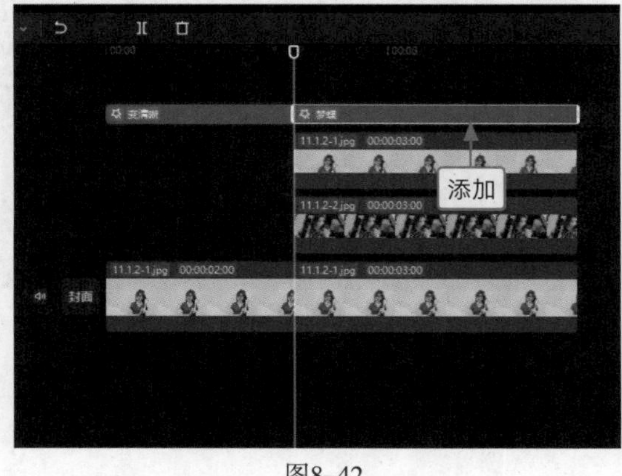

图8-42

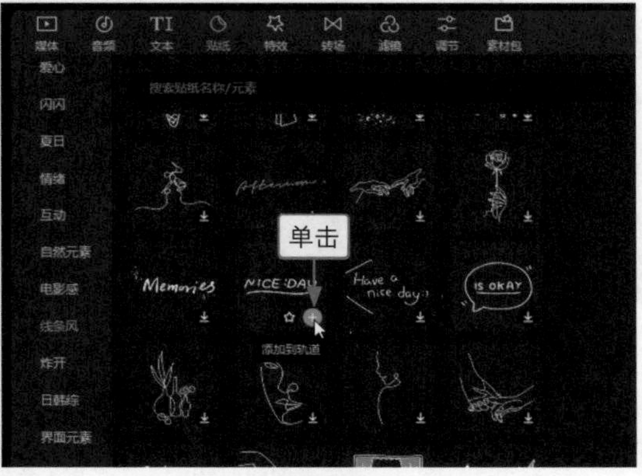

图8-43

步骤 13 执行操作后，即可添加一个文字动画贴纸，在预览窗口中调整贴纸的位置和大小，如图 8-44 所示。

步骤 14　为视频添加合适的背景音乐，如图 8-45 所示，即可完成投影视频的制作。

图8-44

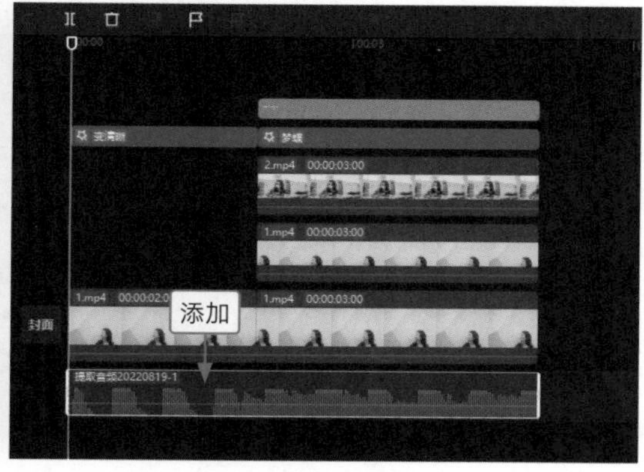

图8-45

2. 用剪映手机版制作

剪映手机版的操作方法如下。

步骤 01　在视频轨道导入第 1 段素材，选择素材，拖曳时间轴至 2s 的位置，点击“分割”按钮，将素材分割成两段；在画中画轨道的适当位置添加第 2 段素材，调整其画面大小和位置，在工具栏中点击“不透明度”按钮，在弹出的“不透明度”面板中拖曳滑块，设置“不透明度”参数为 80，如图 8-46 所示。

步骤 02　返回到上一级工具栏，点击“蒙版”按钮，❶选择“线性”蒙版；❷在预览区域调整蒙版的位置和羽化程度，如图 8-47 所示。

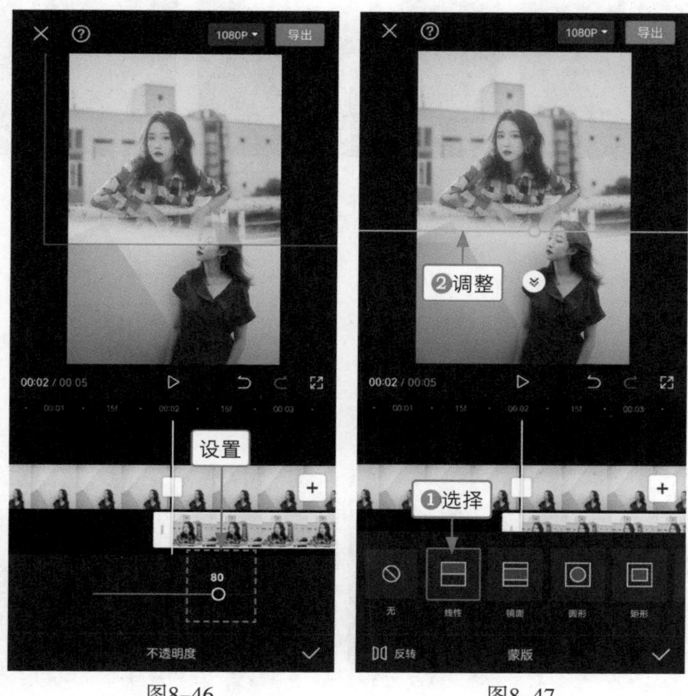

图8-46　图8-47

步骤 03 选择视频轨道中的第 2 段素材，点击“复制”按钮，复制一份；选择复制的素材，点击“切画中画”按钮，将其切换至画中画轨道；调整复制素材的位置，依次点击“抠像”按钮和“智能抠像”按钮，抠出人像；返回到主面板，拖曳时间轴至视频起始位置，在特效素材库的“基础”选项卡中选择“变清晰”特效，如图 8-48 所示。

步骤 04 用与上述同样的方法，再添加一个“氛围”选项卡中的“梦蝶”特效，调整两段特效的位置和时长，如图 8-49 所示。

步骤 05 返回到主面板，拖曳时间轴至第 2 段素材的起始位置，依次点击“贴纸”按钮和“添加贴纸”按钮，进入贴纸素材库，❶切换至“线条风”选项卡；❷选择合适的贴纸；❸在预览区域调整贴纸的大小和位置，如图 8-50 所示，最后为视频添加合适的背景音乐，即可完成投影视频的制作。

图 8-48

图 8-49

图 8-50

8.1.3 保留色彩：《季节变换》

效果展示 在剪映中先将视频色彩变为与下雪天较为应景的灰白色，然后运用“智能抠像”功能把原视频中的人像抠出来，从而保留人物色彩，效果如图 8-51 所示。

图8-51

1. 用剪映电脑版制作

剪映电脑版的操作方法如下。

步骤 01 在视频轨道中添加视频素材，如图 8–52 所示。

步骤 02 在“滤镜”功能区的“黑白”选项卡中，单击“默片”滤镜右下角的“添加到轨道”按钮⊕，如图 8–53 所示，即可在轨道上添加“默片”滤镜。

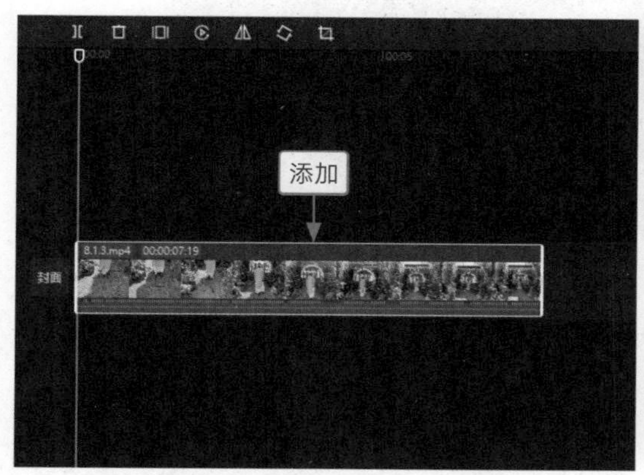

图8–52

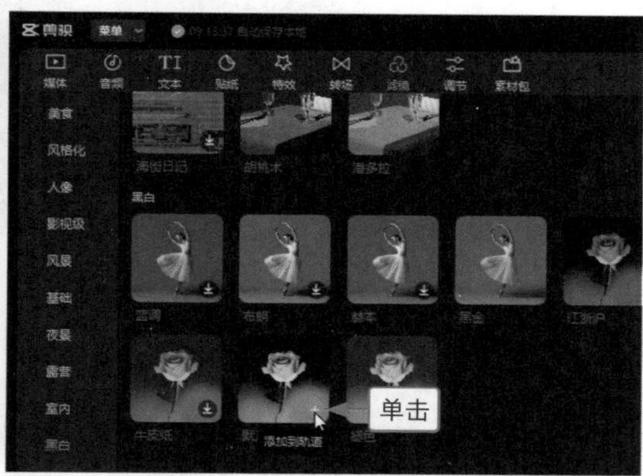

图8–53

步骤 03 在“调节”功能区中，单击“自定义调节”选项中的“添加到轨道”按钮⊕，如图 8–54 所示，即可添加“调节 1”效果。

步骤 04 将“默片”滤镜和“调节 1”效果的时长调整为与视频时长一致，如图 8–55 所示。

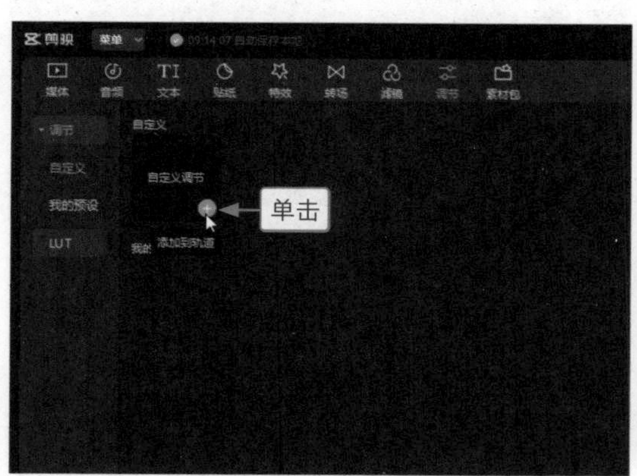

图8–54

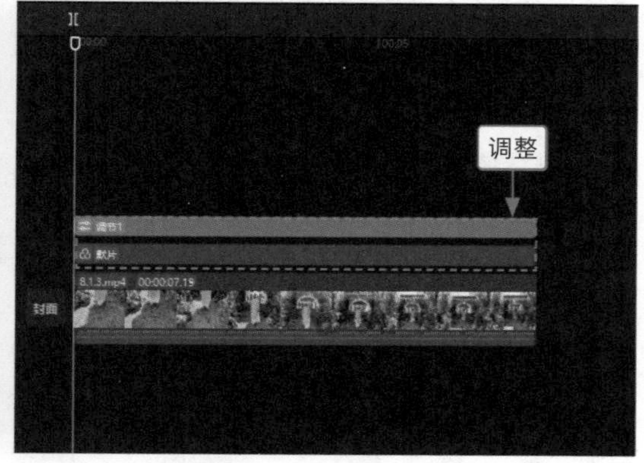

图8–55

步骤 05 选择“调节 1”效果，在“调节”操作区中，设置“对比度”参数为 –16、“高光”参数为 –15、“光感”参数为 –12、“锐化”参数为 13，如图 8–56 所示，执行操作后，将调色后的视频导出备用。

步骤 06 将轨道清空，在“媒体”功能区中导入调色视频，如图 8–57 所示。

步骤 07 将调色视频和原视频分别添加到视频轨道和画中画轨道上，如图 8–58 所示。

步骤 08 ❶拖曳时间指示器至 00:00:03:00 的位置；❷选择画中画轨道中的原视频；❸单击“分割”按钮Ⅱ，将视频分割为两段，如图 8–59 所示。

步骤 09 选择画中画轨道中的第 2 段人物素材，在“画面”操作区，❶切换至“抠像”选项卡；❷选中“智能抠像”复选框，将人物抠出来，如图 8–60 所示。

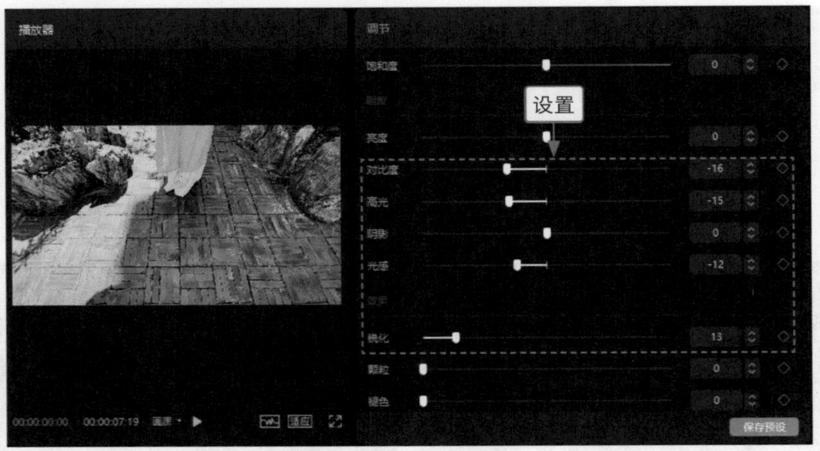

图8-56

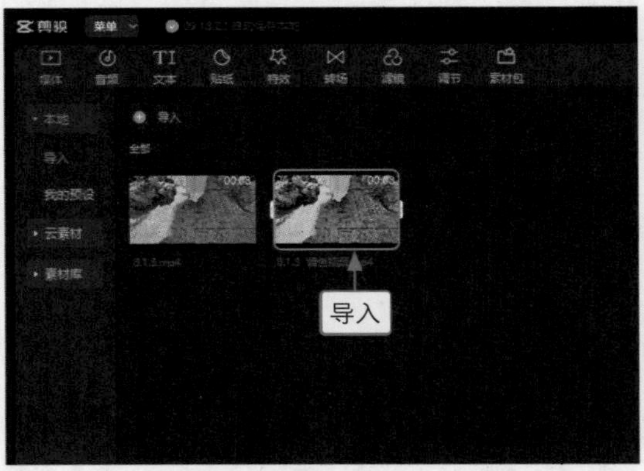

图8-57

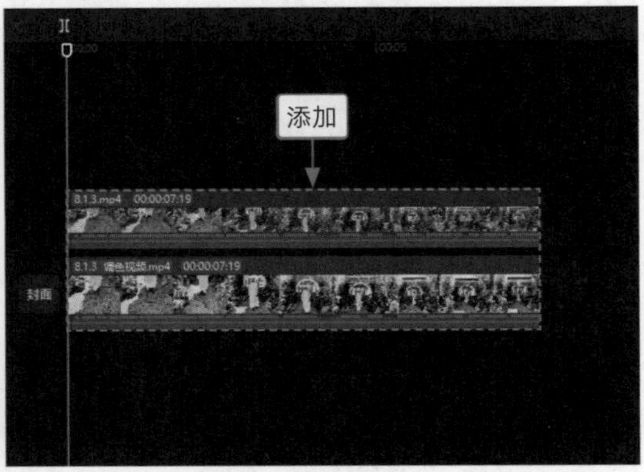

图8-58

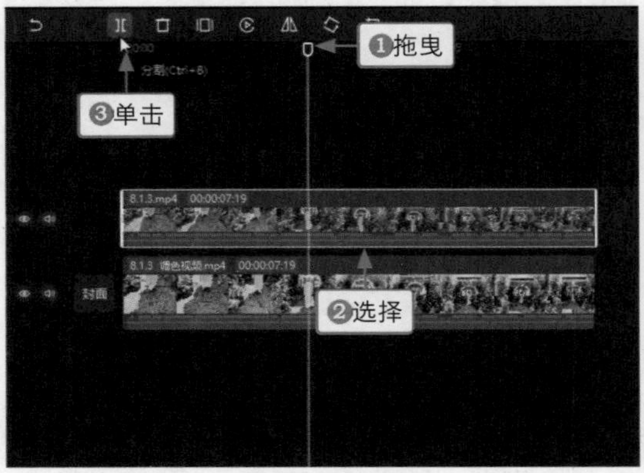

图8-59

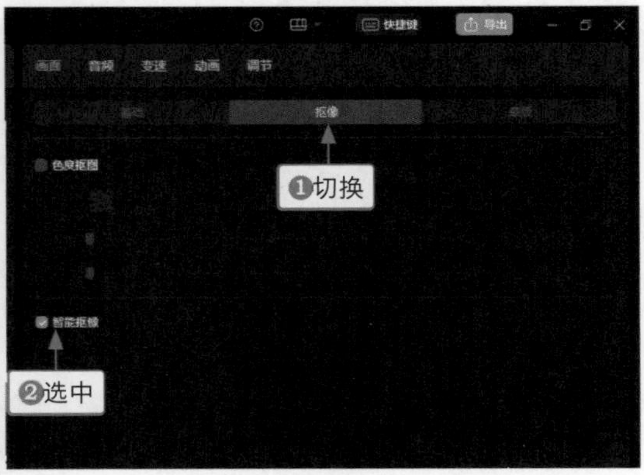

图8-60

步骤 10 在“特效”功能区的“圣诞”选项卡中，单击“大雪纷飞”特效中的“添加到轨道”按钮 ，如图 8-61 所示，添加一个特效。

步骤 11 调整“大雪纷飞”特效的时长，如图 8-62 所示，即可完成视频的制作。

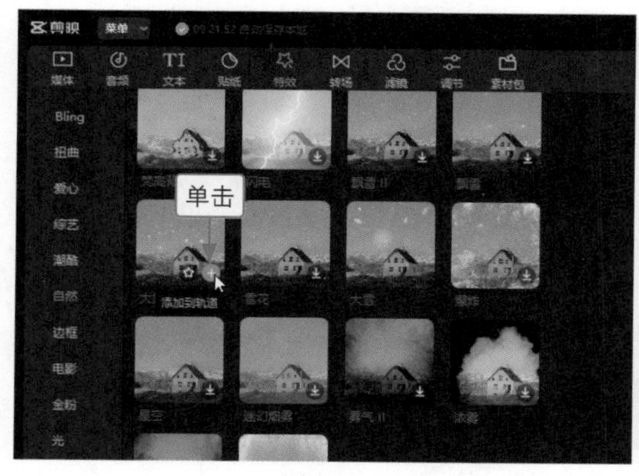

图8-61

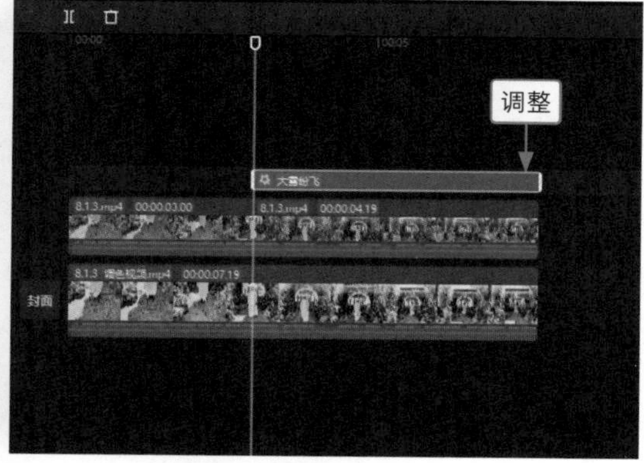

图8-62

2. 用剪映手机版制作

剪映手机版的操作方法如下。

步骤 01 导入原视频素材，点击“滤镜”按钮，在“黑白”选项区中选择“默片”滤镜，设置强度参数为 100；切换至“调节”选项卡，设置“对比度”参数为 −16、“高光”参数为 −15、“光感”参数为 −12、“锐化”参数为 13；点击“导出”按钮，如图 8-63 所示，将调色视频导出备用。

步骤 02 新建一个草稿文件，在视频轨道导入调色视频，在画中画轨道导入原视频素材，调整原视频素材的画面大小；拖曳时间轴至 3s 的位置，点击“分割”按钮，将其分割为两段；点击“抠像”按钮和“智能抠像”按钮，如图 8-64 所示，抠出第 2 段画中画素材中的人像。

步骤 03 返回到主面板，依次点击“特效”按钮和“画面特效”按钮；在“自然”选项卡中选择“大雪纷飞”特效，调整特效的持续时长，如图 8-65 所示，即可完成视频的制作。

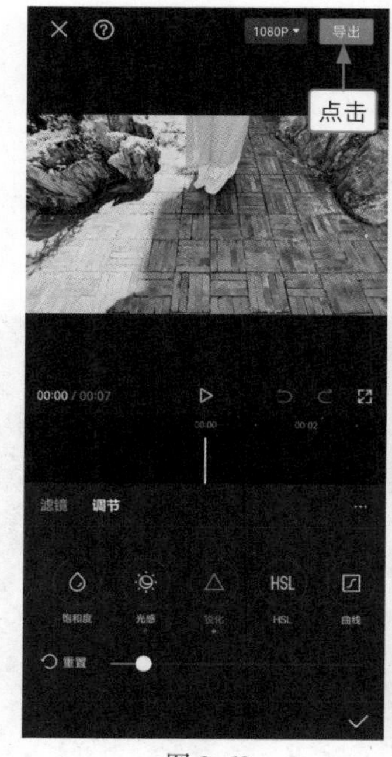

图 8-63

图 8-64

图 8-65

8.2 色度抠图

“色度抠图”功能可以抠除视频中不需要的色彩，从而留下想要的视频画面。本节介绍运用“色度抠图”功能制作穿越手机视频和开门穿越视频的操作方法。

8.2.1 穿越手机：《浪漫喷泉》

效果展示 运用“色度抠图”功能可以套用很多素材，比如穿越手机这个素材，可以在镜头慢慢推近手机屏幕后，进入全屏状态穿越至手机中的世界，效果如图 8-66 所示。

图8-66

1. 用剪映电脑版制作

剪映电脑版的操作方法如下。

步骤 01 在剪映中导入背景视频和绿幕素材，如图 8-67 所示。

步骤 02 将背景视频素材和绿幕素材分别添加至视频轨道和画中画轨道中，如图 8-68 所示。

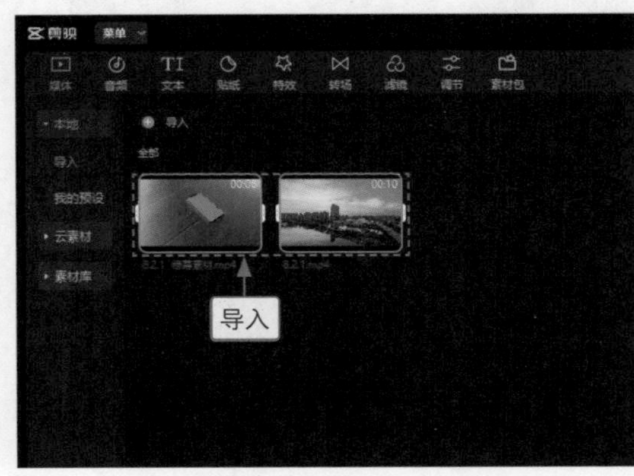

图8-67

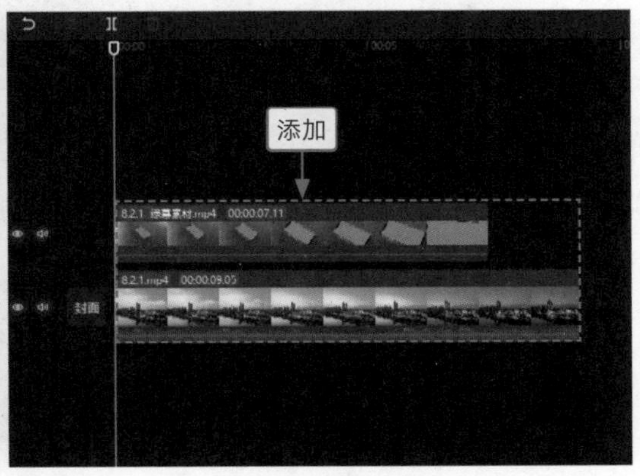

图8-68

步骤 03 在“画面”操作区，❶切换至“抠像”选项卡；❷选中“色度抠图”复选框；❸单击“取色器”按钮；❹拖曳取色器，取样画面中的绿色，如图 8-69 所示。

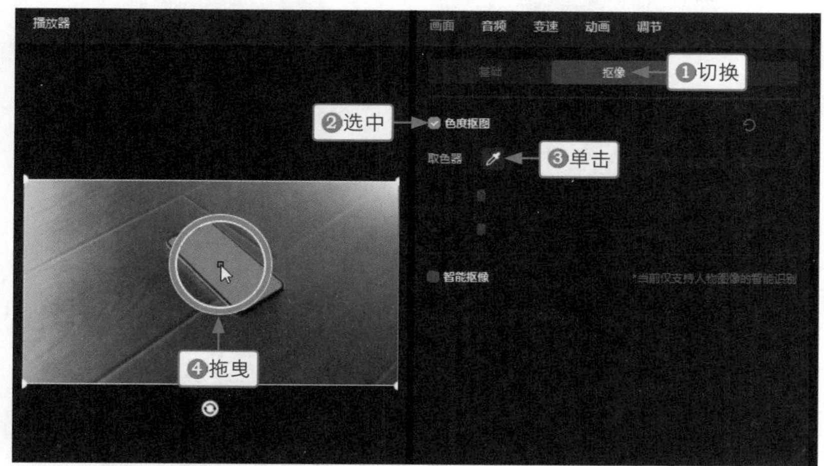

图8-69

步骤 04 拖曳滑块，设置“强度”和“阴影”参数均为 100，如图 8-70 所示，在“播放器”面板中预览视频效果。

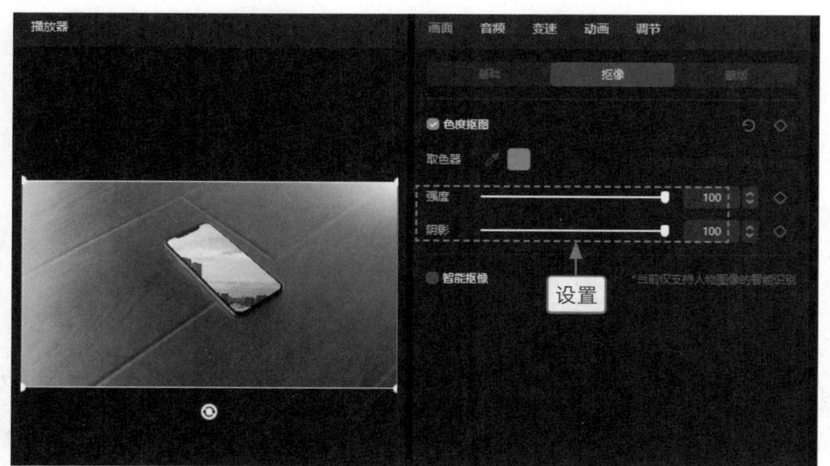

图8-70

2. 用剪映手机版制作

剪映手机版的操作方法如下。

步骤 01 导入绿幕素材和背景素材，将绿幕素材切换至画中画轨道，依次点击“抠像”按钮和“色度抠图”按钮，弹出“色度抠图”面板，在预览区域拖曳取色器，取样画面中的绿色，❶选择“强度”选项；❷拖曳滑块，设置“强度”参数为 100，如图 8-71 所示。

步骤 02 用与上述同样的方法，设置“阴影”参数为 100，如图 8-72 所示，即可完成绿幕素材的套用。

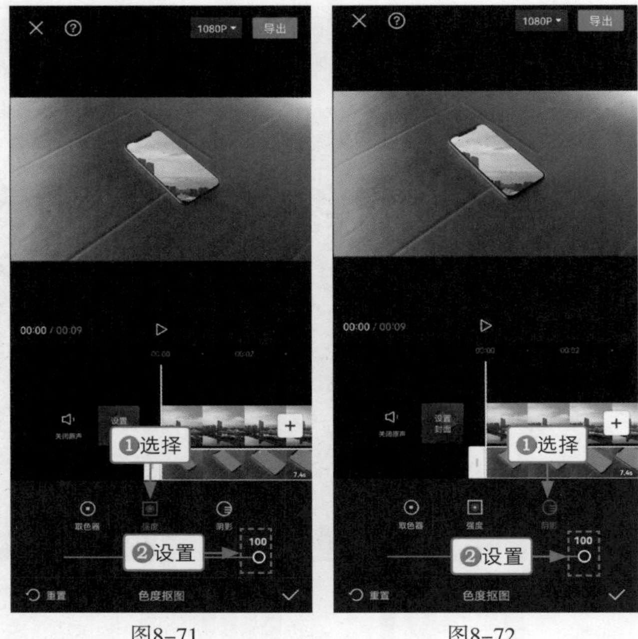

图8-71　　图8-72

8.2.2　开门穿越：《湘江女神》

效果展示　“色度抠图”功能与绿幕素材搭配可以制作出意想不到的视频效果。比如开门穿越这个素材，就能给人期待感，等门打开后显示视频，可以给人眼前一亮的感觉，效果如图 8-73 所示。

图8-73

1. 用剪映电脑版制作

剪映电脑版的操作方法如下。

步骤 01　在剪映中导入背景视频和绿幕素材，如图 8-74 所示。

步骤 02　将背景视频素材和绿幕素材分别添加至视频轨道和画中画轨道中，如图 8-75 所示。

步骤 03　拖曳时间指示器至绿幕素材的末尾，在“画面”操作区，❶切换至“抠像”选项卡；❷选中“色度抠图”复选框；❸单击“取色器”按钮；❹拖曳取色器，取样画面中的绿色，如图 8-76 所示。

步骤 04　拖曳滑块，设置“强度”和“阴影”参数均为 100，如图 8-77 所示，在“播放器”面板中预览视频效果。

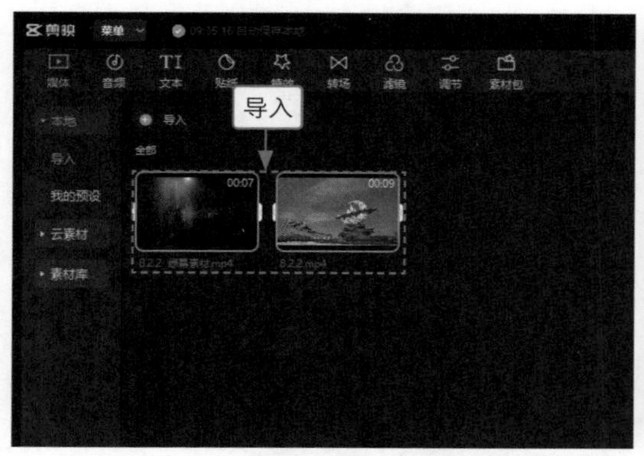

图8-74

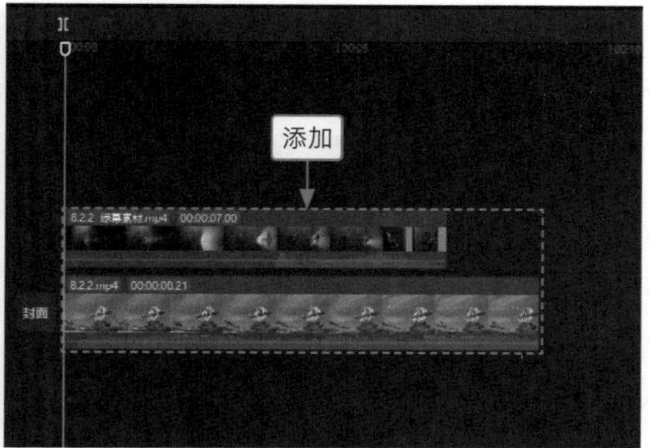

图8-75

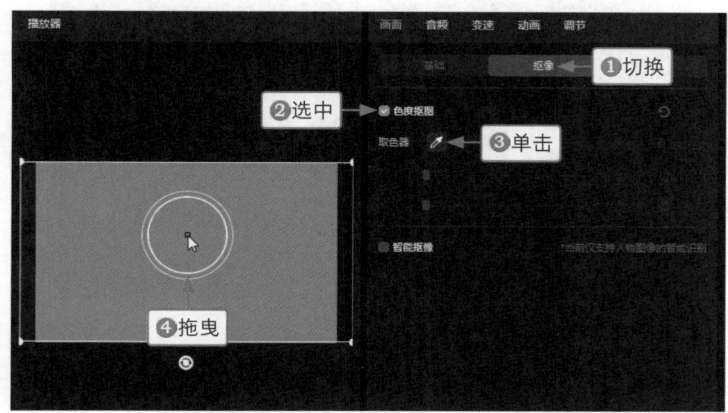

图8-76

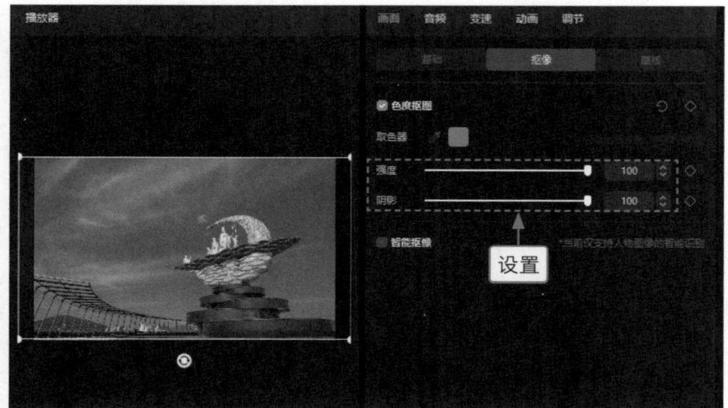

图8-77

2. 用剪映手机版制作

剪映手机版的操作方法如下。

步骤 01 在视频轨道中导入背景素材，在画中画轨道中导入绿幕素材，调整绿幕素材的画面大小，拖曳时间轴至绿幕素材的末尾，依次点击“抠像”按钮和“色度抠图”按钮，弹出“色度抠图”面板，在预览区域拖曳取色器，取样画面中的绿色，❶选择“强度”选项；❷拖曳滑块，设置“强度”参数为 100，如图 8-78 所示。

步骤 02 ❶选择“阴影”选项；❷拖曳滑块，设置“阴影”参数为 100，如图 8-79 所示，即可完成绿幕素材的套用。

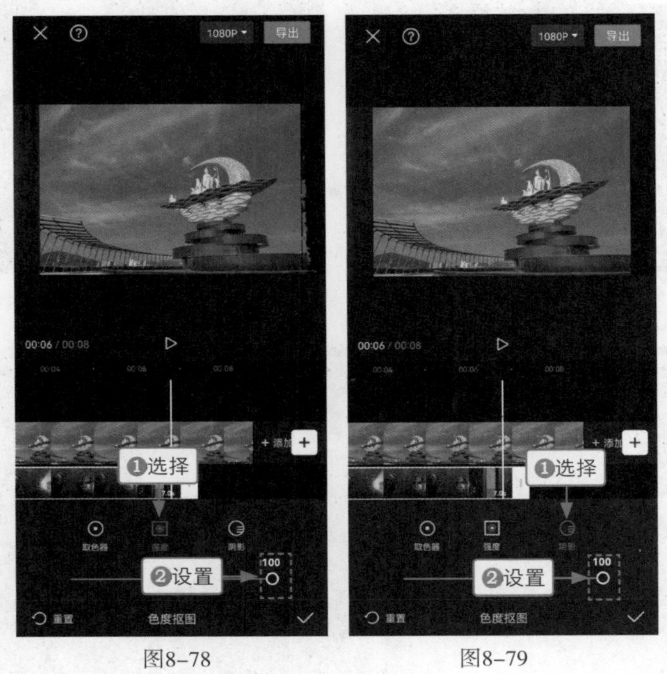

图8-78　　图8-79

课后实训：飞机飞过

效果展示　剪映自带的素材库中提供了很多绿幕素材，用户可以直接使用相应的绿幕素材做出满意的视频效果。例如，使用飞机飞过绿幕素材就可以轻松制作出飞机飞过眼前的视频效果，效果如图 8-80 所示。

图8-80

本案例制作主要步骤如下：

首先导入视频素材，❶在“媒体”功能区中切换至“素材库”|“绿幕素材”选项卡；❷将飞机飞过绿幕素材拖曳至画中画轨道；❸单击“镜像”按钮，如图 8-81 所示，将飞机飞行的方向与背景画面中云朵飘动的方向调成一致。

在“画面”操作区中，❶切换至“抠像”选项卡；❷运用“色度抠图”功能取样绿色；❸设置“强度”和“阴影”参数均为 100，如图 8-82 所示，抠除画面中的绿色，即可制作出飞机飞过视频。

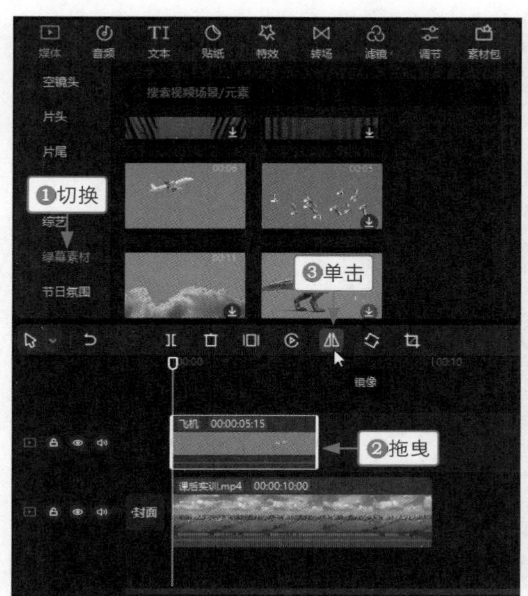

图8-81

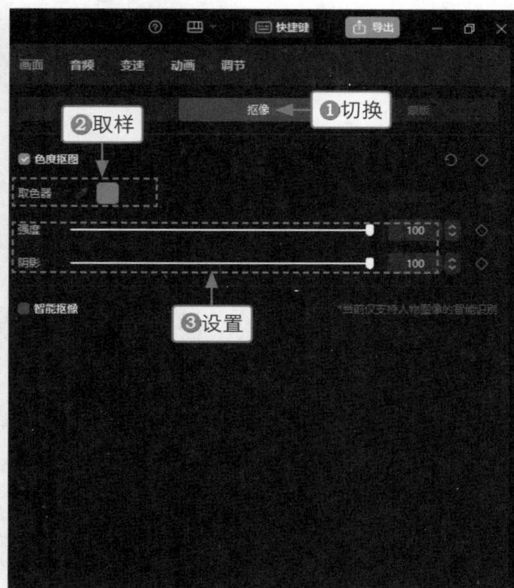

图8-82

第 9 章 转场：不同素材的流畅切换

用户在制作短视频时，可根据不同场景的需要，添加合适的转场效果，让画面之间的切换更加自然、流畅。剪映中包含了大量的转场效果，本章将为大家详细介绍制作视频转场效果的方法，让你的短视频具有更强的视觉冲击力。

9.1 添加、删除和设置转场

剪映提供了“热门”“基础”“运镜”“幻灯片”“拍摄”“特效”“故障”“MG 动画”“综艺”和“互动 emoji”这 10 种类型的转场效果，为视频添加合适的转场效果，能有效提升视频的精彩程度。

9.1.1 添加和删除转场：《袅袅荷花》

效果展示 在剪映中可以一键为多个素材之间添加同一个转场效果，也可以删除添加的相同转场效果，重新添加不同的转场，让素材的切换更丰富多彩，效果如图 9-1 所示。

图9–1

1. 用剪映电脑版制作

剪映电脑版的操作方法如下。

步骤 01 在“媒体”功能区中导入 3 段视频素材，如图 9-2 所示。

步骤 02 将素材导入视频轨道，拖曳时间指示器至第 1 段素材的结束位置，如图 9-3 所示。

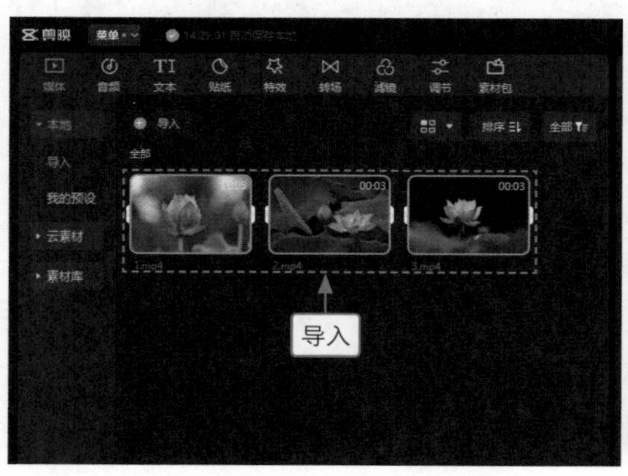

图9–2

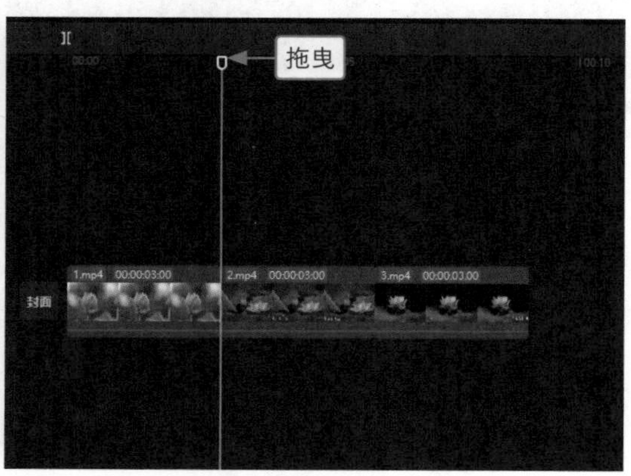

图9–3

步骤 03 ❶切换至“转场”功能区；❷在“热门”选项卡中单击“叠化”转场右下角的“添加到轨道”按钮，如图 9-4 所示，即可在第 1 段和第 2 段素材之间添加一个转场。

步骤 04 在“转场”操作区中单击“应用全部”按钮，如图 9-5 所示，即可在第 2 段和第 3 段素材之间添加一个相同的“叠化”转场。

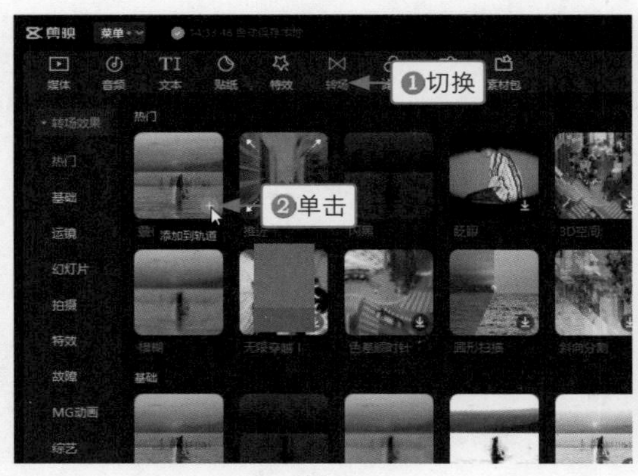

图9-4

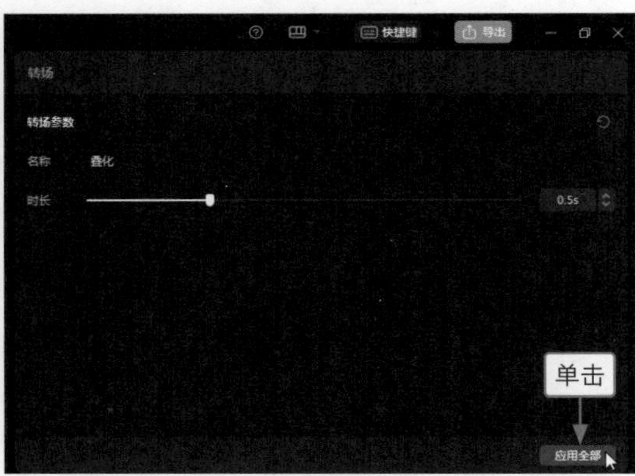

图9-5

步骤 05 如果想删除添加的转场，❶选择第 2 段和第 3 段素材之间的“叠化”转场；❷单击“删除”按钮，如图 9-6 所示，即可删除选择的转场。

步骤 06 拖曳时间指示器至第 2 段素材的结束位置，在“转场”功能区中，❶切换至“基础”选项卡；❷单击“水墨”转场右下角的“添加到轨道”按钮，如图 9-7 所示，即可在第 2 段和第 3 段素材之间添加一个“水墨”转场。

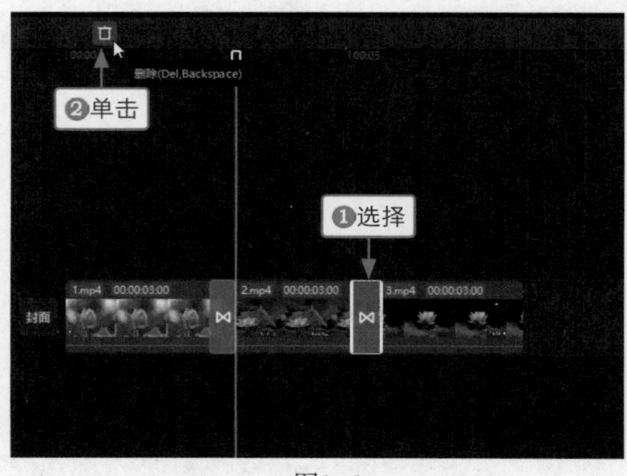

图9-6

图9-7

步骤 07 拖曳时间指示器至视频的起始位置，❶切换至“特效”功能区；❷在“基础”选项卡中单击“变清晰”特效右下角的“添加到轨道”按钮，如图 9-8 所示，为视频添加一个特效。

步骤 08 调整“变清晰”特效的持续时长，如图 9-9 所示。

步骤 09 拖曳时间指示器至特效的结束位置，❶切换至“滤镜”功能区；❷在“风景”选项卡中单击“绿妍”滤镜右下角的“添加到轨道”按钮，如图 9-10 所示。

步骤 10 ❶调整滤镜的持续时长；❷为视频添加合适的背景音乐，如图 9-11 所示，即可在“播放器”面板中预览视频效果。

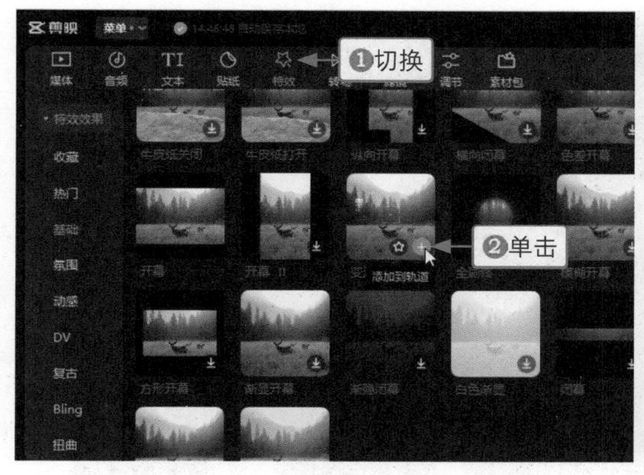

图9–8

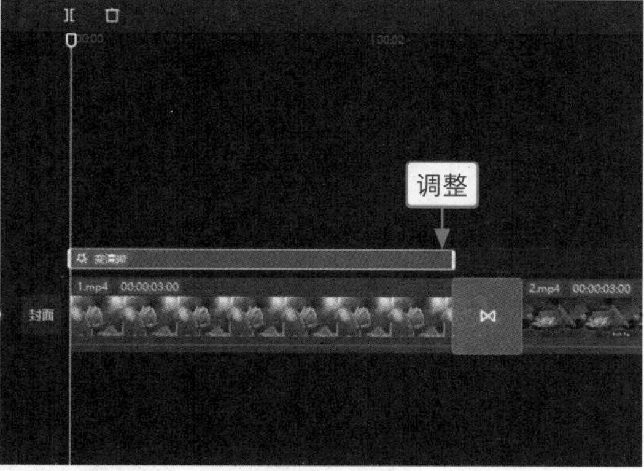

图9–9

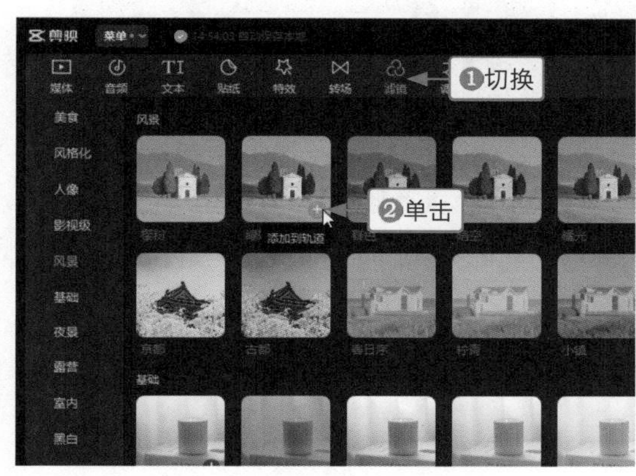

图9–10

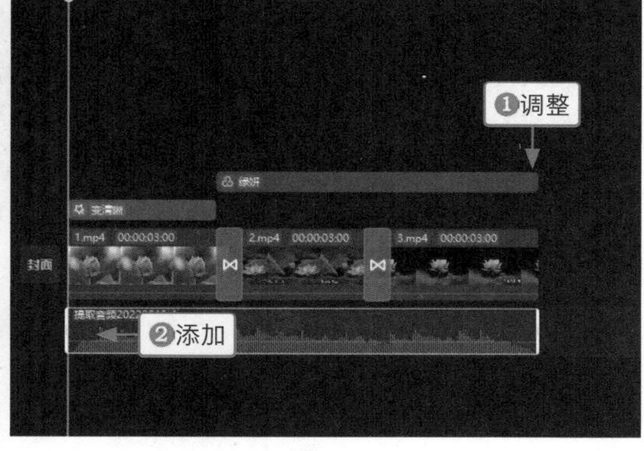

图9–11

2. 用剪映手机版制作

剪映手机版的操作方法如下。

步骤 01 导入 3 段视频素材，点击第 1 段和第 2 段素材之间的 ı 按钮，弹出“转场”面板，❶在“热门”选项卡中选择“叠化”转场；❷点击“全局应用”按钮，如图 9–12 所示，即可在所有素材之间添加“叠化”转场。

步骤 02 点击第 2 段和第 3 段素材之间的 ⋈ 按钮，在弹出的“转场”面板中，❶点击⊘按钮，清除添加的“叠化”转场；❷在“基础”选项卡中选择“水墨”转场，如图 9–13 所示。

步骤 03 返回到主面板，拖曳时间轴至视频起始位置，依次点击“特效”按钮和“画面特效”按钮，在特效素材库的“基础”选项卡中选择“变清晰”特效，调整特效的持续时长，如图 9–14 所示；再为视频添加“风景”选项区中的“绿妍”滤镜，设置强度参数为 100，调整滤镜的位置和持续时长；最后为视频添加合适的背景音乐，即可完成视频的制作。

图 9–12　　图 9–13　　图 9–14

9.1.2　调整转场时长：《蔡伦竹海》

效果展示　为视频添加合适的转场效果，并设置转场的持续时长，可以让素材之间的切换更流畅，增加视频的趣味性，效果如图 9–15 所示。

图9–15

1. 用剪映电脑版制作

剪映电脑版的操作方法如下。

步骤 01　在视频轨道导入两段视频素材，拖曳时间指示器至第 1 段素材的结束位置，如图 9–16 所示。

步骤 02　❶切换至“转场”功能区；❷在“基础”选项卡中单击“云朵”转场右下角的“添加到轨道”按钮＋，如图 9–17 所示，在第 1 段和第 2 段素材之间添加一个转场。

步骤 03　在“转场”操作区中，拖曳“时长”滑块，设置其参数为 1.7s，如图 9–18 所示，让转场的持续效果更长。

步骤 04　在视频起始位置添加一个文本，调整文本的时长，如图 9–19 所示。

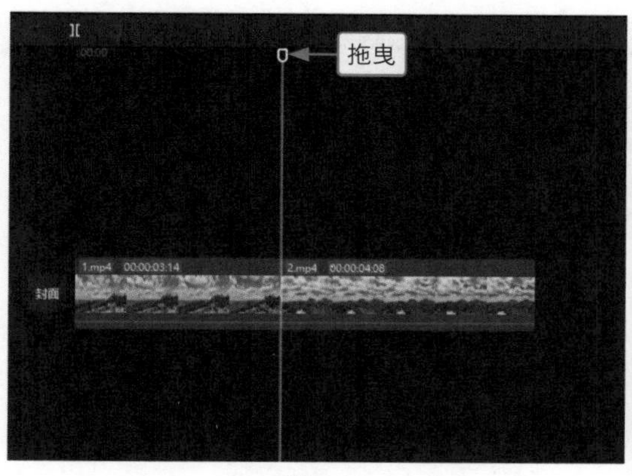

图9-16

图9-17

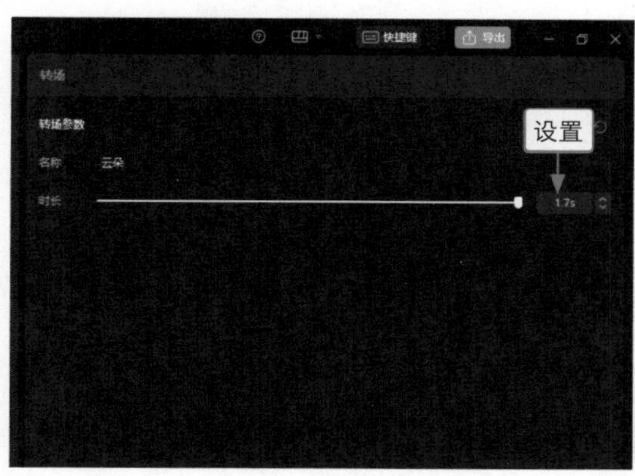

图9-18

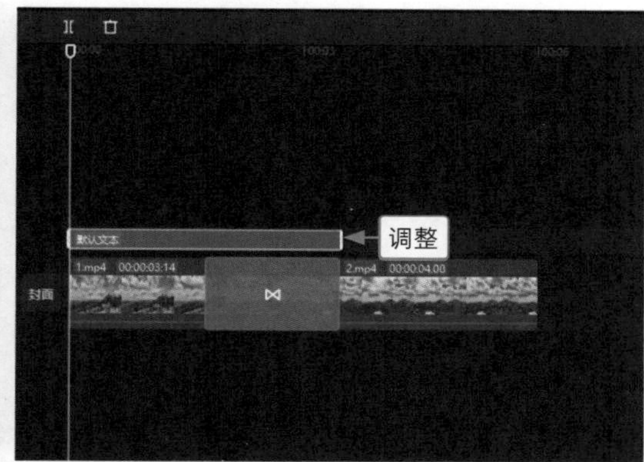

图9-19

步骤 05 在“文本”操作区的“基础”选项卡中，❶输入文字内容；❷设置合适的字体，如图 9-20 所示。

步骤 06 ❶切换至“动画”操作区；❷在“入场”选项卡中选择“闪动”动画，如图 9-21 所示。

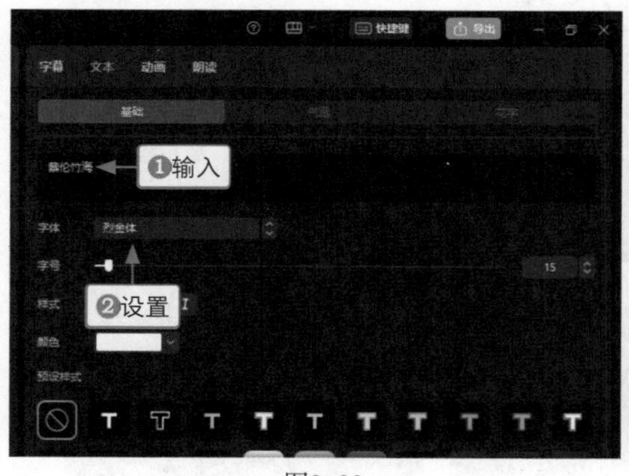

图9-20

图9-21

步骤 07 ❶切换至“出场”选项卡；❷选择“羽化向右擦除”动画；❸设置出场动画的“动画时长”参数为 1.5s，如图 9-22 所示，制作出文字随着转场而消失的效果。

步骤 08 在“播放器”面板中调整文本的大小和位置，如图 9-23 所示，为视频添加合适的背景音乐。

图9–22

图9–23

2. 用剪映手机版制作

剪映手机版的操作方法如下。

步骤 01　导入视频素材，点击两段素材之间的 ı 按钮，❶在“转场”面板的“基础”选项卡中选择“云朵”转场；❷拖曳滑块，设置转场时长为 1.7s，如图 9–24 所示。

步骤 02　在视频起始位置添加一个文本，❶输入文字内容；❷选择合适的字体；❸在预览区域调整文本的大小和位置，如图 9–25 所示。

步骤 03　切换至“动画”选项卡，为文字添加“闪动”入场动画和“羽化向右擦除”出场动画，设置出场动画时长为 1.7s，调整文本的持续时长，如图 9–26 所示，为视频添加合适的背景音乐，即可完成视频的制作。

图 9–24

图 9–25

图 9–26

9.2 制作转场效果

除了为视频添加剪映自带的转场，用户还可以运用剪映的其他功能制作独特的转场效果。例如，运用“色度抠图”功能可以制作出笔刷转场和破碎转场。本节将介绍这两种转场的制作方法。

9.2.1 笔刷转场：《城市灯火》

效果展示 本案例需要运用“色度抠图”功能分别抠除绿幕素材中的黑色和绿色，从而制作出笔刷转场效果，效果如图 9-27 所示。

图9-27

1. 用剪映电脑版制作

剪映电脑版的操作方法如下。

步骤 01 在剪映中导入第 1 段视频素材和绿幕素材，如图 9-28 所示。

步骤 02 将视频素材和绿幕素材分别添加到视频轨道和画中画轨道，如图 9-29 所示。

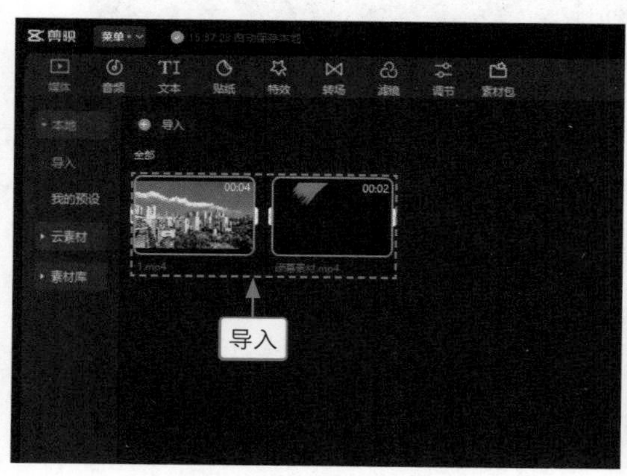

图9-28

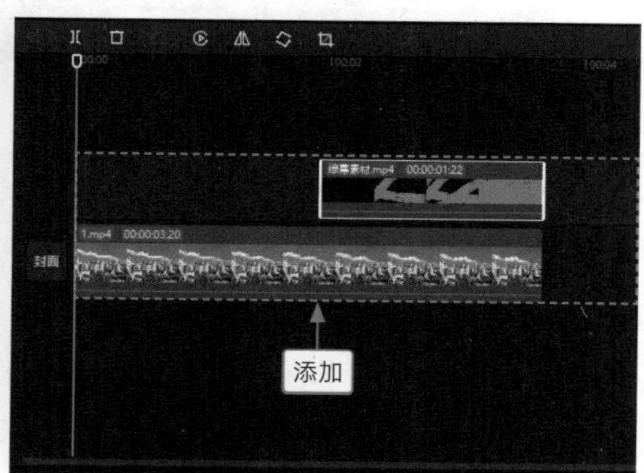

图9-29

步骤 03 拖曳时间指示器至绿幕素材的起始位置，❶切换至“画面”操作区的“抠像”选项卡；❷选中“色度抠图”复选框；❸单击“取色器”按钮；❹拖曳取色器对画面中的黑色进行取样，如图 9-30 所示。

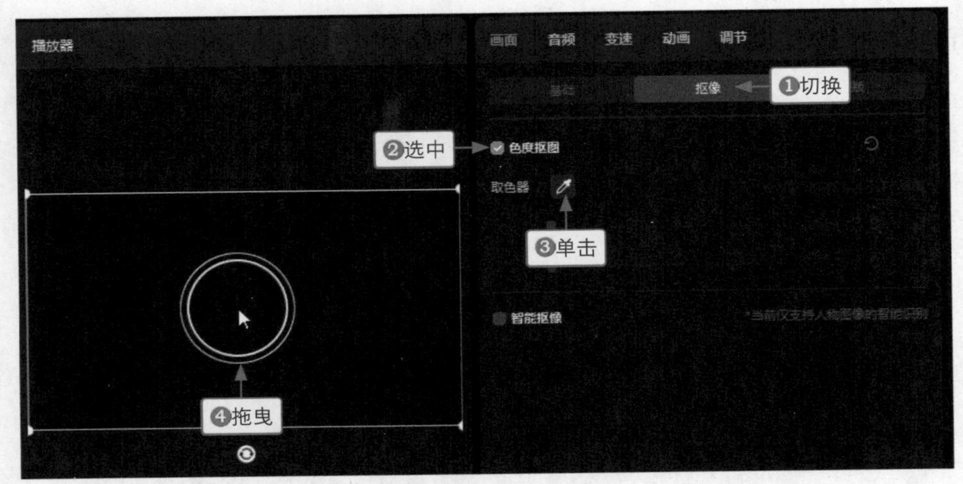

图9-30

步骤 04 ❶设置“强度”参数为 100；❷此时预览窗口中黑色的背景画面已被抠除，并显示出了视频画面，如图 9-31 所示，单击“导出”按钮，将合成的视频导出。

图9-31

用户在运用“色度抠图”功能进行颜色抠除时，“强度”和“阴影”参数的设置非常重要，不同的参数会呈现出不同的画面效果，因此用户要根据素材的实际情况灵活调整参数，以获得更好的视频效果。

步骤 05 在剪映中导入第 2 段视频素材和上一步导出的合成视频，如图 9-32 所示。

步骤 06 清空视频轨道和画中画轨道，将导入的第 2 段视频素材和上一步导出的合成视频分别添加到视频轨道和画中画轨道上，如图 9-33 所示。

步骤 07 拖曳时间指示器至画面中有绿幕的位置，❶运用“色度抠图”功能，通过取色器对画面中的绿色进行取样；❷设置“强度”参数为 70、“阴影”参数为 100；❸此时预览窗口中的绿色已被抠除，如图 9-34 所示，即可完成笔刷转场视频的制作。

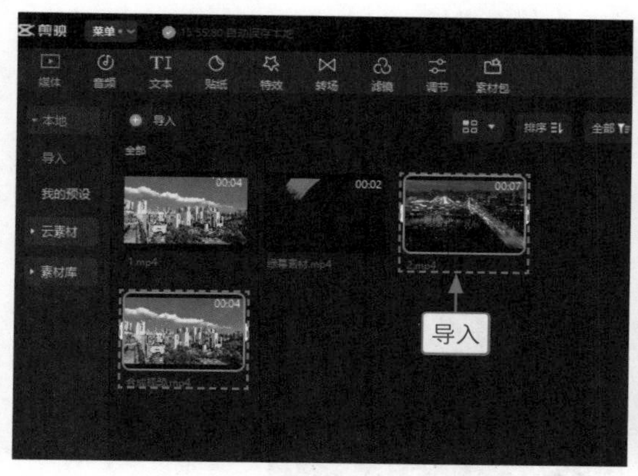

图9-32

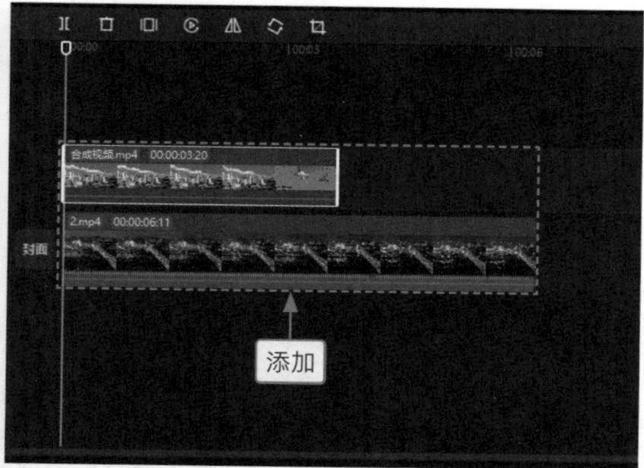

图9-33

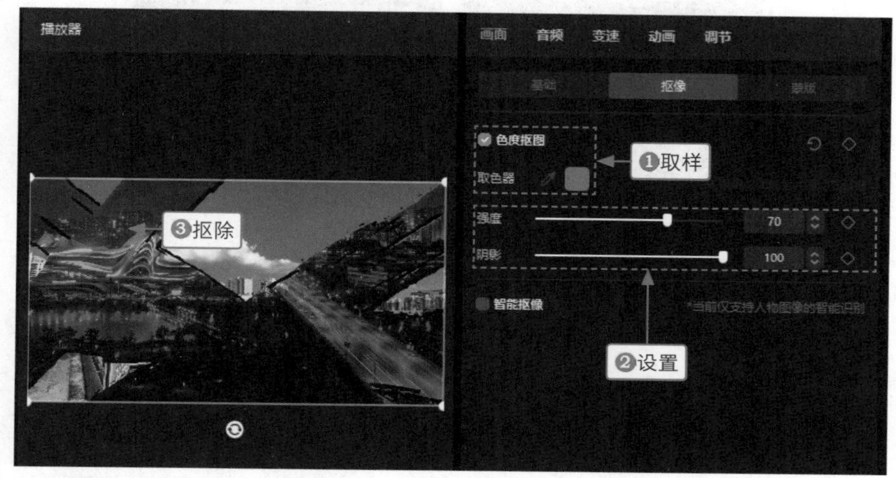

图9-34

2. 用剪映手机版制作

剪映手机版的操作方法如下。

步骤 01　将第 1 段视频素材和绿幕素材分别导入视频轨道和画中画轨道，调整绿幕素材的画面大小，并在画中画轨道调整绿幕素材的位置；依次点击“抠像”按钮和“色度抠图”按钮，在预览区域拖曳取色器，取样画面中的黑色；在“色度抠图”面板中设置“强度”参数为 100，如图 9-35 所示，将视频导出备用。

步骤 02　新建一个草稿文件，将第 2 段视频素材和合成视频分别导入视频轨道和画中画轨道，调整合成视频的画面大小；拖曳时间轴至绿幕出现的位置，运用“色度抠图”功能取样画面中的绿色；设置“强度”参数为 70、“阴影”参数为 100，部分参数如图 9-36 所示，即可完成视频的制作。

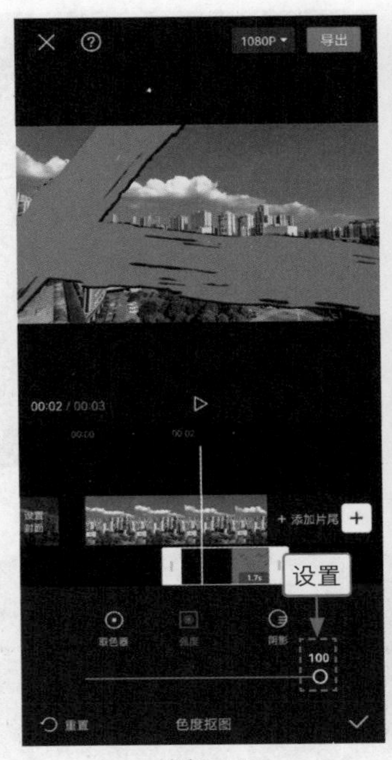

图9-35

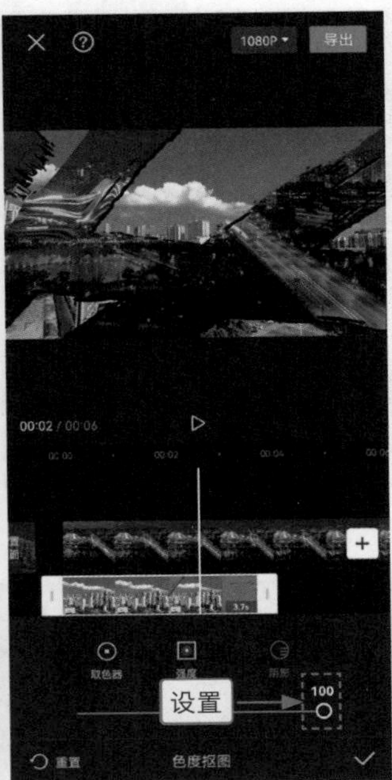

图9-36

9.2.2 破碎转场：《美丽晚霞》

效果展示 破碎转场的效果给人一种画面破碎飘散的感觉，很适合用在场景画面差异或颜色差异较大的视频中，破碎感会更加明显，效果如图 9-37 所示。

图9-37

1. 用剪映电脑版制作

剪映电脑版的操作方法如下。

步骤 01 在剪映中导入第 1 段视频素材和破碎绿幕素材，如图 9-38 所示。

步骤 02 将视频素材和绿幕素材分别添加到视频轨道和画中画轨道，如图 9-39 所示。

步骤 03 在“画面”操作区的“抠像”选项卡中，❶运用“色度抠图”功能，通过取色器对画面中的蓝色进行取样；❷设置“强度”和“阴影”参数均为 100；❸此时在预览窗口可以看到画面中的蓝色已被抠除，如图 9-40 所示，单击“导出”按钮，将合成的视频导出。

步骤 04 在剪映中导入第 2 段视频素材和上一步导出的合成视频，如图 9-41 所示。

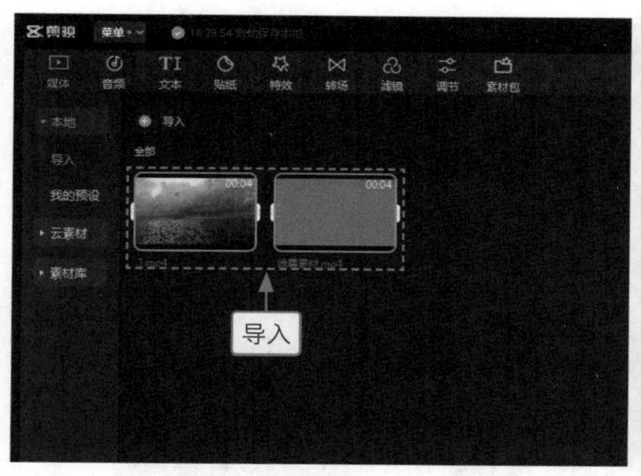

图9–38

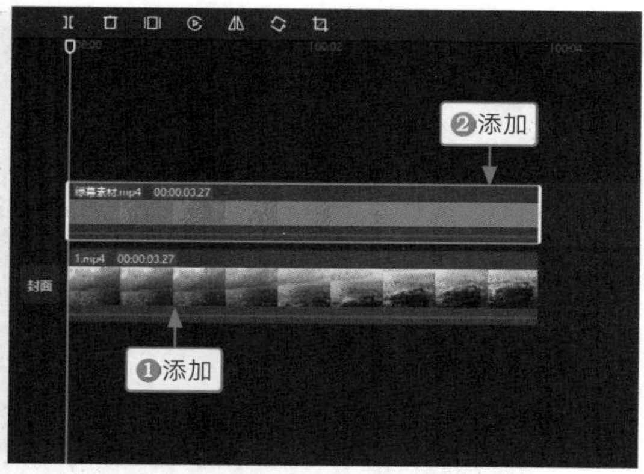

图9–39

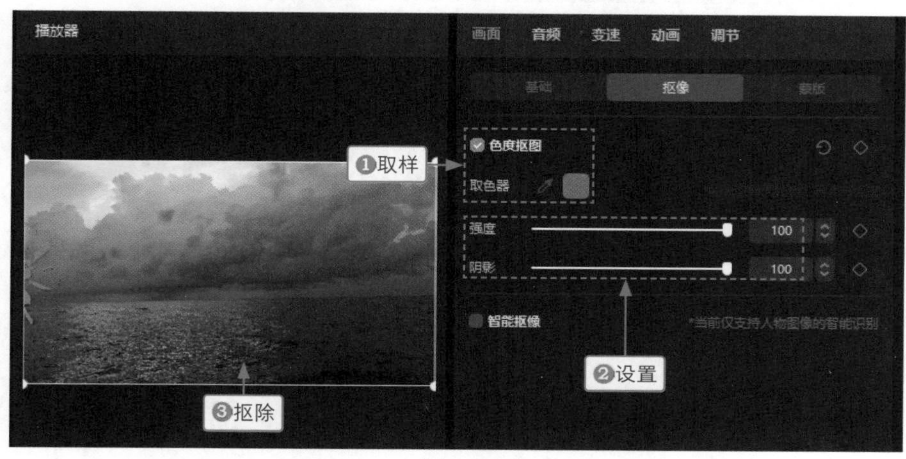

图9–40

步骤 05 清空视频轨道和画中画轨道，将导入的第 2 段视频素材和上一步导出的合成视频分别添加到视频轨道和画中画轨道上，如图 9–42 所示。

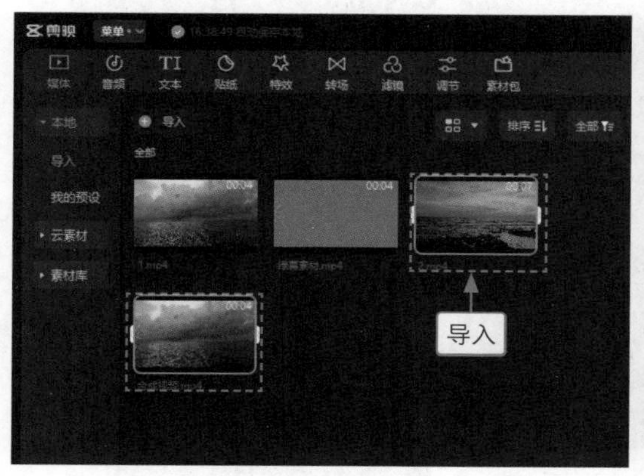

图9–41

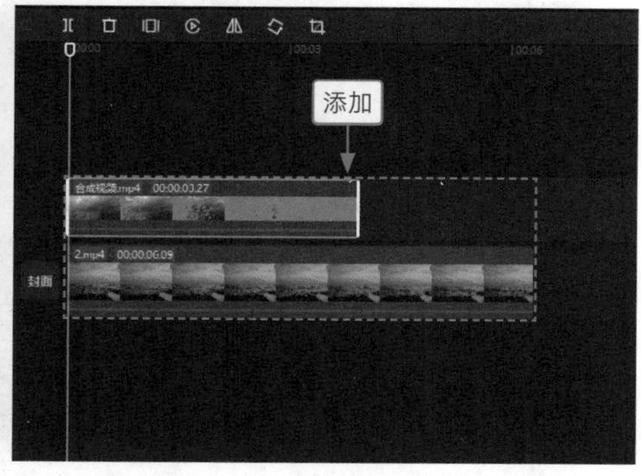

图9–42

步骤 06 拖曳时间指示器至合成视频的末尾，在“画面”操作区的“抠像”选项卡中，❶运用“色度抠图”功能，通过取色器对画面中的绿色进行取样；❷设置“强度”和“阴影”参数均为 100；❸此时预览窗口中的绿色已被抠除，如图 9–43 所示，为视频添加合适的背景音乐，即可完成破碎转场视频的制作。

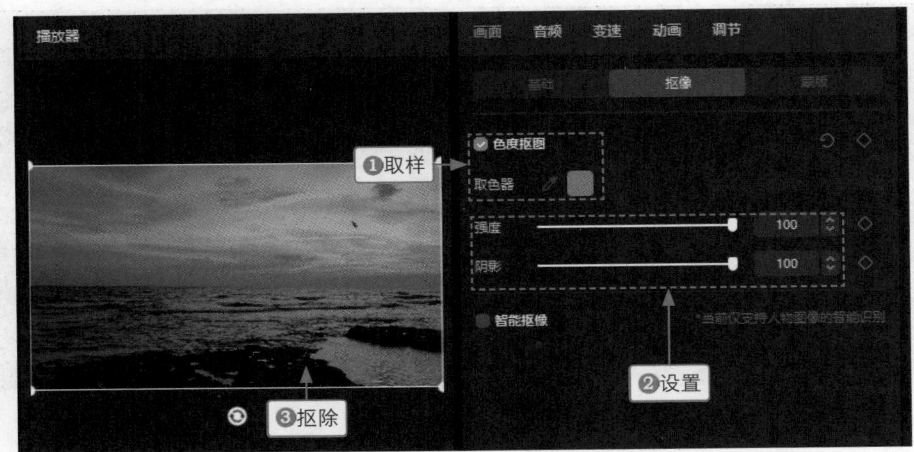

图9-43

2. 用剪映手机版制作

剪映手机版的操作方法如下。

步骤 01 将第 1 段视频素材和绿幕素材分别导入视频轨道和画中画轨道，调整绿幕素材的画面大小；依次点击“抠像”按钮和“色度抠图”按钮，在预览区域拖曳取色器，取样画面中的蓝色；在“色度抠图”面板中设置“强度”和“阴影”参数均为 100，部分参数如图 9-44 所示，将视频导出备用。

步骤 02 新建一个草稿文件，将第 2 段视频素材和合成视频分别导入视频轨道和画中画轨道，调整合成视频的画面大小；拖曳时间轴至合成视频的末尾，运用“色度抠图”功能取样画面中的绿色；设置“强度”和“阴影”参数均为 100，部分参数如图 9-45 所示。

步骤 03 为视频添加合适的背景音乐，如图 9-46 所示，即可完成破碎转场视频的制作。

图 9-44　　图 9-45　　图 9-46

课后实训：动画转场

效果展示 为视频素材添加不同的动画，也可以制作出动态的转场效果，如图 9-47 所示。

图9-47

本案例制作主要步骤如下：

首先在视频轨道中按顺序导入两段视频素材，选择第 1 段素材，❶切换至“动画”操作区；❷在“出场”选项卡中选择“漩涡旋转”动画；❸设置“动画时长”为 4.0s，如图 9-48 所示。

用与上述同样的方法，❶为第 2 段素材添加“入场”选项卡中的“漩涡旋转”动画；❷设置“动画时长”为 3.0s，如图 9-49 所示，最后添加合适的背景音乐，即可完成动画转场视频的制作。

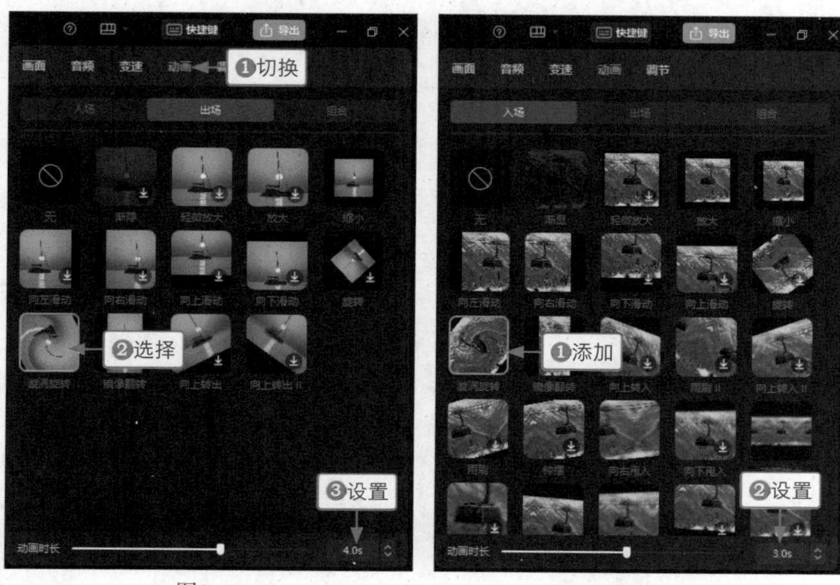

图9-48　　图9-49

第 10 章　关键帧：动画、滑屏轻松制作

关键帧可以理解为运动的起始点或者转折点，通常一个动画最少需要两个关键帧才能完成，第 1 个关键帧的参数会根据播放进度，慢慢变为第 2 个关键帧的相关参数，从而形成运动效果。本章介绍在剪映中让照片变视频、制作滑屏 Vlog、调整音量高低、调节文字和制作空间转换视频的操作方法。

10.1 基础用法

“关键帧”功能最基础、最常见的用法就是调整素材的画面位置，从而制作出画面运动的效果。本节介绍运用“关键帧”功能让照片变成视频和制作滑屏 Vlog 的操作方法。

10.1.1 照片变视频：《三汊矶大桥》

效果展示 在剪映中运用“关键帧”功能可以将横版的全景照片变为动态的竖版视频，方法非常简单，效果如图 10–1 所示。

图 10–1

1. 用剪映电脑版制作

剪映电脑版的操作方法如下。

步骤 01 在视频轨道中导入一张照片素材，添加合适的背景音乐，调整照片素材的时长，使其与音乐的时长保持一致，如图 10–2 所示。

步骤 02 ❶在“播放器”面板中单击“适应”按钮；❷在弹出的列表框中选择“9：16（抖音）”选项，如图 10–3 所示，更改视频的画布尺寸。

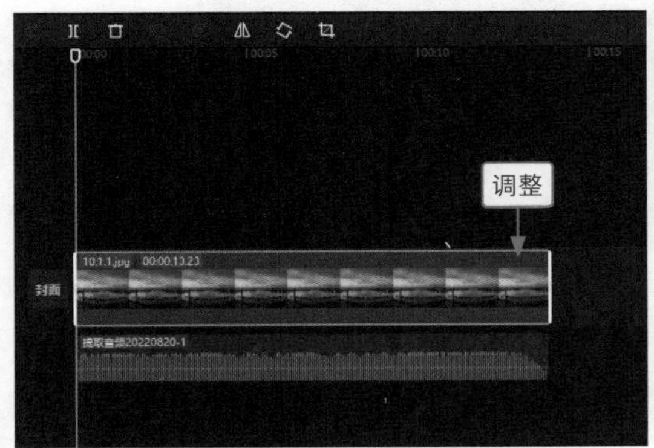

图 10–2

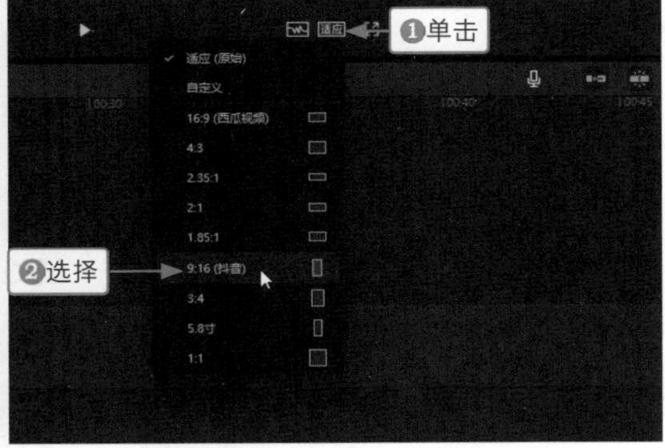

图 10–3

步骤 03 ❶在“画面”操作区的“基础”选项卡中设置“缩放”参数为 535%；❷在“播放器”面板中调整素材的位置，使最左侧的画面显示出来，作为视频的开头；❸在“基础”选项卡中单击“位置”右侧的“添加关键帧”按钮，如图 10–4 所示。

步骤 04　执行操作后，即可在视频起始位置添加一个关键帧，拖曳时间指示器至视频结束位置，❶在“播放器”面板中调整素材的位置，使最右侧的画面显示出来，作为视频的结尾；❷“位置”右侧的关键帧将会自动被点亮，如图 10-5 所示，即可完成照片变视频的制作。

图 10-4

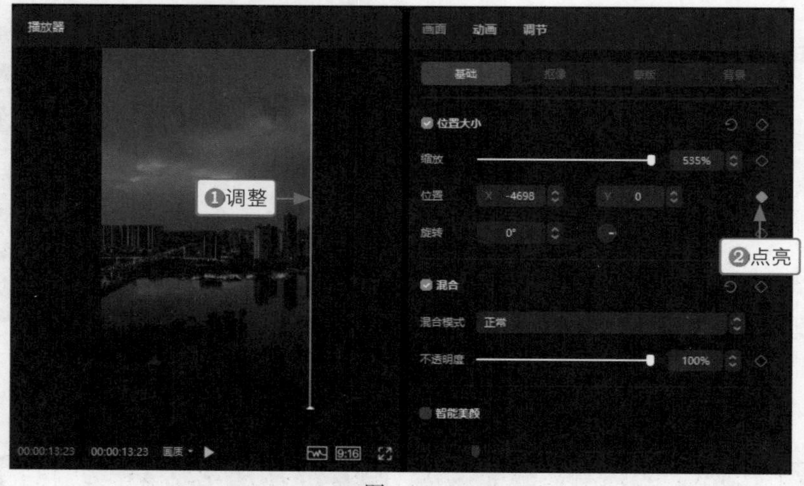

图 10-5

2. 用剪映手机版制作

剪映手机版的操作方法如下。

步骤 01　导入照片素材并添加背景音乐，调整素材的持续时长，在“比例”工具栏中设置画布尺寸为 9∶16，❶在预览区域调整画面的大小和位置；❷点击◇按钮，如图 10-6 所示，在视频起始位置添加一个关键帧。

步骤 02　❶拖曳时间轴至视频结尾位置；❷在预览区域调整画面的大小和位置；❸视频的结束位置会自动生成关键帧，如图 10-7 所示，即可完成照片变视频的制作。

图 10–6

图 10–7

10.1.2 滑屏Vlog：《旅行记录》

效果展示 滑屏是一种可以展示多段视频的效果，适合用来制作旅行 Vlog、综艺片头等，效果如图 10–8 所示。

图 10–8

1. 用剪映电脑版制作

剪映电脑版的操作方法如下。

步骤 01 在剪映“媒体”功能区中导入多个视频素材，如图 10–9 所示。

步骤 02 将第 1 个视频素材添加到视频轨道上，如图 10–10 所示。

步骤 03 在“播放器”面板中，❶设置预览窗口的画布比例为 9 : 16；❷适当调整视频的位置和大小，如图 10–11 所示。

步骤 04 用与上述同样的操作方法，依次将其他视频添加到画中画轨道中，在预览窗口中调整视频的位置和大小，如图 10–12 所示。

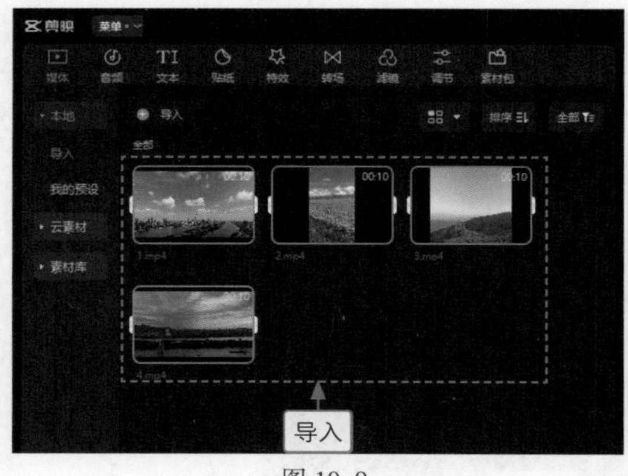

图 10–9

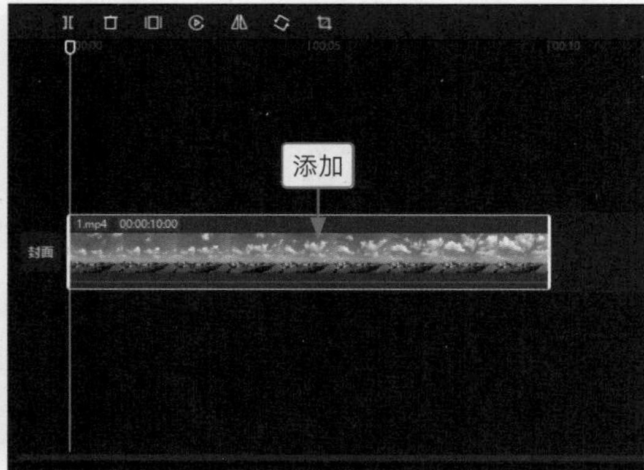

图 10–10

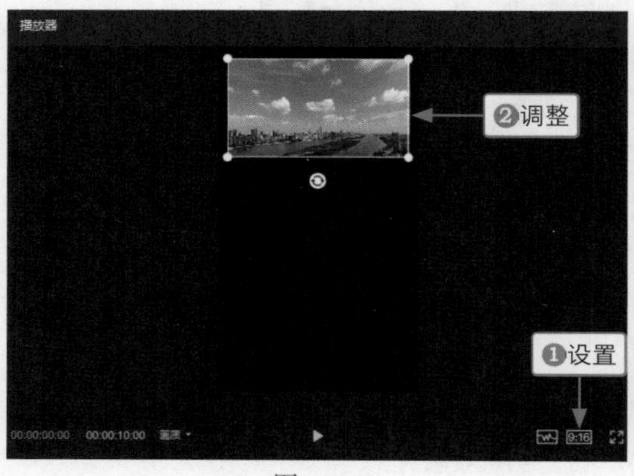

图 10–11

图 10–12

步骤 05 选择视频轨道中的素材，❶在“画面”操作区中切换至“背景”选项卡；❷在“背景填充”列表框中选择“颜色”选项，如图 10–13 所示。

步骤 06 在“颜色”选项区中，选择白色色块，如图 10–14 所示。

步骤 07 将制作的合成效果视频导出，清空“媒体”功能区，将导出的合成视频重新导入，如图 10–15 所示。

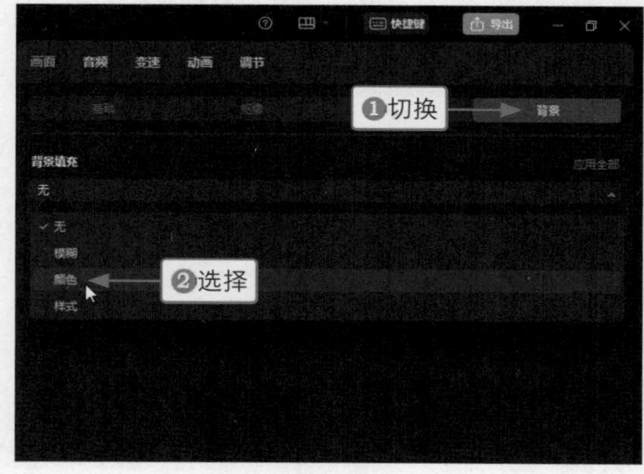

图 10–13

图 10–14

步骤 08 通过拖曳的方式，将合成视频添加到视频轨道上，在“播放器”面板中，设置预览窗口的视频画布比例为 16：9，如图 10–16 所示。

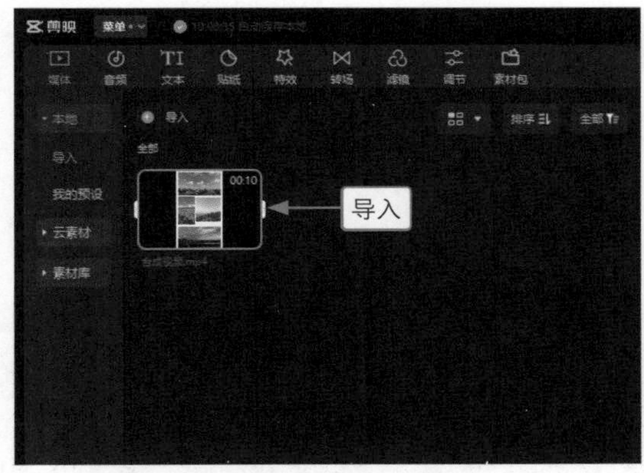

图 10–15

图 10–16

步骤 09 ❶调整视频的画面大小和位置，拖曳时间指示器至 00:00:00:20 的位置；❷在“画面”操作区的“基础”选项卡点亮“位置”最右侧的关键帧按钮◆，如图 10–17 所示。

图 10–17

步骤 10 执行操作后，❶即可为视频添加一个关键帧；❷将时间指示器拖曳至 00:00:09:00 的位置，如图 10–18 所示。

步骤 11 在“播放器”面板中调整素材的位置，如图 10–19 所示，从而制作出画面向上滑动的效果。

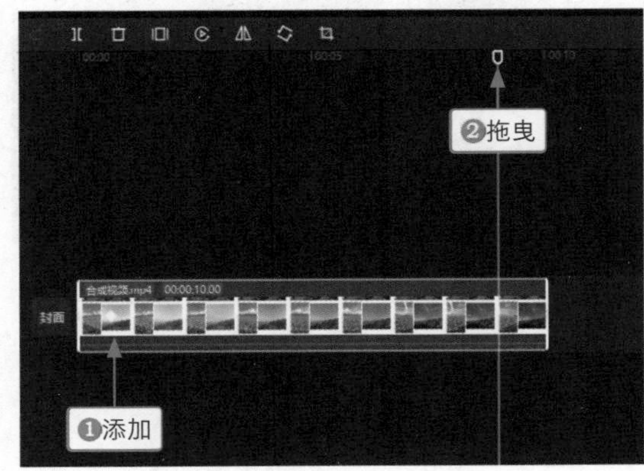

图 10–18

图 10–19

步骤 12 拖曳时间指示器至视频起始位置，❶切换至“文本”功能区；❷在“文字模板”选项卡的“手写字”选项区中单击相应文字模板右下角的“添加到轨道”按钮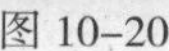，如图 10-20 所示，调整文字模板的时长，使其与视频时长保持一致。

步骤 13 在“播放器”面板中调整文本的位置和大小，如图 10-21 所示，最后为视频添加合适的背景音乐，即可完成滑屏 Vlog 视频的制作。

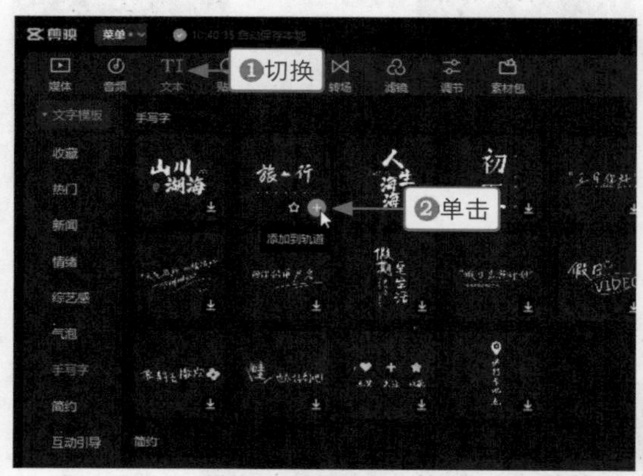

图 10-20

图 10-21

2. 用剪映手机版制作

剪映手机版的操作方法如下。

步骤 01 在视频轨道中导入 4 段素材，设置画布尺寸为 9∶16，在预览区域调整第 1 段素材的画面大小和位置，将后面 3 段素材分别切换至画中画轨道，调整它们的位置，并在预览区域调整 3 段画中画素材的画面位置和大小，如图 10-22 所示。

图 10-22

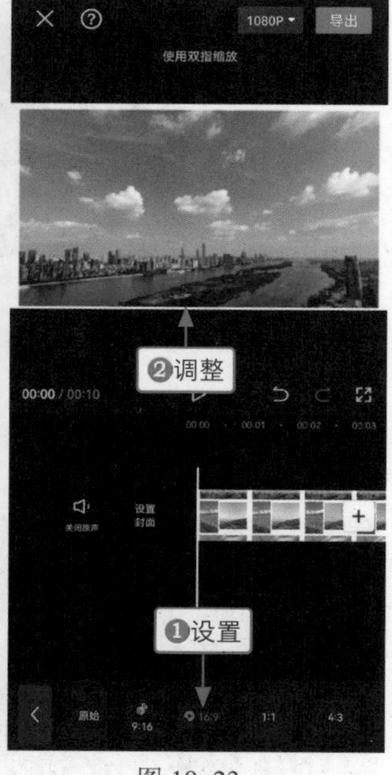

图 10-23

步骤 02 返回到主面板，依次点击“背景”按钮和“画布颜色”按钮，选择白色色块，更改画布颜色，将制作好的合成视频导出备用。新建一个草稿文件，导入合成视频，❶设置视频的画布尺寸为 16∶9；❷在预览区域调整视频的画面大小和位置，如图 10-23 所示

步骤 03 拖曳时间轴至 20f 的位置，❶点击◇按钮，添加一个关键帧；❷拖曳时间轴至 9s 的位置；❸在预览区域调整视频画面的位置，如图 10-24 所示，即可制作出滑屏效果。

步骤 04 返回到主面板，拖曳时间轴至视频起始位置，依次点击“文字”按钮和“文字模板”按钮，❶在“手写字”选项区中选择合适的模板；❷在预览区域调整模板的大小和位置，如图 10-25 所示。

步骤 05 调整文本的持续时长，使其与视频时长保持一致，并为视频添加合适的背景音乐，如图 10-26 所示，即可完成视频的制作。

图 10-24　　图 10-25　　图 10-26

10.2 进阶操作

除了运用“关键帧”功能制作画面动画，用户还可以在音频和文字上添加关键帧，从而制作出独特的视频效果。另外，将“关键帧”功能和“蒙版”功能搭配使用，还可以制作出震撼的空间转换视频。

10.2.1 调整音量高低：《打开心门》

效果展示 在前面的案例中介绍了调整背景音乐的整体音量来突出朗读音频的操作方法，其实用户还可以通过分阶段设置音量高低的方法来避免背景音乐和朗读音频相互干扰，视频效果如图 10-27 所示。

图 10–27

1. 用剪映电脑版制作

剪映电脑版的操作方法如下。

步骤 01　在“本地”选项卡中导入视频素材和绿幕素材，如图 10–28 所示。

步骤 02　将视频素材和绿幕素材分别导入视频轨道和画中画轨道，如图 10–29 所示。

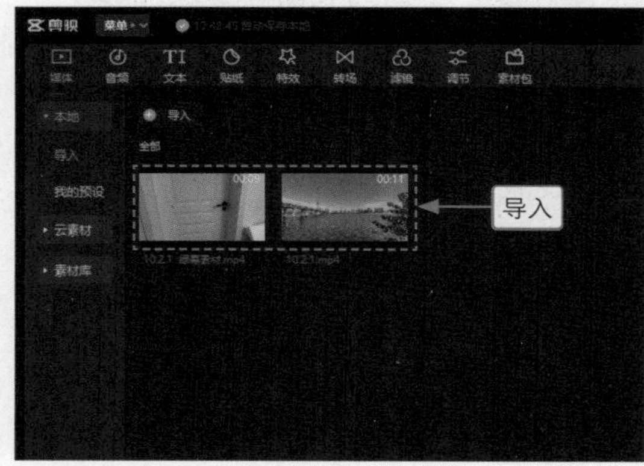

图 10–28

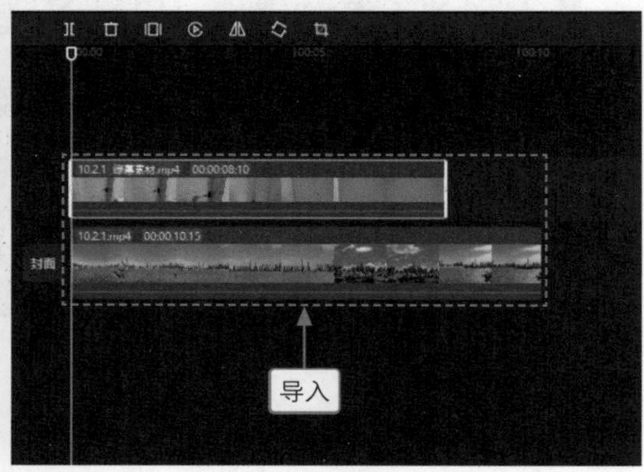

图 10–29

步骤 03　拖曳时间指示器至绿幕出现的位置，❶运用“色度抠图”功能取样画面中的绿色；❷设置“强度”参数为 100、“阴影”参数为 70，如图 10–30 所示，即可抠除绿色，让视频画面显示出来。

图 10–30

步骤 04 拖曳时间指示器至视频起始位置，为视频添加一段文本，在“文本”操作区的“基础”选项卡中，❶输入文字内容；❷设置合适的字体；❸选择合适的预设样式；❹在“播放器”面板中调整文本的位置和大小，如图 10–31 所示。

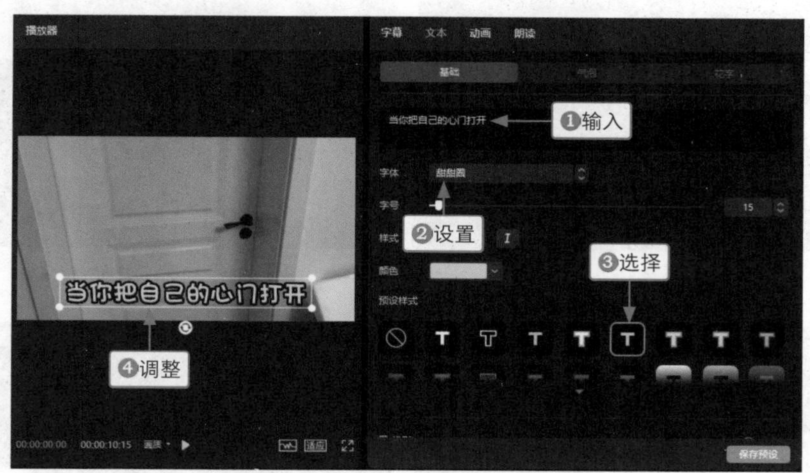

图 10–31

步骤 05 ❶切换至“动画”操作区；❷在“入场”选项卡中选择“向右缓入”动画，如图 10–32 所示。

步骤 06 ❶切换至“朗读”操作区；❷选择“亲切女声”音色；❸单击“开始朗读”按钮，如图 10–33 所示，稍等片刻，即可生成对应的朗读音频。

步骤 07 ❶调整文本的时长；❷用复制粘贴的方法再添加一个文本，修改复制文本的内容，并调整复制文本的位置和时长；❸为第 2 个文本也添加“亲切女声”朗读效果，并生成对应的音频，如图 10–34 所示。

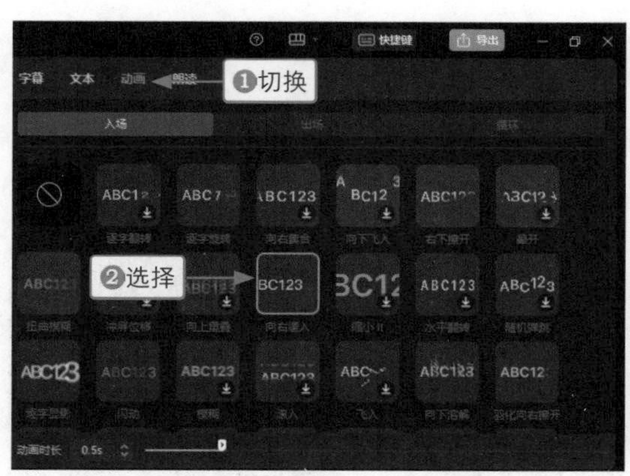

图 10–32

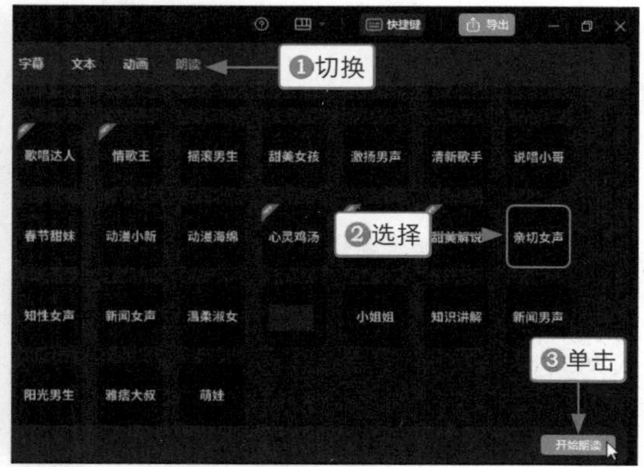

图 10–33

步骤 08 拖曳时间指示器至视频起始位置，❶切换至“音频”功能区；❷在“抖音收藏”选项卡中单击相应音乐右下角的“添加到轨道”按钮，如图 10–35 所示。

步骤 09 ❶调整背景音乐的时长，使其与视频时长保持一致；❷拖曳时间指示器至第 2 段朗读音频的结束位置，如图 10–36 所示。

步骤 10 在“音频”操作区的“基本”选项卡中，点亮“音量”右侧的关键帧按钮，如图 10–37 所示，即可在音频上添加一个关键帧。

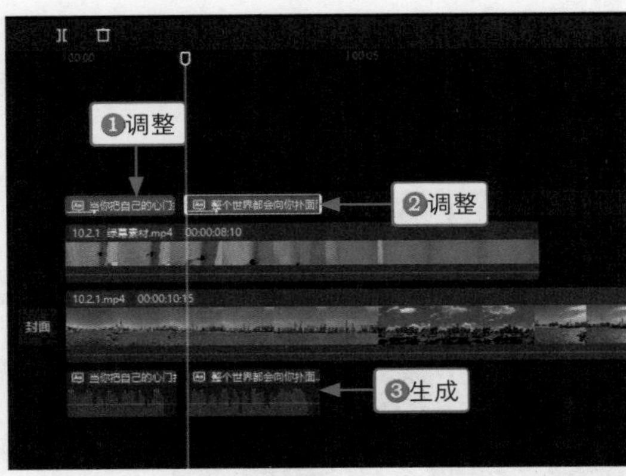

图 10–34

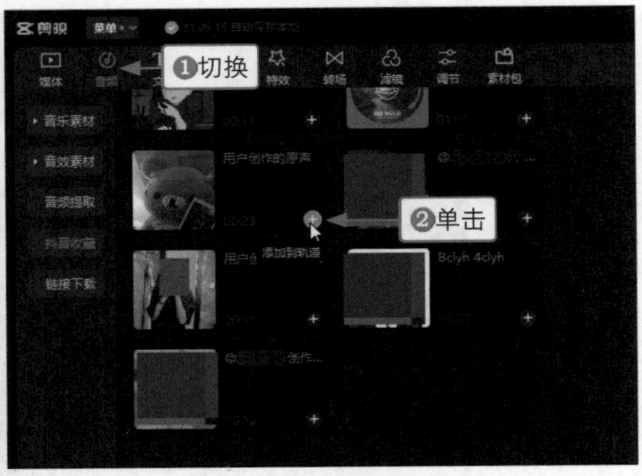

图 10–35

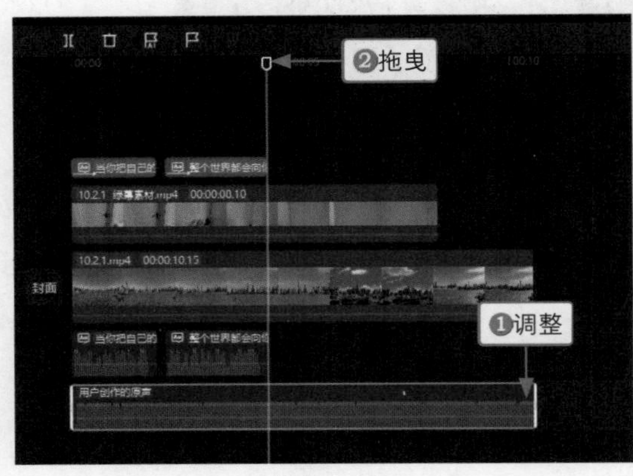

图 10–36

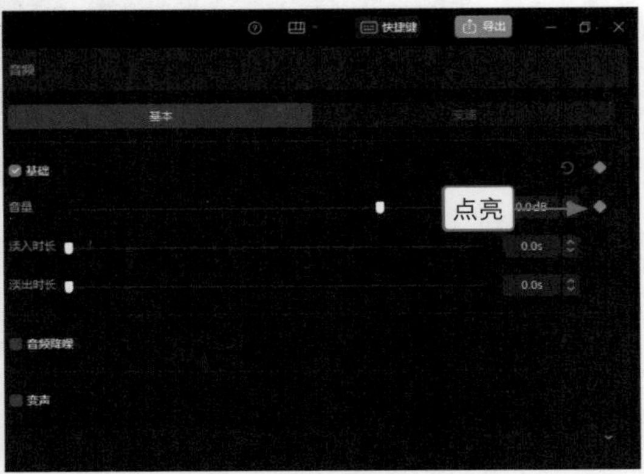

图 10–37

步骤 11 将时间指示器稍微向左移动 1 帧，拖曳“音量”滑块，设置其参数为 -25dB，如图 10–38 所示，“音量”右侧的关键帧按钮会自动点亮。

步骤 12 执行操作后，可以看到在音频中，第 1 个关键帧前面的音频音量都统一降低了，而第 2 个关键帧后面的音频音量都是正常的，这样就能制作出音量高低变化的效果，既避免了背景音乐干扰到朗读音频，又能在朗读音频结束后播放正常音量的背景音乐，如图 10–39 所示。

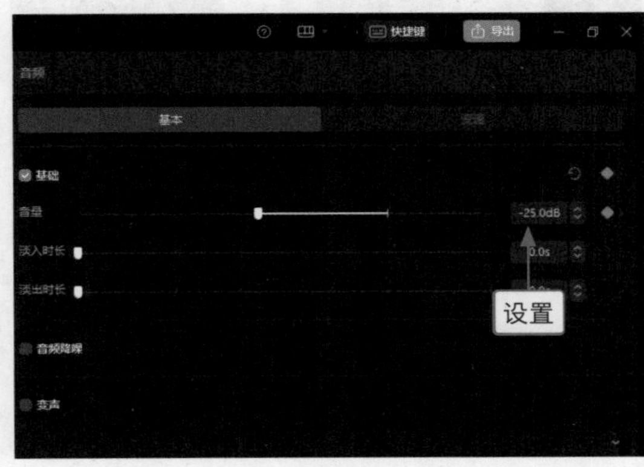

图 10–38

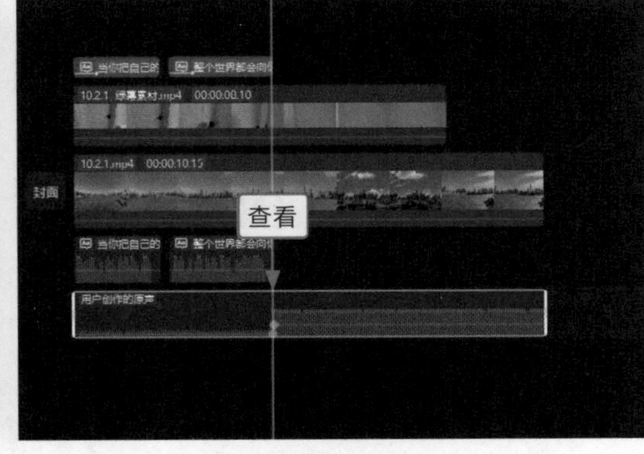

图 10–39

2. 用剪映手机版制作

剪映手机版的操作方法如下。

步骤 01 将视频素材和绿幕素材分别导入视频轨道和画中画轨道，调整绿幕素材的画面大小，运用“色度抠图”功能抠除绿色，在视频起始位置添加一个文本，❶输入文字内容；❷选择合适的字体；❸在预览区域调整文本的位置和大小，如图 10-40 所示。

步骤 02 在“样式”选项卡中选择合适的预设样式，为文本添加“向右缓入”入场动画，在工具栏中点击“文本朗读”按钮，如图 10-41 所示

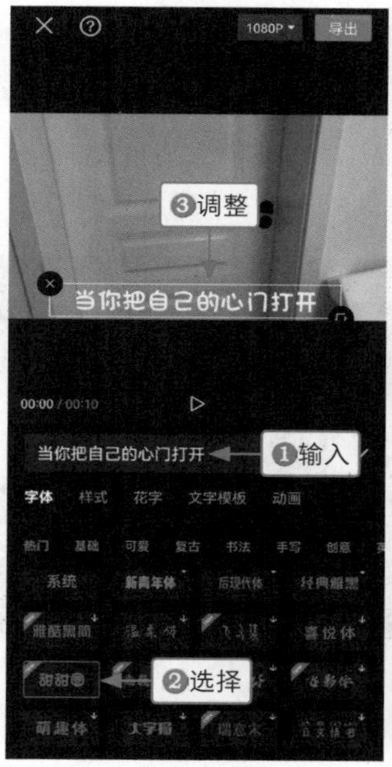

图 10-40

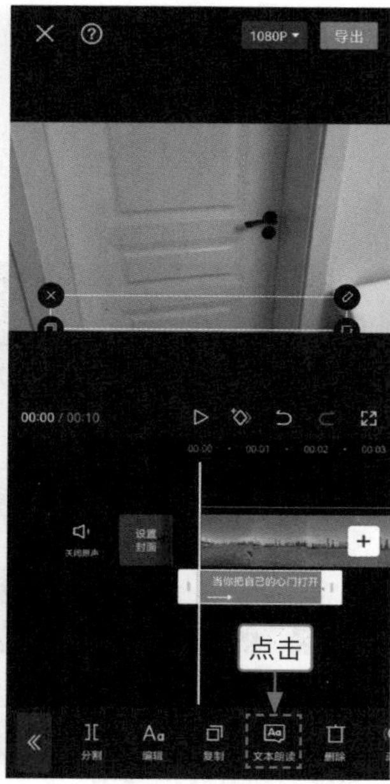

图 10-41

步骤 03 在“音色选择”面板的“女声音色”选项卡中选择“亲切女声”音色，点击按钮，确认添加朗读效果，即可生成对应的朗读音频，调整文本的时长；用复制的方法再添加一个文本，修改复制文本的内容，调整复制文本的位置和时长，并为其生成对应的朗读音频，如图 10-42 所示。

步骤 04 为视频添加合适的背景音乐，❶在第 2 段朗读音频的结束位置为背景音乐添加一个关键帧；❷将时间轴稍微向左拖曳一点；❸点击“音量”按钮，如图 10-43 所示

步骤 05 在“音量”面板中拖曳滑块，设置“音量”参数为 40，如图 10-44 所示，即可完成制作出音量高低变化的效果。

图 10-42

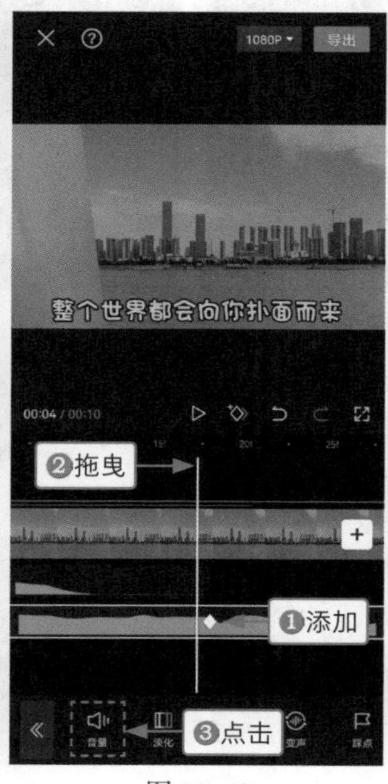

图 10-43

图 10-44

10.2.2 调节文字：《电影谢幕》

效果展示 通过为文本添加关键帧并调整文本的位置，就可以制作出电影片尾的滚动谢幕文字效果，如图 10-45 所示。

图 10-45

1. 用剪映电脑版制作

剪映电脑版的操作方法如下。

步骤 01 在视频轨道中导入视频素材，如图 10-46 所示。

步骤 02 在“画面”操作区的“基础”选项卡中，点亮“缩放”和“位置”右侧的关键帧按钮◆，如图 10-47 所示，在视频的起始位置添加关键帧。

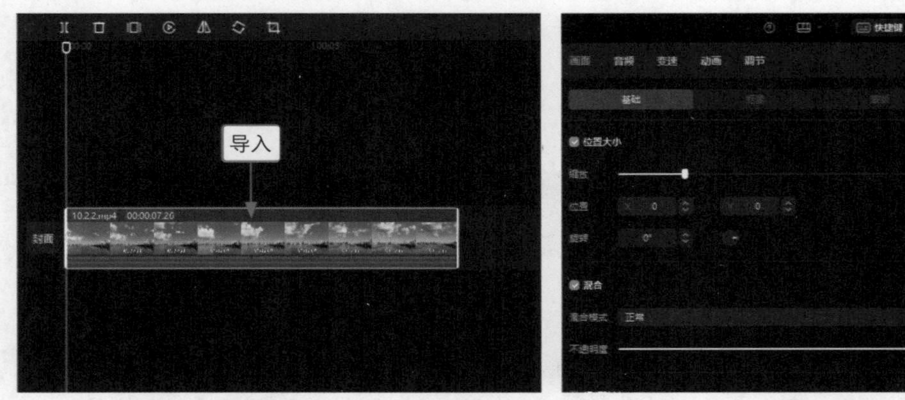

图 10-46　　图 10-47

步骤 03 拖曳时间指示器至 00:00:03:00 的位置，❶在“播放器”面板中将视频画面缩小并移动到左侧；❷“缩放”和“位置”右侧的关键帧按钮◆会自动点亮，如图 10-48 所示，即可制作出画面一边缩小一边向左移动的关键帧动画。

步骤 04 在 00:00:03:00 的位置添加一个文本，❶输入文字内容；❷设置合适的字体；❸设置“字号”参数为 12；如图 10-49 所示。

步骤 05 在“播放器”面板中调整文本的大小和位置，如图 10-50 所示。

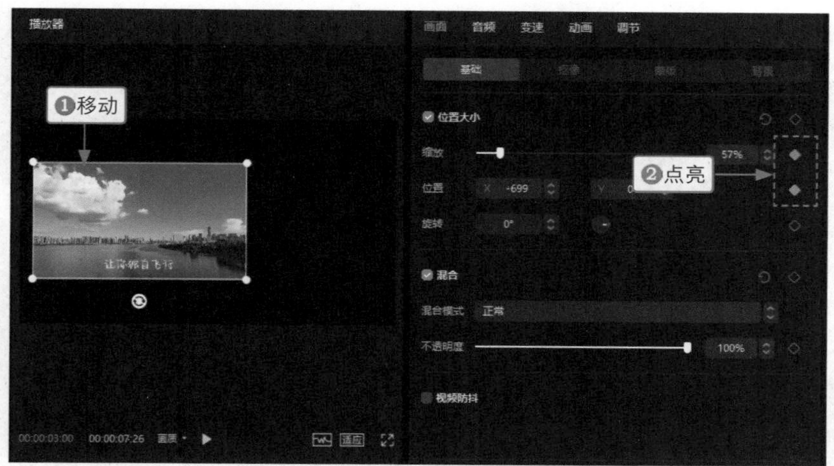

图 10–48

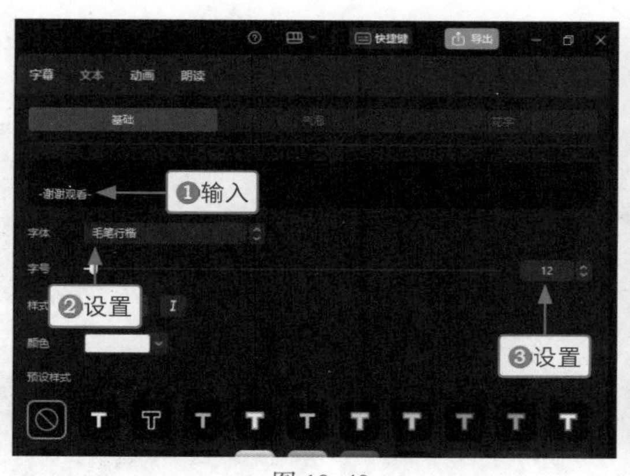

图 10–49

图 10–50

步骤 06 在“基础”选项卡的“位置大小”选项区中点亮“位置”右侧的关键帧按钮◆，如图 10–51 所示。

步骤 07 ❶调整文本的持续时长；❷拖曳时间指示器至 00:00:07:00 的位置，如图 10–52 所示。

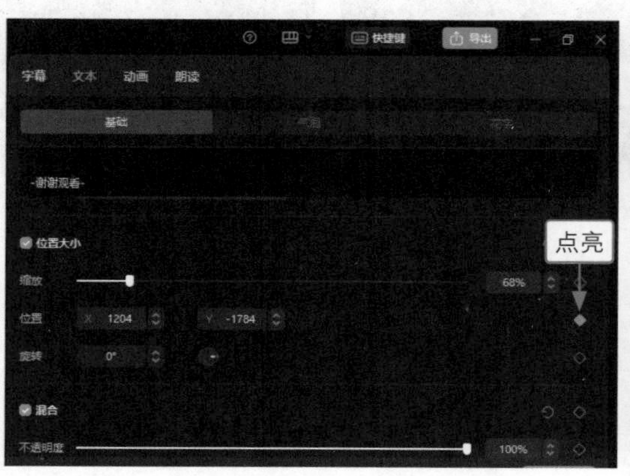

图 10–51

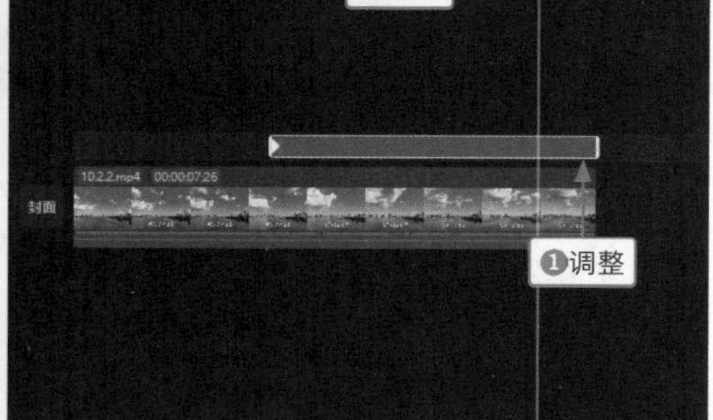

图 10–52

步骤 08 ❶在“播放器”面板中调整文本的位置；❷“位置”右侧的关键帧按钮◆会自动点亮，如图 10–53 所示，即可制作出文字滚动显示的效果。

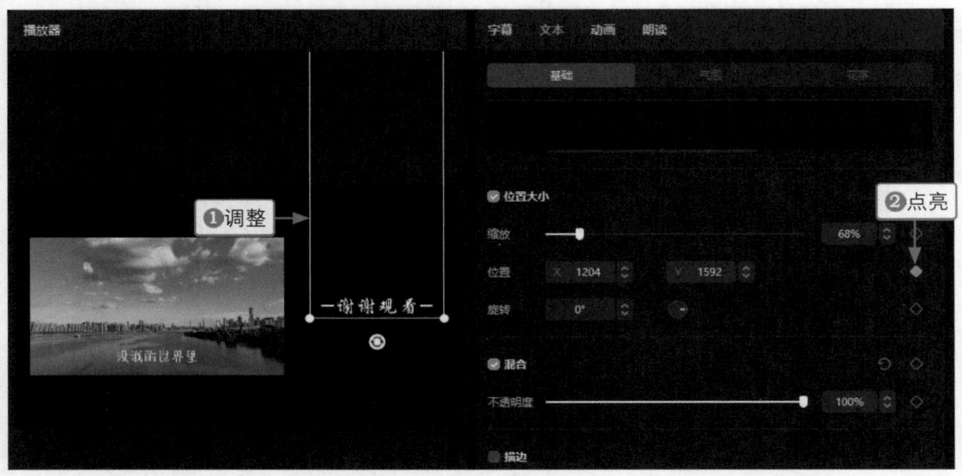

图 10-53

2. 用剪映手机版制作

由于剪映手机版中文本的位置调整有局限，因此可以先将文字制作成文字视频，再通过“混合模式”功能和“关键帧”功能制作文字滚动显示的效果。具体操作方法如下。

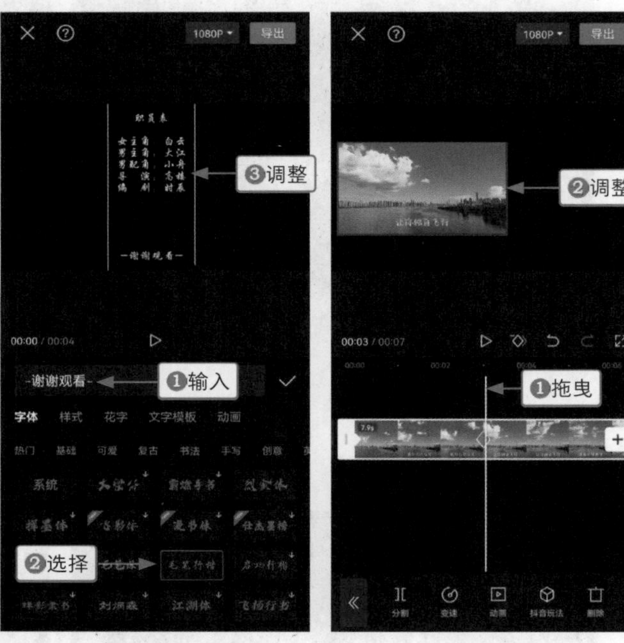

图 10-54　　图 10-55

步骤 01 导入一段时长为 4.9s 的黑场素材，添加一段文本，❶输入文字内容；❷选择合适的字体；❸调整文本的位置和大小，如图 10-54 所示，调整文本的时长，将文字视频导出备用。

步骤 02 新建一个草稿文件，导入视频素材，在视频起始位置添加一个关键帧，❶拖曳时间轴至 3s 的位置；❷调整视频的画面大小和位置，如图 10-55 所示。

步骤 03 在画中画轨道的合适位置导入文字视频，点击“混合模式”按钮，在“混合模式”面板中选择“滤色”选项，❶在预览区域调整文字视频的大小和位置，❷在文字视频的起始位置添加一个关键帧，如图 10-56 所示

步骤 04 ❶拖曳时间轴至 7s 的位置；❷调整文字视频的位置，如图 10-57 所示，即可完成视频的制作。

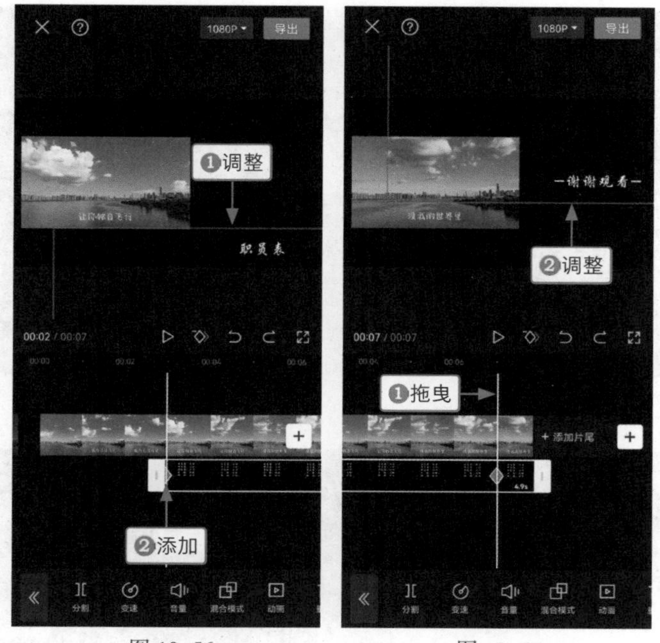

图 10–56　　　　图 10–57

10.2.3　空间转换：《盗梦空间》

效果展示 酷炫的空间转换视频用剪映的“关键帧”和“蒙版”功能就可以制作出来，还可以添加一些特效、滤镜和贴纸，让视频效果更出彩，效果如图 10–58 所示。

图 10–58

1. 用剪映电脑版制作

剪映电脑版的操作方法如下。

步骤 01 在剪映中导入两段视频素材，将第 1 段素材导入视频轨道，如图 10–59 所示。

步骤 02 ❶连续两次单击“旋转”按钮，将素材顺时针旋转 180°；❷单击“镜像”按钮，使素材画面镜像翻转，如图 10–60 所示。

步骤 03 在“画面”操作区的“蒙版”选项卡中，❶选择“线性”蒙版；❷单击“反转”按钮；❸在“播放器”面板中调整蒙版的位置和羽化程度，如图 10–61 所示。

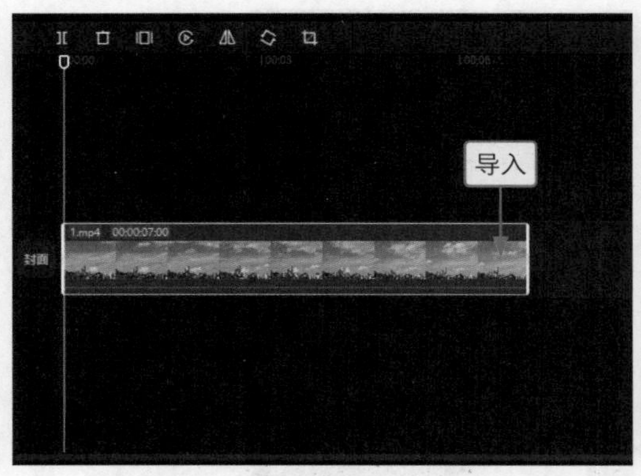

图 10-59

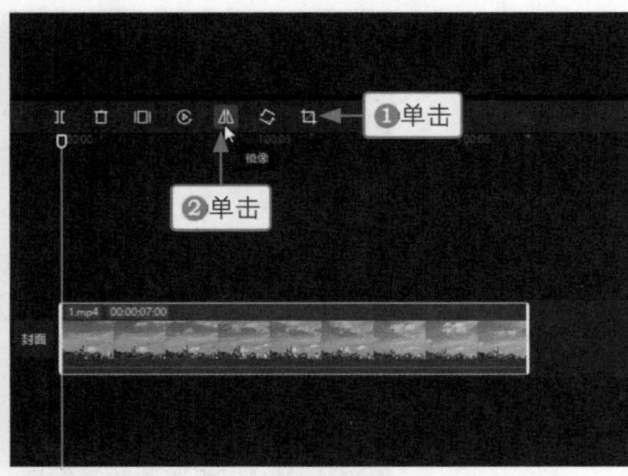

图 10-60

图 10-61

步骤 04　❶切换至“基础”选项卡；❷设置“缩放”参数为 120%；❸在“播放器”面板中调整素材的位置；❹点亮“位置大小”右侧的关键帧按钮◆，如图 10-62 所示，即可将“缩放”“位置”和“旋转”右侧的关键帧按钮同时点亮◆。

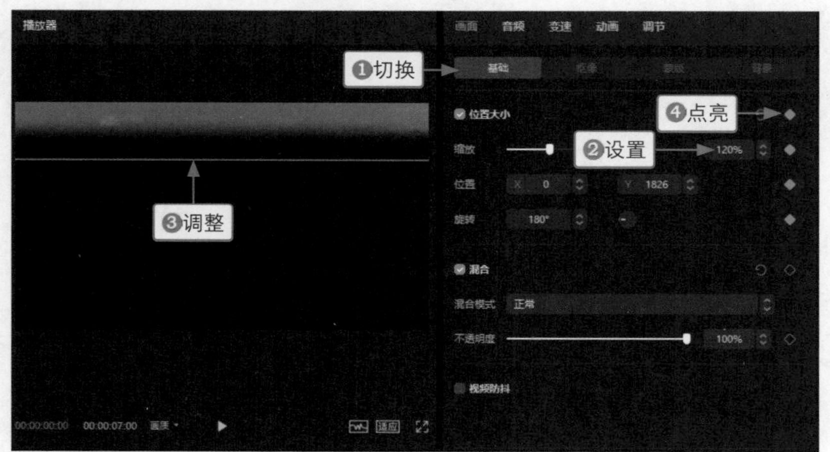

图 10-62

步骤 05　在画中画轨道中导入第 2 段素材，❶为其添加“线性”蒙版；❷单击“反转”按钮；❸调整蒙版的位置和羽化程度，如图 10-63 所示。

图 10-63

步骤 06 ❶切换至“基础”选项卡；❷设置“缩放”参数为 120%；❸在“播放器”面板中调整素材的位置；❹点亮“位置大小”右侧的关键帧按钮◆，如图 10-64 所示。

图 10-64

步骤 07 拖曳时间指示器至 00:00:01:00 的位置，❶设置画中画素材的“旋转”参数为 -45°；❷调整素材的位置，如图 10-65 所示。

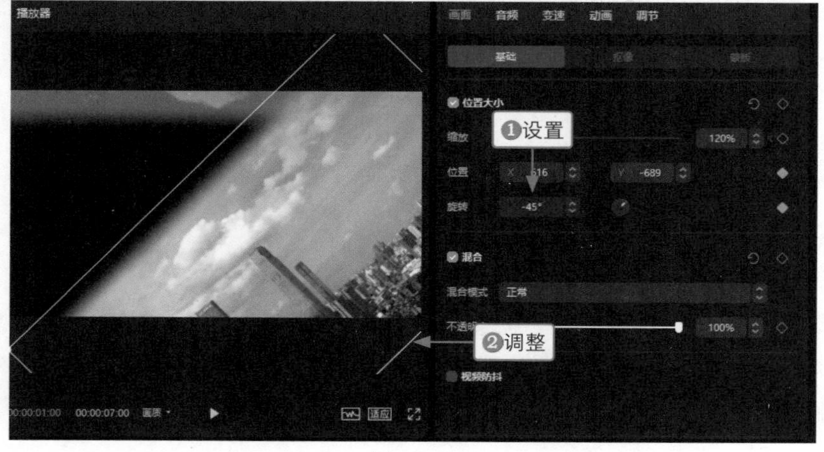

图 10-65

步骤 08 选择视频素材，❶设置视频素材的“旋转”参数为 135°；❷调整素材的位置，如图 10-66 所示。

图 10-66

步骤 09 用与上述同样的方法，分别在 2s、3s 和 4s 的位置将画中画素材各逆时针旋转 45°、将视频素材各顺时针旋转 45°，并在预览区域调整两段素材的位置，生成相应的关键帧，如图 10-67 所示。

步骤 10 ❶切换至“滤镜”功能区；❷在“影视级”选项卡中单击“青橙”滤镜右下角的“添加到轨道”按钮，如图 10-68 所示，为视频添加一个滤镜。

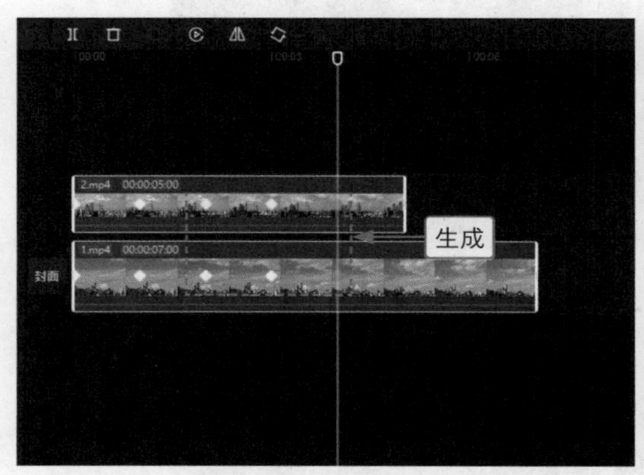

图 10-67

图 10-68

步骤 11 在“滤镜”操作区中设置“强度”参数为 80，如图 10-69 所示。

步骤 12 拖曳时间指示器至 00:00:03:10 的位置，❶切换至“特效”功能区；❷在“动感”选项卡中单击“心跳”特效右下角的“添加到轨道”按钮，如图 10-70 所示。

步骤 13 调整“心跳”特效的持续时长，如图 10-71 所示。

步骤 14 拖曳时间指示器至 4s 的位置，❶切换至“贴纸”功能区；❷在“电影感”选项卡中单击相应贴纸右下角的“添加到轨道”按钮，如图 10-72 所示，为视频添加一个贴纸。

步骤 15 用与上述同样的方法，再添加一个“电影感”贴纸，调整两个贴纸的大小和位置，如图 10-73 所示。

步骤 16 为视频添加合适的背景音乐，如图 10-74 所示，即可完成空间转换视频的制作。

图 10-69

图 10-70

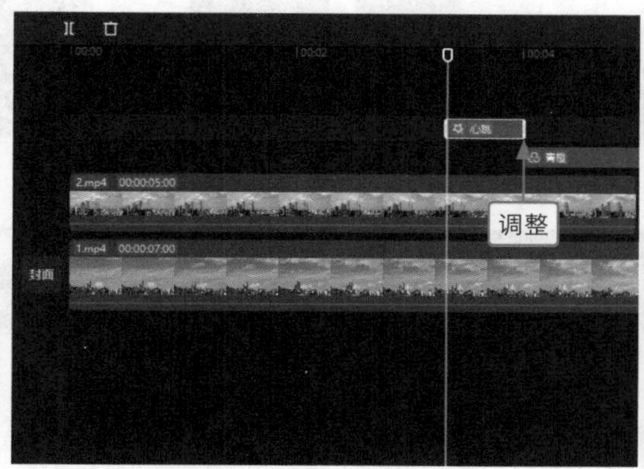

图 10-71

图 10-72

图 10-73

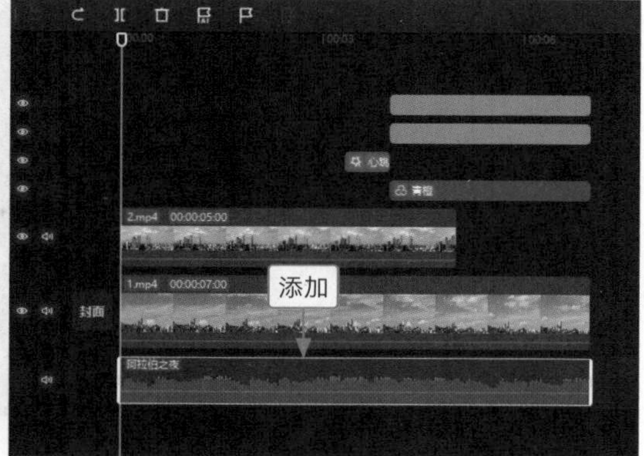

图 10-74

2. 用剪映手机版制作

剪映手机版的操作方法如下。

步骤 01 将第 1 段素材导入视频轨道，选择素材，点击“编辑”按钮，进入编辑工具栏，❶连续两次点击“旋转”按钮，将画面顺时针旋转 180°；❷点击“镜像”按钮，如图 10-75 所示，使视频画面镜像翻转。

步骤 02 返回到上一级工具栏，在“蒙版”面板中选择“线性”蒙版，点击“反转”按钮，调整蒙版的位置和羽化程度，❶在预览区域调整视频的画面大小和位置；❷在视频起始位置添加一个关键帧，如图 10-76 所示。

步骤 03 在画中画轨道导入第 2 段素材，为其添加“线性”蒙版，点击“反转”按钮，调整蒙版的位置和羽化程度，❶在预览区域调整画中画素材的画面大小；❷添加一个关键帧，如图 10-77 所示。

图 10-75

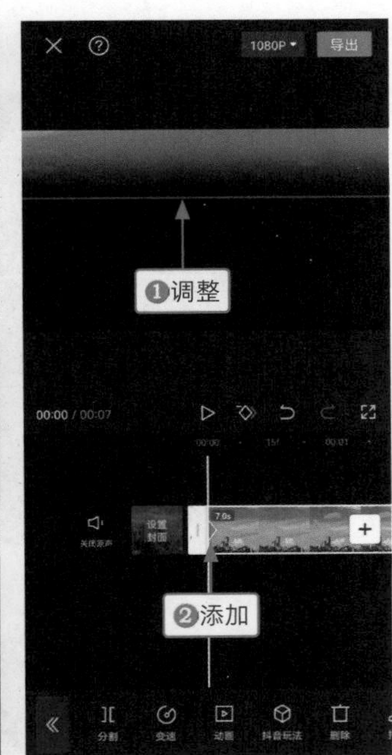

图 10-76

步骤 04 分别拖曳时间轴至 1s、2s、3s 和 4s 的位置，将视频素材依次旋转至 135°、90°、45° 和 0°，将画中画素材依次旋转至 -45°、-90°、-135° 和 -180°，并分别调整视频素材和画中画素材的画面位置，如图 10-78 所示。

步骤 05 返回到主面板，为视频添加“影视级”选项区中的“青橙”滤镜，并调整滤镜的起始位置，在贴纸素材库的“电影感”选项卡中选择两个帖纸，❶调整两个贴纸的位置和大小；❷调整两个贴纸的位置和时长，如图 10-79 所示。

图 10-77

图 10-78

步骤 06 拖曳时间轴至相应位置，在特效素材库的“动感”选项卡中选择“心跳”特效，调整特效的时长，并设置其“作用对象”为“全局”，如图 10-80 所示，最后为视频添加合适的背景音乐，即可完成视频的制作。

图 10–79　　图 10–80

课后实训：移动水印

效果展示　如果用户想为自己的视频添加水印，不妨试试用“关键帧”功能制作一个移动的水印，这样既能避免被别人抹去水印盗用视频，又能增加视频的趣味性，效果如图 10–81 所示。

图 10–81

本案例制作主要步骤如下：

首先添加视频素材，然后新建一个默认文本，调整文本的时长，使其与视频时长保持一致，在“文本”操作区中输入水印内容并设置一个字体，❶在“混合”选项区中设置“不透明度”参数为 60%，让水印不那么明显；❷在“播放器”面板中调整水印文本的位置和大小；❸点亮“位置”右侧的关键帧按钮◆，如图 10–82 所示，即可在视频起始位置添加一个关键帧。

分别拖曳时间指示器至 2s、4s 和 6s 的位置，在“播放器”面板中调整水印文本的位置，如图 10–83 所示，即可制作出移动水印的效果。需要注意的是，在调整水印文本的位置时尽量不要让水印挡住中间部分的画面，这样会影响观众的观感。

图 10–82

图 10–83

第 11 章　蒙版：巧妙制作精美画面

在抖音上经常可以刷到各种有趣又热门的蒙版合成创意视频，画面炫酷又神奇，虽然看起来很难，但只要你掌握了本章介绍的操作技巧，相信你也能轻松做出相同的视频效果。本章介绍在剪映中遮盖视频水印、制作分身视频、制作调色对比视频、制作多重相框视频，以及制作蒙版渐变视频的操作方法。

11.1 常见用法

剪映中的“蒙版”功能一共有 6 种样式，分别是“线性”“镜面”“圆形”“矩形”“爱心”和“星形”，运用不同样式的蒙版可以制作出不同的视频效果。

11.1.1 遮盖视频水印：《晴空白云》

效果展示 当要用来剪辑的视频中有水印时，可以通过剪映的“模糊”特效和“矩形”蒙版，遮挡视频中的水印，原图与效果对比如图 11-1 所示。

图11-1

1. 用剪映电脑版制作

剪映电脑版的操作方法如下。

步骤 01 将原视频素材添加到视频轨道中，如图 11-2 所示。

步骤 02 ❶切换至“特效”功能区；❷在“基础”选项卡中单击“模糊”特效右下角的“添加到轨道”按钮＋，如图 11-3 所示，为视频添加一个“模糊”特效。

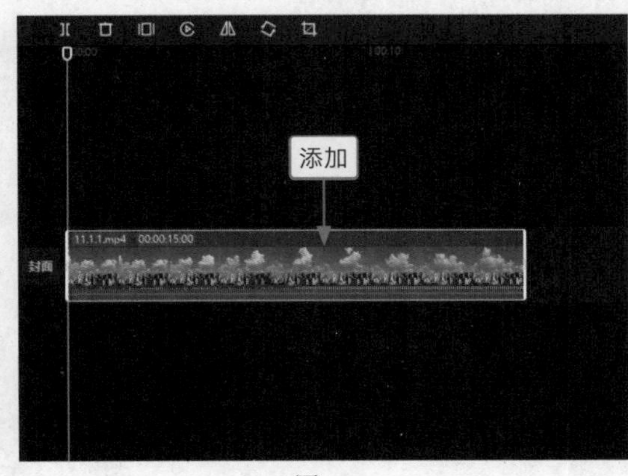

图11-2

图11-3

步骤 03 调整“模糊”特效的持续时长，如图 11-4 所示，使其与视频时长保持一致。

步骤 04 在“特效”操作区中拖曳滑块，设置“模糊度”参数为 100，如图 11-5 所示。

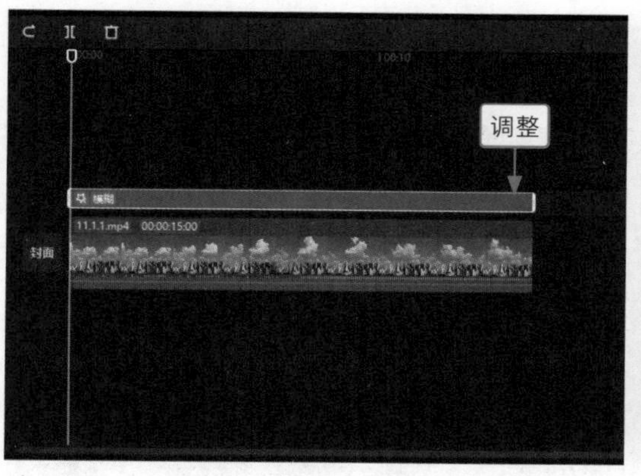

图11-4

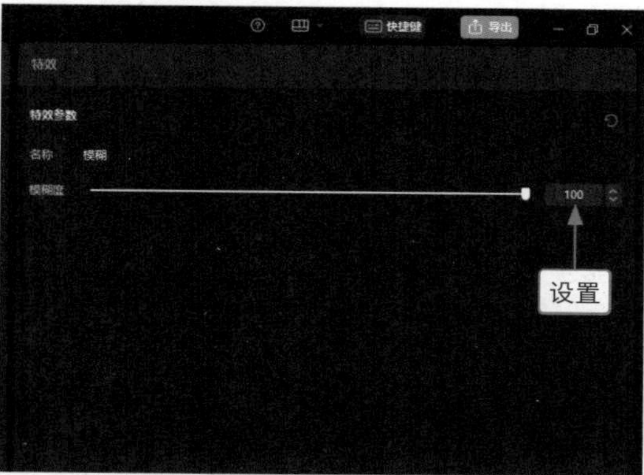

图11-5

步骤 05 将制作好的模糊视频导出备用，如图 11-6 所示。

步骤 06 导出完成后，清除“模糊”特效，在“本地”选项卡中导入上一步导出的视频，并将其拖曳至画中画轨道，如图 11-7 所示。

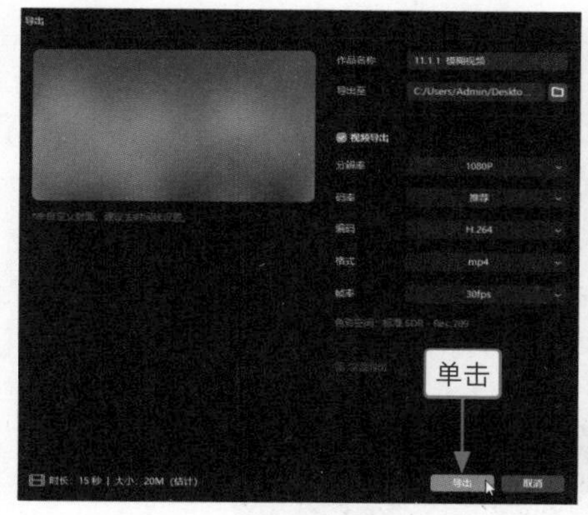

图11-6

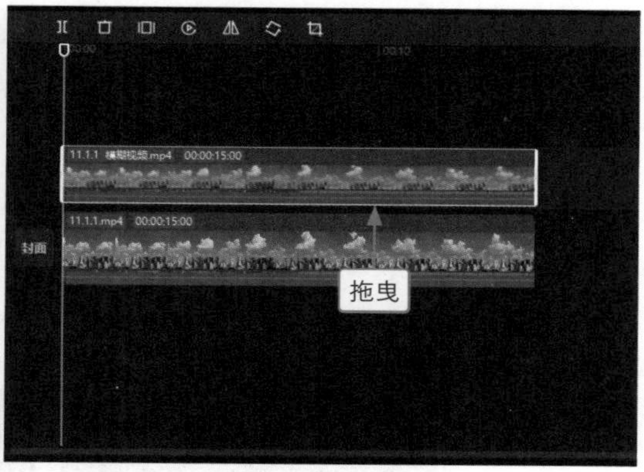

图11-7

步骤 07 ❶切换至“蒙版”选项卡；❷选择“矩形”蒙版；❸在“播放器”面板中调整蒙版的位置、大小和羽化程度，如图 11-8 所示，使模糊效果遮住水印。

图11-8

步骤 08　为视频添加“复古胶片”选项卡中的“普林斯顿”滤镜，调整滤镜的时长，并在“滤镜”操作区中设置“强度”参数为 80，如图 11-9 所示。

步骤 09　❶切换至“特效”功能区；❷在“基础”选项卡中单击“变清晰”特效右下角的“添加到轨道”按钮，如图 11-10 所示，为视频添加一个特效，即可完成视频的制作。

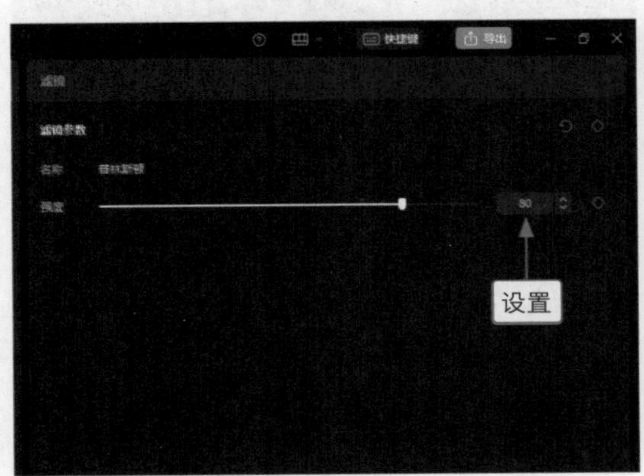

图11-9

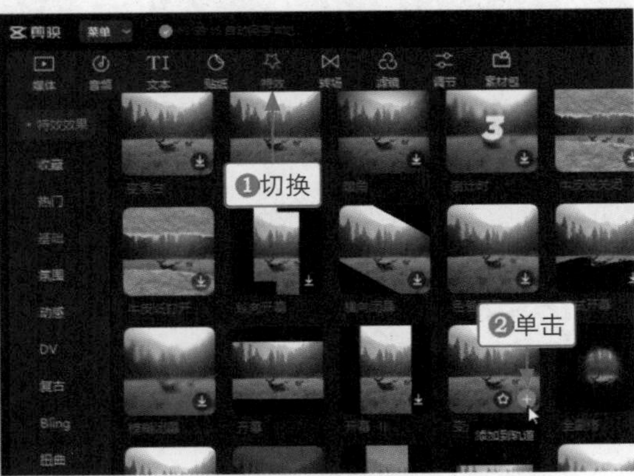

图11-10

2. 用剪映手机版制作

剪映手机版的操作方法如下。

步骤 01　导入视频素材，在特效素材库的“基础”选项卡中选择“模糊”特效，❶调整特效的持续时长；❷点击“调整参数”按钮，在“调整参数”面板中设置“模糊度”参数为 100；❸点击“导出”按钮，如图 11-11 所示，将视频导出备用。

步骤 02　新建一个草稿文件，将原视频素材导入画中画轨道，将上一步导出的视频导入画中画轨道，并调整画中画素材的画面大小，如图 11-12 所示。

图11-11

图11-12

步骤 03 点击“蒙版”按钮，❶在“蒙版”面板中选择“矩形”蒙版；❷调整蒙版的位置、大小和羽化程度，如图 11–13 所示。

步骤 04 返回到主面板，点击“滤镜”按钮，在“复古胶片”选项区中选择“普林斯顿”滤镜，如图 11–14 所示。

步骤 05 返回到主面板，在特效素材库的“基础”选项卡中选择“变清晰”特效，如图 11–15 所示，即可完成视频的制作。

图 11–13

图 11–14

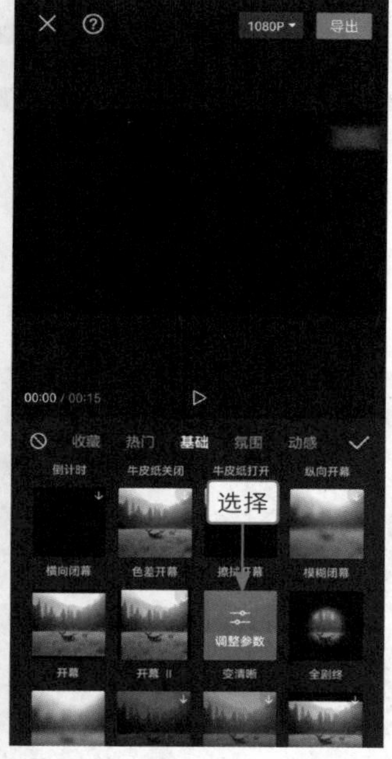

图 11–15

11.1.2 分身视频：《分身拍照》

效果展示 在剪映中运用“线性”蒙版功能可以制作分身视频，把同一场景中的两个人物视频合成在一个视频画面中，制作出自己给自己拍照的分身视频效果，如图 11–16 所示。

图11–16

1. 用剪映电脑版制作

剪映电脑版的操作方法如下。

步骤 01 在“本地”选项卡中导入两段素材，❶将第 1 段素材添加到视频轨道；❷将第 2 段素材拖曳至画中画轨道，如图 11–17 所示。

步骤 02 ❶切换至“蒙版”选项卡；❷选择“线性”蒙版，如图 11–18 所示。

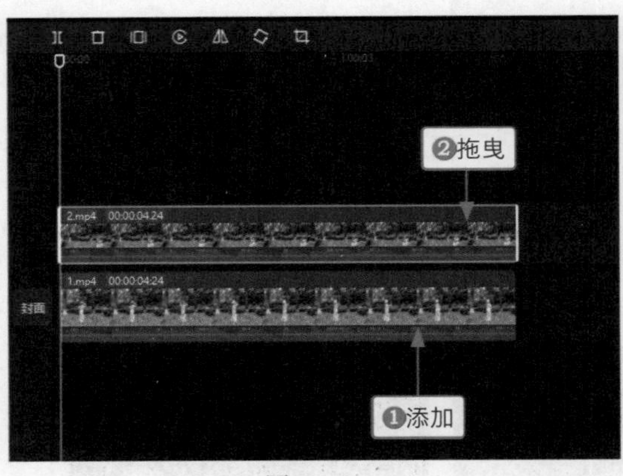

图11-17

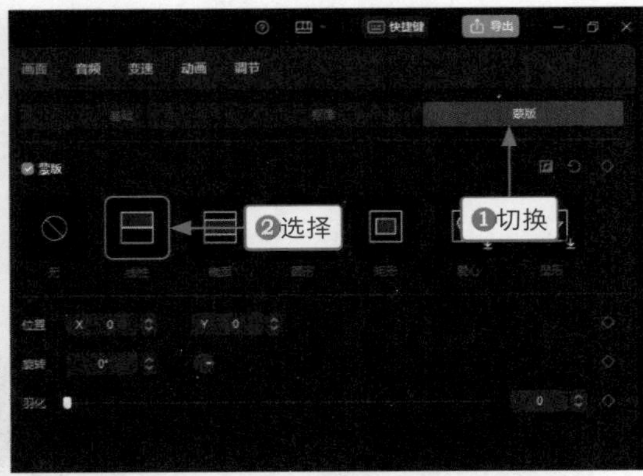

图11-18

步骤 03 调整蒙版的位置、旋转角度和羽化程度，如图 11-19 所示，使两个人物同时出现在画面中。

步骤 04 ❶切换至“特效”功能区；❷展开“自然”选项卡；❸单击“晴天光线”特效右下角的“添加到轨道”按钮，如图 11-20 所示，为视频添加一个特效。

图11-19

图11-20

步骤 05 调整“晴天光线”特效的持续时长，如图 11-21 所示。

步骤 06 ❶切换至“滤镜”功能区；❷在“风景”选项卡中单击“绿妍”滤镜右下角的“添加到轨道”按钮，如图 11-22 所示。

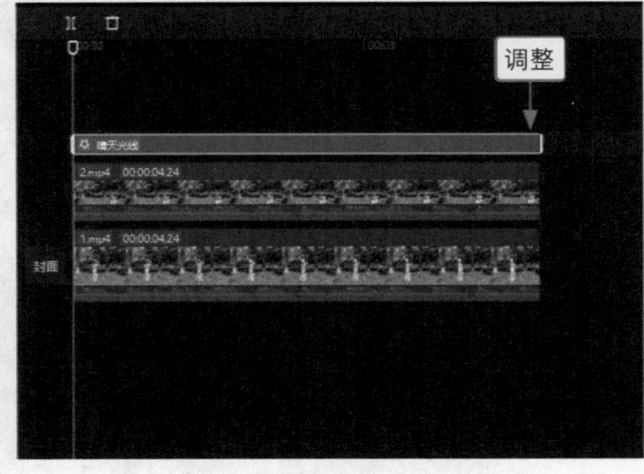

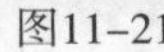
图11-21

图11-22

步骤 07 调整“绿妍”滤镜的持续时长，如图 11-23 所示。

步骤 08 在“滤镜”操作区中拖曳滑块，设置“强度”参数为 80，如图 11-24 所示。

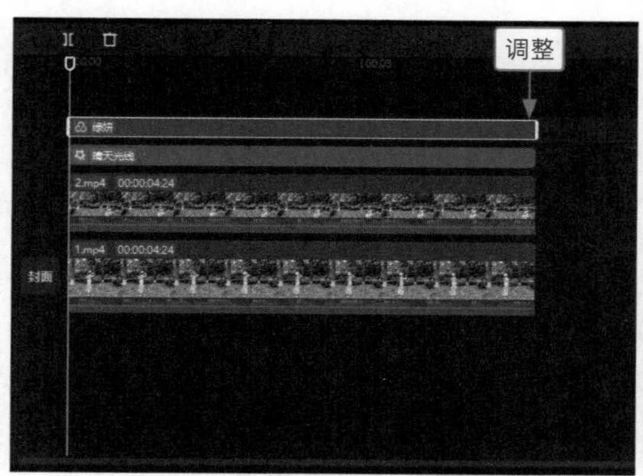

图11-23

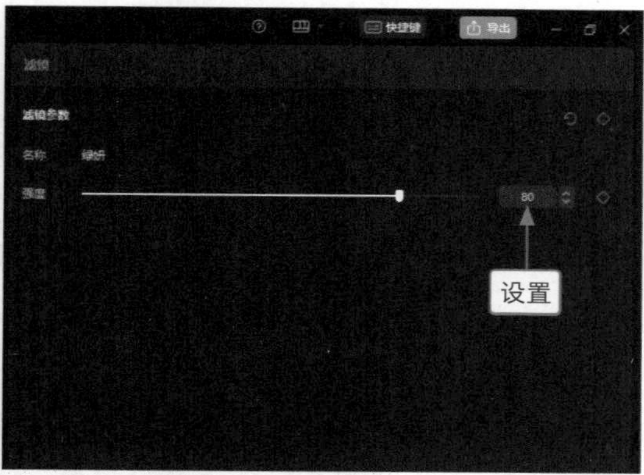

图11-24

2. 用剪映手机版制作

剪映手机版的操作方法如下。

步骤 01 将第 1 段素材导入视频轨道，将第 2 段素材导入画中画轨道，调整画中画素材的画面大小，使其铺满屏幕，如图 11-25 所示。

步骤 02 ❶点击“蒙版”按钮，在“蒙版”面板中选择“线性”蒙版；❷调整蒙版的位置、旋转角度和羽化程度，如图 11-26 所示。

步骤 03 返回到主面板，在特效素材库的“自然”选项卡中选择“晴天光线”特效，调整特效的持续时长，如图 11-27 所示。

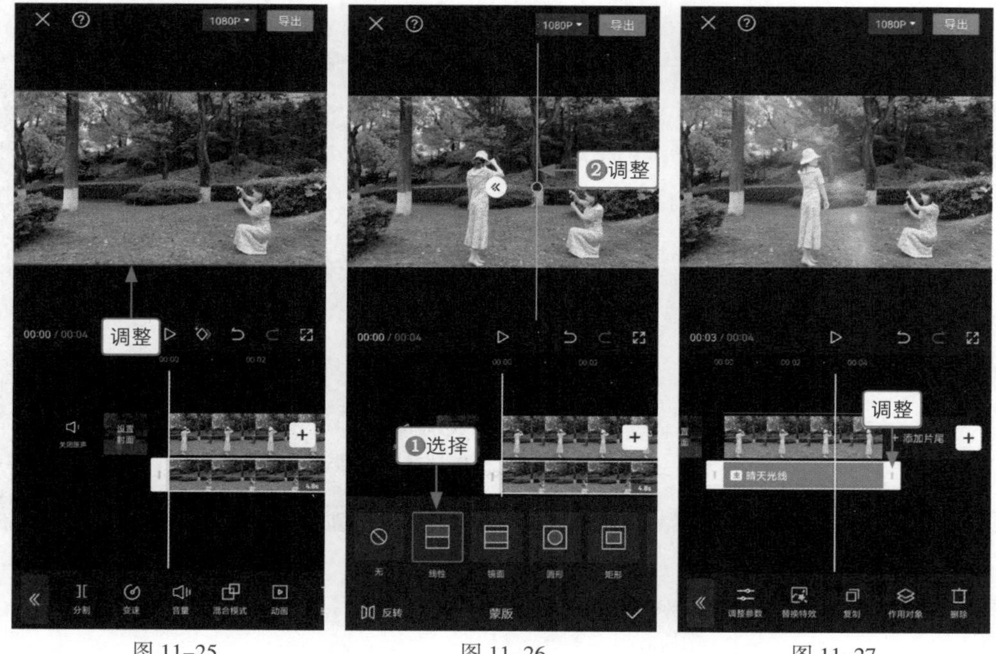

图 11-25　图 11-26　图 11-27

步骤 04 点击“作用对象”按钮，在“作用对象”面板中选择“全局”选项，如图 11-28 所示。

步骤 05 返回到主面板，拖曳时间轴至视频起始位置，点击“滤镜”按钮，在“风景”选项区中选择“绿妍”滤镜，如图 11-29 所示。

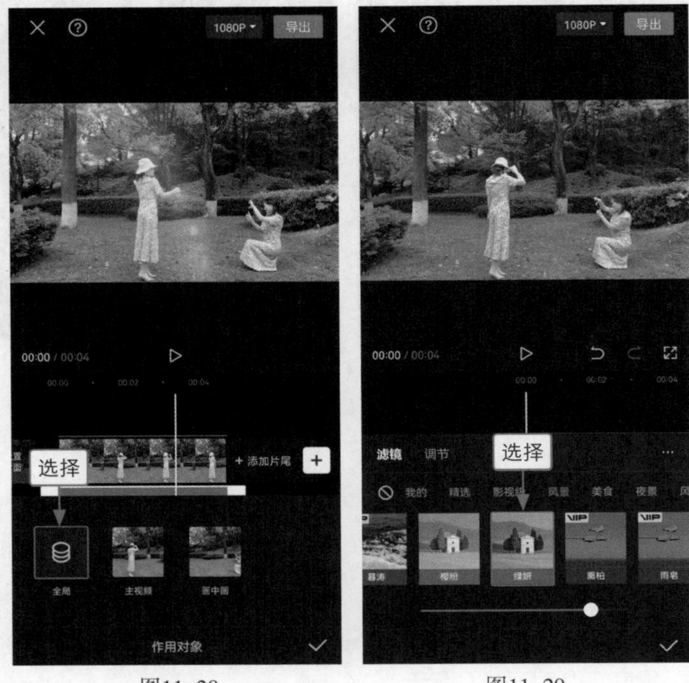

图11-28　　图11-29

11.1.3　调色对比：《波光粼粼》

效果展示 在剪映中运用“线性”蒙版可以制作调色滑屏对比视频，将调色前的和调色后的两个视频合成在一个视频场景中，随着蒙版的移动，调色前的视频画面逐渐消失，调色后的视频画面逐渐显现，效果如图 11-30 所示。

图11-30

1. 用剪映电脑版制作

剪映电脑版的操作方法如下。

步骤 01 将视频添加到视频轨道，❶切换至“滤镜”功能区；❷展开“复古胶片”选项卡；❸单击“普林斯顿”滤镜右下角的“添加到轨道”按钮，如图 11-31 所示，为视频添加一个滤镜进行调色。

步骤 02 调整“普林斯顿”滤镜的持续时长，如图 11-32 所示。

图11-31

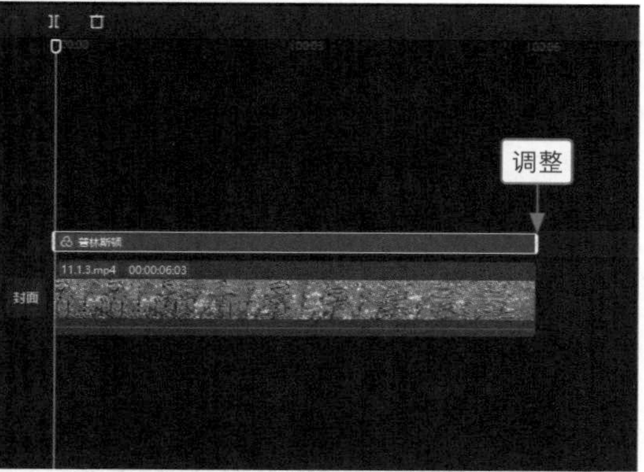

图11-32

步骤 03 在“滤镜”操作区拖曳滑块，设置“强度”参数为 80，如图 11-33 所示。

步骤 04 单击“导出”按钮，如图 11-34 所示，将调色视频导出备用。

步骤 05 删除添加的滤镜，在“本地”选项卡中导入上一步导出的调色视频，并将其拖曳至画中画轨道，如图 11-35 所示。

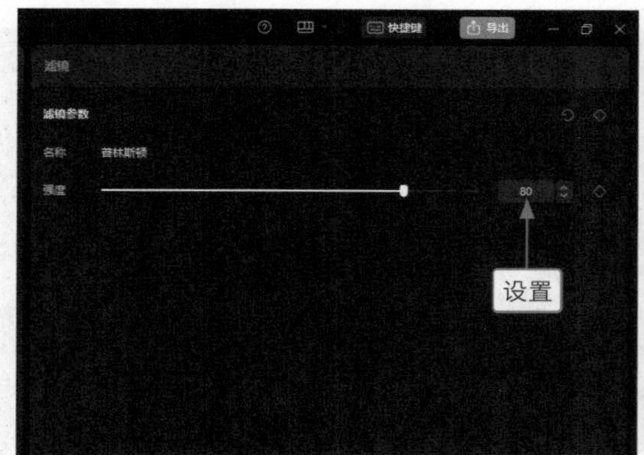

图11-33

图11-34

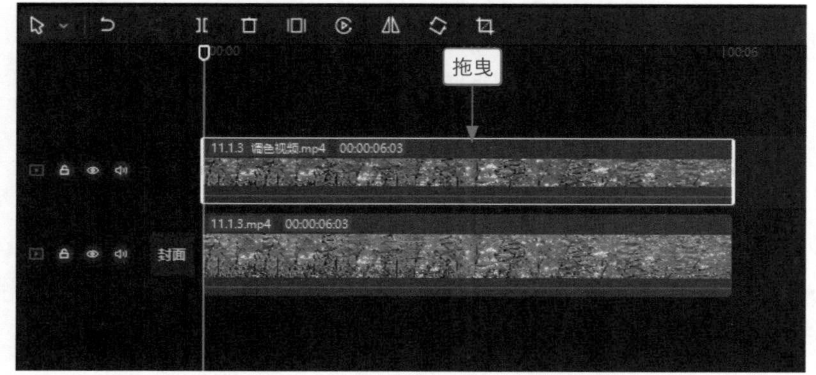

图11-35

步骤 06 ❶切换至“蒙版”选项卡；❷选择“线性”蒙版；❸调整蒙版的位置和旋转参数，使其位于画面最左侧的位置；❹单击“反转”按钮▣；❺点亮“位置”右侧的关键帧按钮◆，如图 11-36 所示。

图11-36

步骤 07 拖曳时间指示器至视频结束位置，在“播放器”面板中调整蒙版的位置，如图 11-37 所示，即可制作出滑屏的效果，方便用户预览调色的前后对比。

步骤 08 为视频添加合适的背景音乐，如图 11-38 所示，即可完成调色对比视频的制作。

图11-37

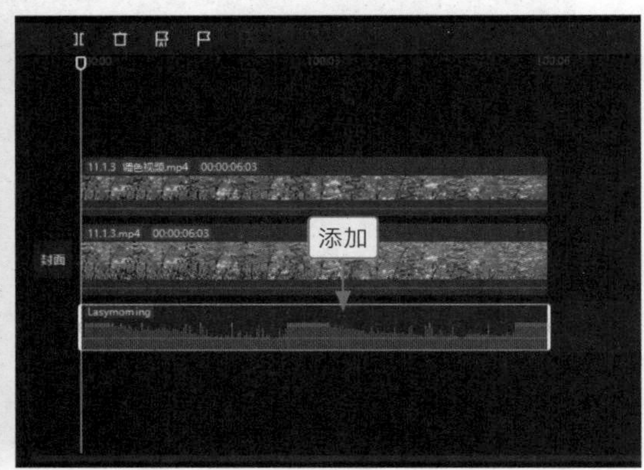

图11-38

2. 用剪映手机版制作

剪映手机版的操作方法如下。

步骤 01 导入视频素材，❶为其添加“复古胶片”选项区中的“普林斯顿”滤镜；❷点击“导出”按钮，如图 11-39 所示，将调色视频导出备用。

步骤 02 返回到编辑界面，删除添加的滤镜，将导出的调色视频添加到画中画轨道，并调整其画面大小，点击“蒙版”按钮，❶在“蒙版”面板中选择“线性”蒙版；❷点击“反转”按钮；❸调整蒙版的位置和旋转参数，如图 11-40 所示。

步骤 03 点击按钮，在画中画素材的起始位置添加一个关键帧，❶拖曳时间轴至视频结束位置；❷点击“蒙版”按钮，如图 11-41 所示。

步骤 04 在预览区域调整蒙版的位置，如图 11-42 所示。

步骤 05 为视频添加合适的背景音乐，如图 11-43 所示，即可完成视频的制作。

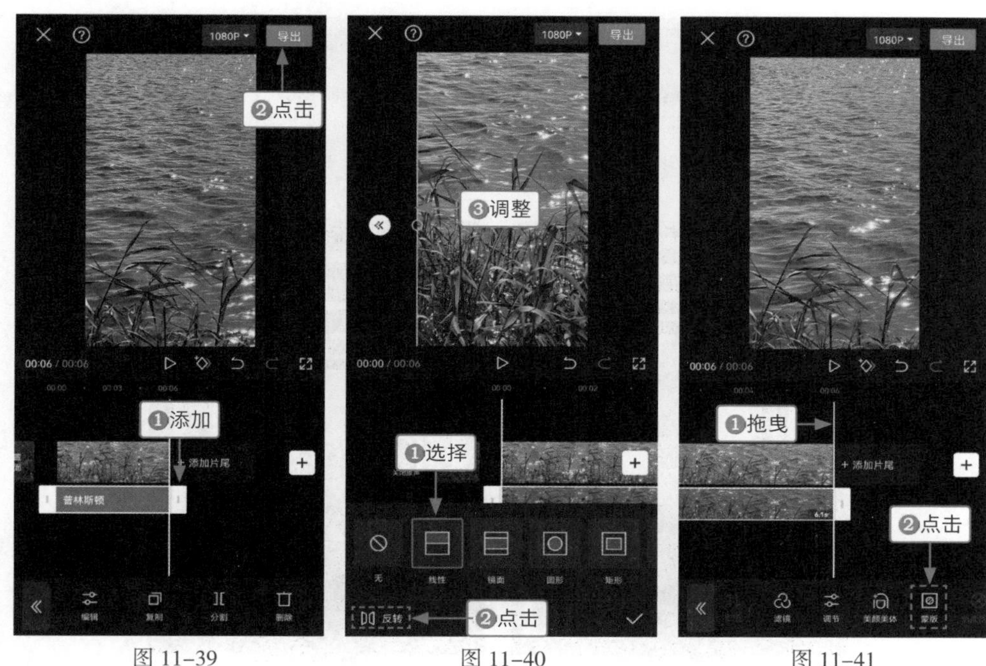

图 11-39　图 11-40　图 11-41

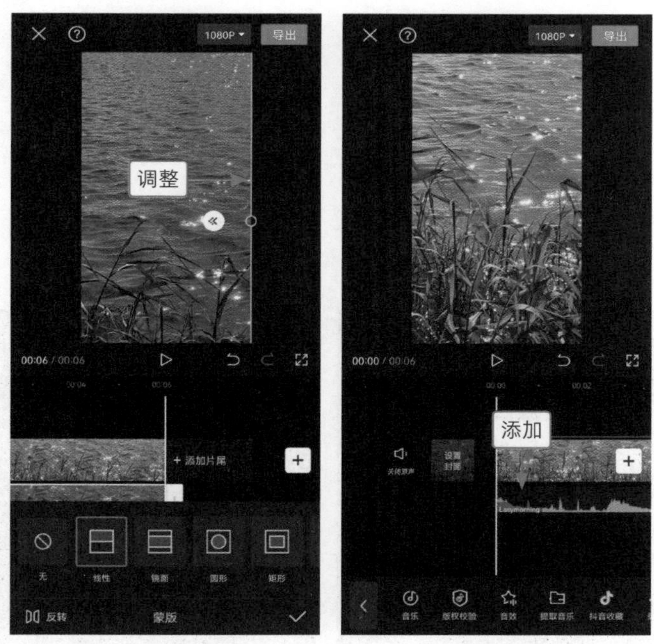

图11-42　图11-43

11.2 进阶玩法

将蒙版和其他功能搭配使用，可以制作出意想不到的视频效果。本节介绍多重相框效果和蒙版渐变效果的制作方法。

11.2.1 多重相框：《佳人芊芊》

效果展示 只需要一张照片，即可在剪映中使用蒙版和缩放动画制作出缩放相框效果，画面看上去就像有许多扇门一样，给人一种神奇的视觉感受，效果如图 11–44 所示。

图11–44

1. 用剪映电脑版制作

剪映电脑版的操作方法如下。

步骤 01 将照片素材添加到视频轨道，并调整其时长为 3 秒，如图 11–45 所示。

步骤 02 ❶在“播放器”面板中单击“适应”按钮；❷在弹出的列表框中选择 3：4 选项，如图 11–46 所示。

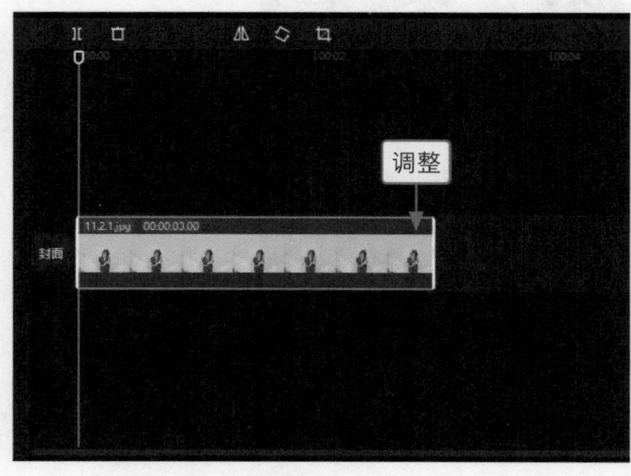

图11–45

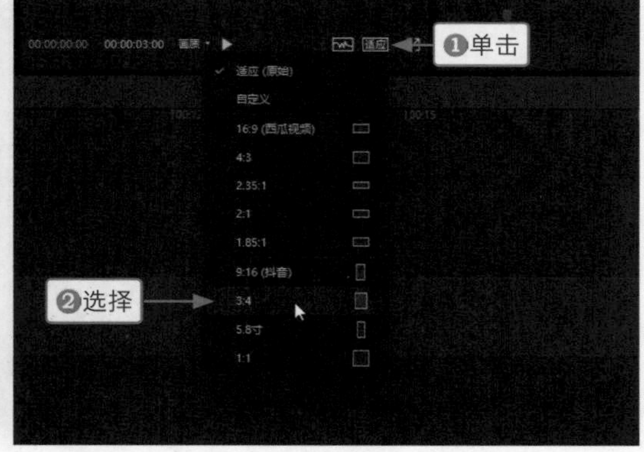

图11–46

步骤 03 单击“裁剪”按钮，如图 11–47 所示。

步骤 04 在弹出的“裁剪”对话框中，❶设置“裁剪比例”为 3：4；❷单击“确定”按钮，如图 11–48 所示，即可对照片进行裁剪。

步骤 05 切换至“蒙版”选项卡，❶选择“矩形”蒙版；❷单击“反转”按钮；❸调整蒙版的大小，如图 11–49 所示。

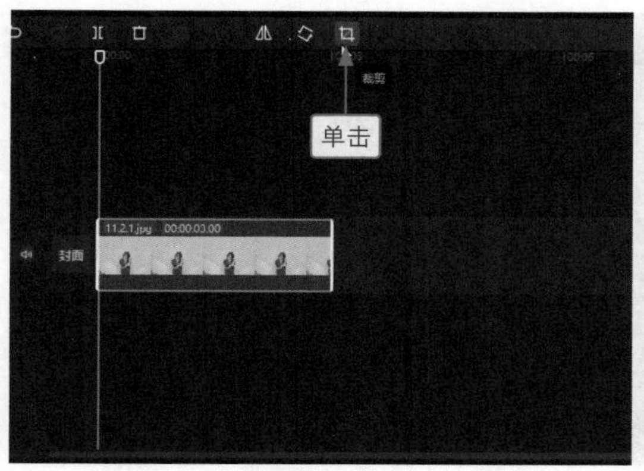

图11-47

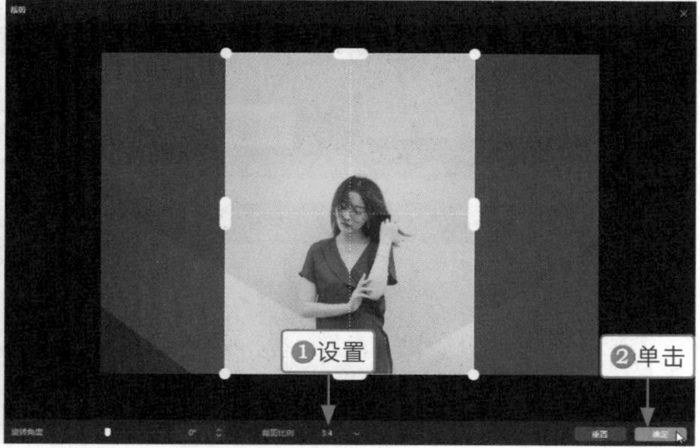

图11-48

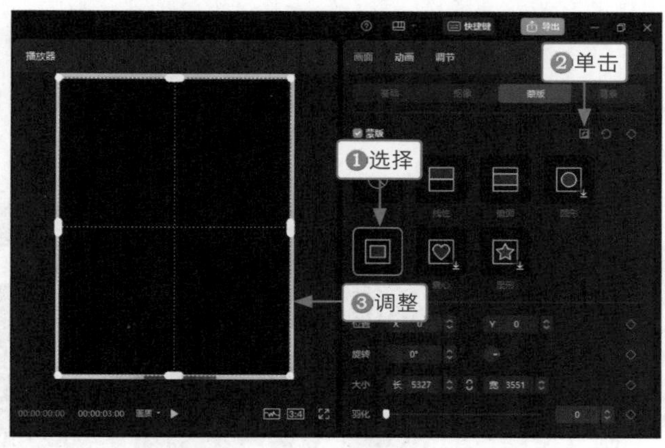

图11-49

步骤 06 按【Ctrl + C】组合键和【Ctrl + V】组合键进行两次复制和粘贴，❶使复制素材一个粘贴在画中画轨道，一个粘贴在视频素材的后面；❷选择画中画素材，如图 11-50 所示。

步骤 07 在“基础”选项卡中，设置“缩放”参数为 90%，如图 11-51 所示。

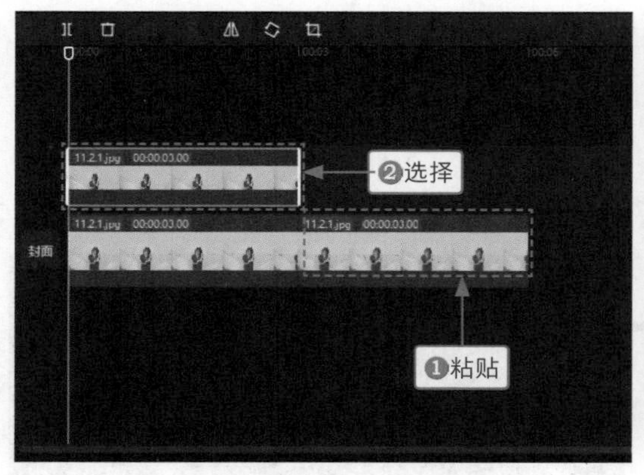

图11-50

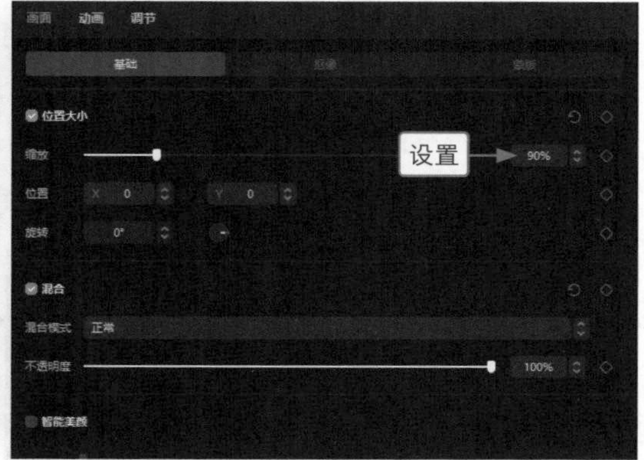

图11-51

步骤 08 按【Ctrl + C】组合键和【Ctrl + V】组合键对画中画素材进行两次复制和粘贴，❶使复制的素材一段粘贴在第 2 条画中画轨道中，一段粘贴在第 1 条画中画轨道素材的后面；❷选择第 2 条画中画轨道中的素材，如图 11-52 所示。

步骤 09 设置“缩放”参数为 80%，如图 11-53 所示。

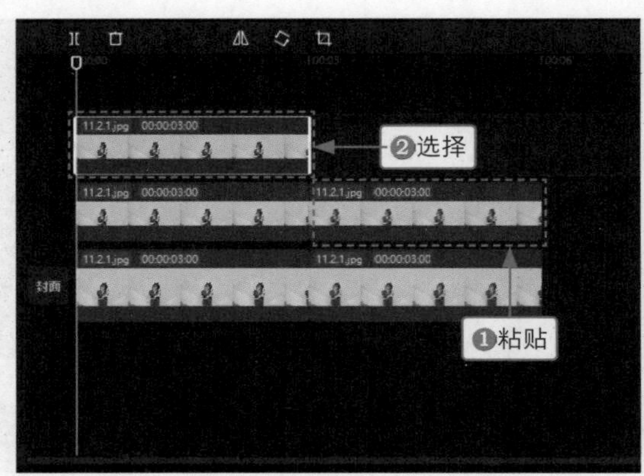

图11-52

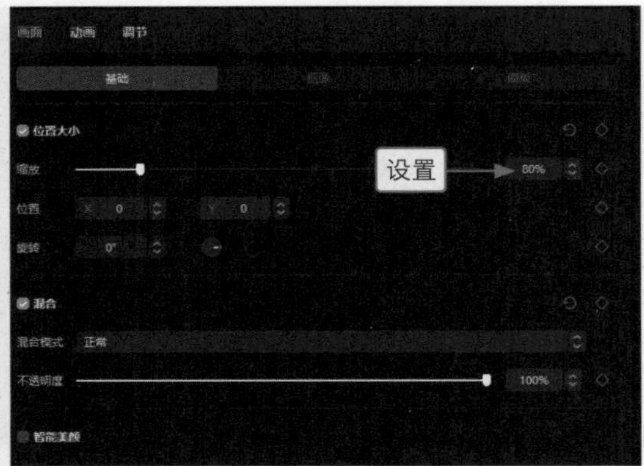

图11-53

步骤 10 用与上述同样的方法，继续复制和粘贴素材，再添加 3 条画中画轨道，并在“基础”选项卡中分别设置其“缩放”参数，如图 11-54 所示。

步骤 11 选择第 5 段画中画轨道中的素材，❶切换至“蒙版”选项卡；❷单击“反转”按钮，如图 11-55 所示。

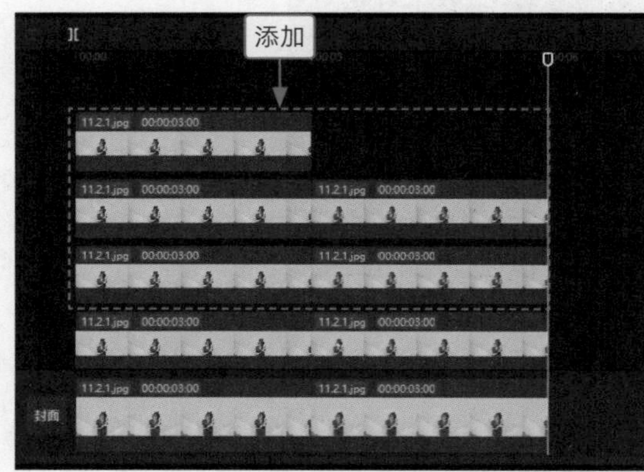

图11-54

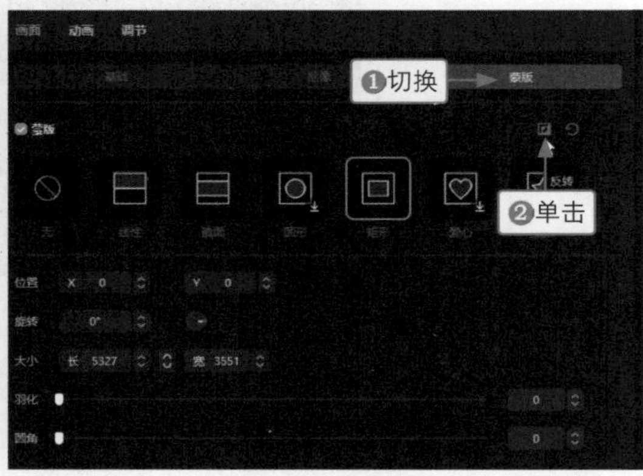

图11-55

步骤 12 将第 5 段画中画轨道中的素材复制一份，将其粘贴至第 5 段画中画素材的后面，如图 11-56 所示。

步骤 13 选择视频轨道中的第 1 个素材，❶切换至“动画”操作区；❷在“入场”选项卡中选择“放大”动画；❸默认设置“动画时长”参数为 0.5s，如图 11-57 所示。

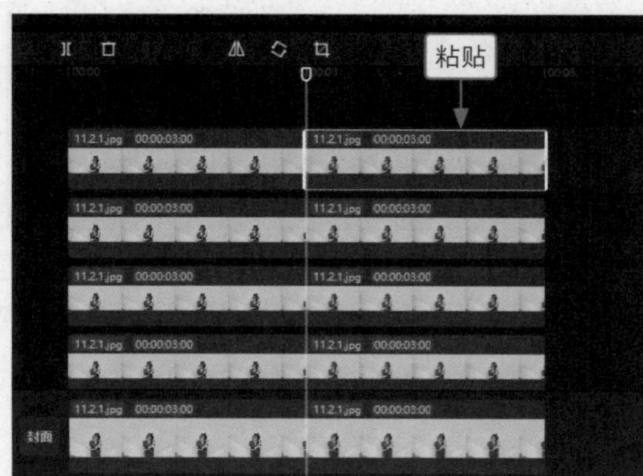

图11-56

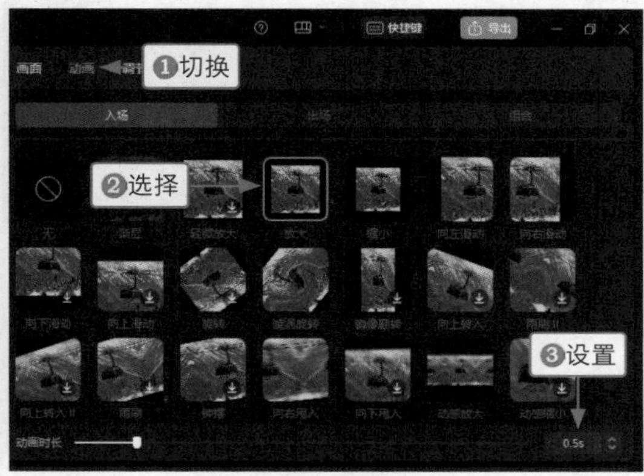

图11-57

步骤 14 用与上述同样的方法，为第 1 条至第 5 条画中画轨道中的第 1 段素材添加“放大”入场动画，并依次设置“动画时长”的参数逐层增加 0.5s，如图 11–58 所示。

步骤 15 选择视频轨道中的第 2 段素材，❶切换至“动画”操作区的“出场”选项卡；❷选择“缩小”动画，如图 11–59 所示。

步骤 16 用与上述同样的方法，为第 1 条至第 5 条画中画轨道中的第 2 段素材分别添加“出场”选项卡中的“缩小”动画，并设置“动画时长”的参数逐层增加 0.5s，如图 11–60 所示。

步骤 17 为视频添加合适的背景音乐，如图 11–61 所示，即可完成相框缩放效果的制作。

图11–58

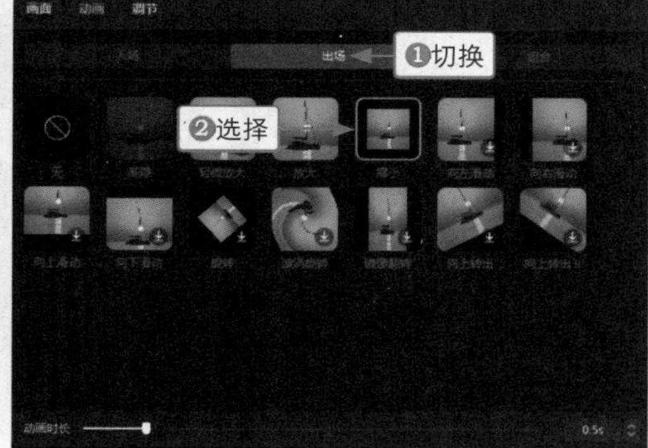

图11–59

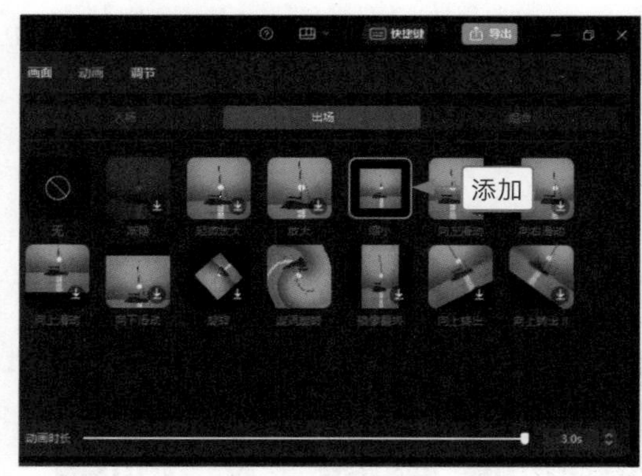

图11–60

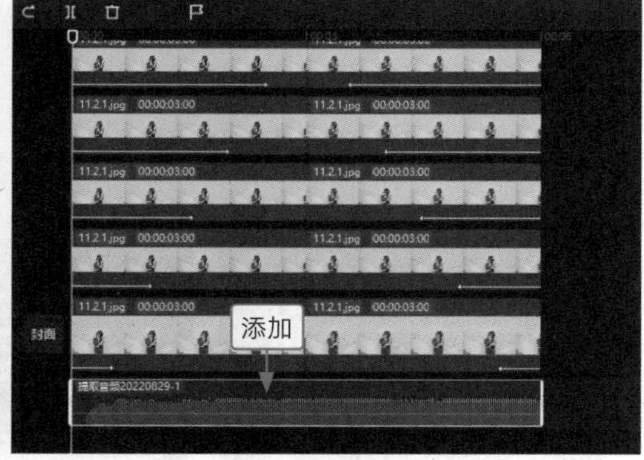

图11–61

2. 用剪映手机版制作

剪映手机版的操作方法如下。

步骤 01 导入照片素材，在比例工具栏中设置画布尺寸为 3：4，选择素材，依次点击“编辑”按钮和“裁剪”按钮，进入“裁剪”界面，❶选择 3：4 比例；❷调整裁剪的照片内容，如图 11–62 所示。

步骤 02 点击✓按钮，确认裁剪，在预览区域调整素材的画面大小，返回到上一级工具栏，点击“蒙版”按钮，❶选择“矩形”蒙版；❷点击“反转”按钮；❸调整蒙版的大小和位置，如图 11–63 所示。

步骤 03 返回到上一级工具栏，连续两次点击“复制”按钮，将素材复制两份，❶将其中的一份复制素材切换至画中画轨道，并调整其位置；❷在预览区域调整画中画素材的画面大小，如图 11–64 所示。

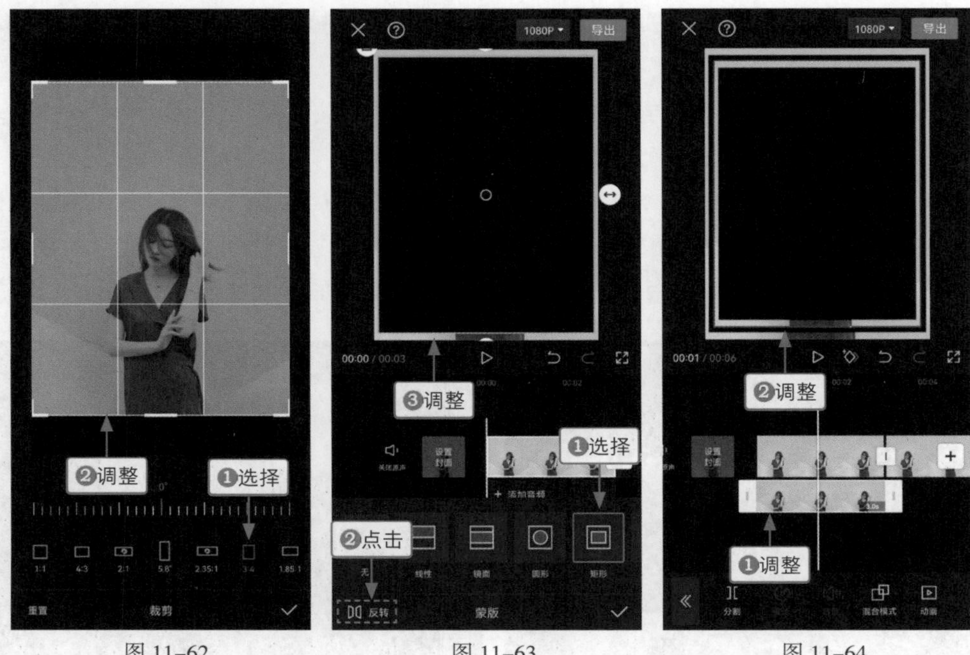

图 11-62　　图 11-63　　图 11-64

步骤 04 连续两次点击“复制”按钮，将画中画素材复制两份，调整两段复制素材的位置，在预览区域调整第 2 条画中画轨道素材的画面大小，如图 11-65 所示。

步骤 05 用与上述同样的方法，再添加 3 条画中画轨道，并在预览区域调整它们的画面大小，如图 11-66 所示。

步骤 06 选择第 5 条画中画轨道的素材，点击“蒙版”按钮，在“蒙版”面板中点击“反转”按钮，如图 11-67 所示，使人物显示出来。

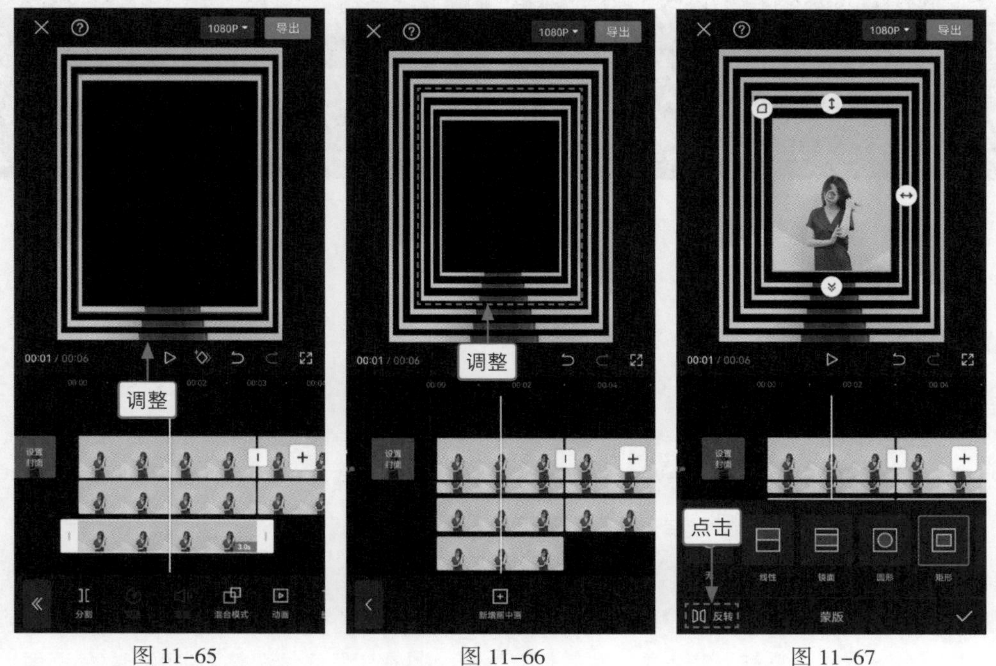

图 11-65　　图 11-66　　图 11-67

步骤 07 返回到上一级工具栏，点击“复制”按钮，将第 5 条画中画轨道的素材复制一份，选择视频轨道中的第 1 段素材，依次点击“动画”按钮和“入场动画”按钮，选择“放大”动画，如图 11–68 所示。

步骤 08 用与上述同样的方法，为第 1 条至第 5 条画中画轨道中的第 1 段素材添加“放大”入场动画，并设置“动画时长”的参数逐层增加 0.5s，如图 11–69 所示。

步骤 09 选择视频轨道中的第 2 段素材，依次点击“动画”按钮和“出场动画”按钮，选择“缩小”动画，用同样的方法，为第 1 条至第 5 条画中画轨道中的第 2 段素材添加“缩小”出场动画，并设置“动画时长”的参数逐层增加 0.5s，如图 11–70 所示。

步骤 10 为视频添加合适的背景音乐，如图 11–71 所示。

图11–68

图 11–69

图 11–70

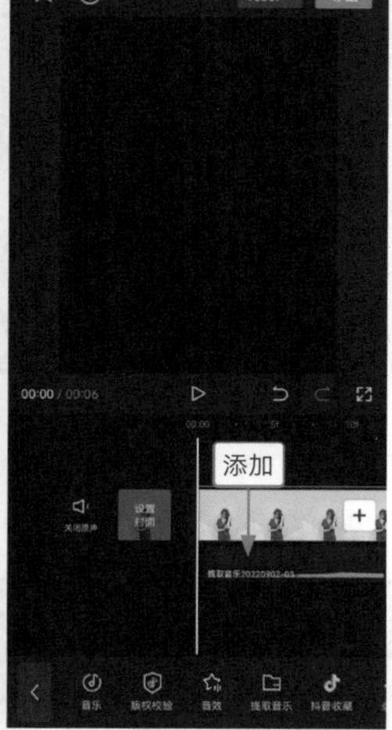

图 11–71

11.2.2 蒙版渐变：《小城故事》

效果展示 蒙版和关键帧虽然不能直接改变画面的色彩参数，但运用蒙版和关键帧可以间接改变画面色彩，让画面色彩随着蒙版形状的变化而慢慢展现出来，制作出蒙版渐变视频，效果如图 11–72 所示。

图11–72

1. 用剪映电脑版制作

剪映电脑版的操作方法如下。

步骤 01 将素材添加到视频轨道，如图 11–73 所示。

步骤 02 ❶切换至“滤镜”功能区；❷在“黑白”选项卡中单击“褪色”滤镜右下角的“添加到轨道”按钮，如图 11–74 所示，为视频添加一个滤镜。

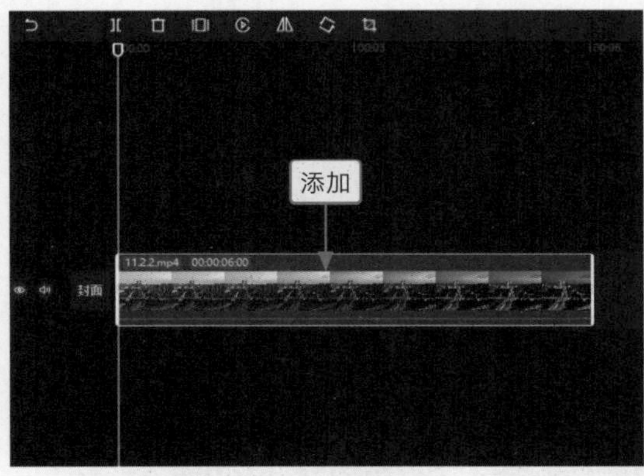

图11–73

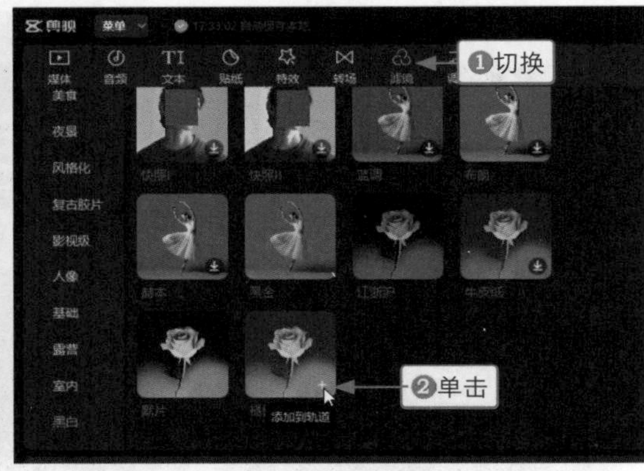

图11–74

步骤 03 调整“褪色”滤镜的持续时长，如图 11–75 所示。

步骤 04 单击“导出”按钮，如图 11–76 所示，将视频导出备用。

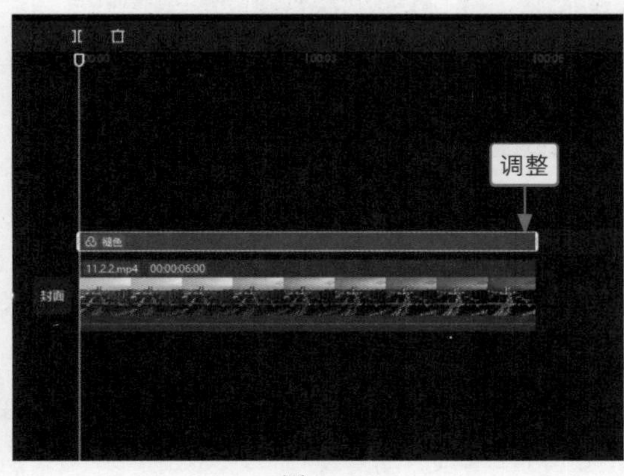

图11–75

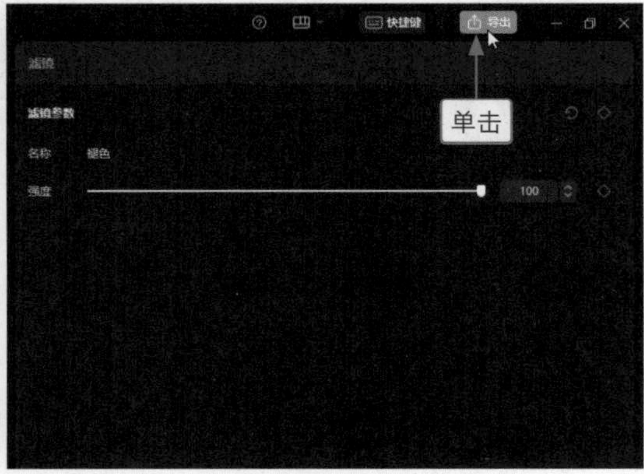

图11–76

步骤 05 清空所有轨道，将上一步导出的视频添加到“本地”选项卡中，如图 11–77 所示。

步骤 06 ❶将调色视频添加到视频轨道；❷将原视频素材添加到画中画轨道，并调整其起始位置，如图 11-78 所示。

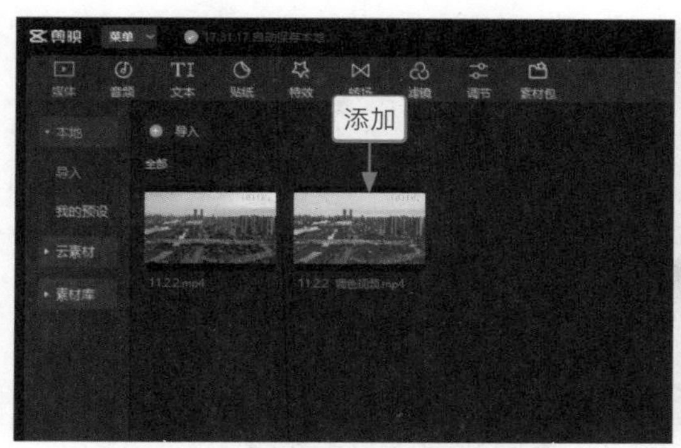

图11-77

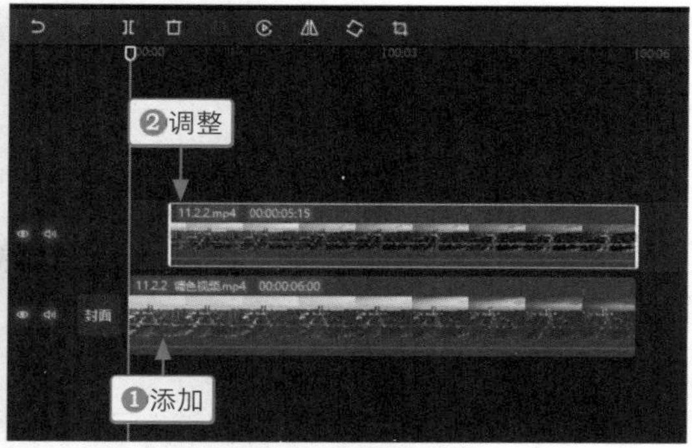

图11-78

步骤 07 ❶切换至“蒙版”选项卡；❷选择“矩形”蒙版；❸调整蒙版的大小、位置、旋转角度和羽化程度；❹点亮“位置”“大小”右侧的关键帧按钮◆，如图 11-79 所示，在画中画素材的起始位置添加一个关键帧。

图11-79

步骤 08 拖曳时间指示器至 3s 的位置，调整蒙版的大小和位置，如图 11-80 所示。

图11-80

步骤 09 用与上述同样的方法，拖曳时间指示器至5s的位置，再次调整蒙版的大小和位置，如图11-81所示。

图11-81

步骤 10 拖曳时间指示器至3s的位置，❶切换至“文本”功能区；❷展开“文字模板”选项卡；❸在“片头标题”选项区中单击相应模板右下角的“添加到轨道”按钮，如图11-82所示。

步骤 11 执行操作后，即可为视频添加一个文字模板，调整文字模板的大小和位置，如图11-83所示。

图11-82

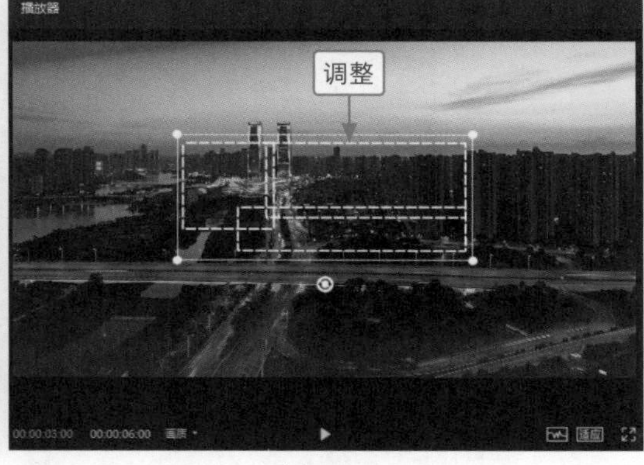

图11-83

步骤 12 为视频添加合适的背景音乐，如图11-84所示。

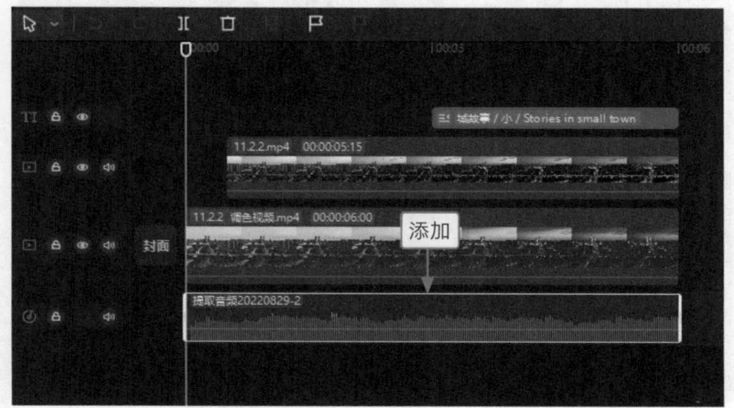

图11-84

2. 用剪映手机版制作

剪映手机版的操作方法如下。

步骤 01 导入视频素材，点击“滤镜”按钮，❶在“黑白”选项区中选择“褪色”滤镜；❷拖曳滑块，设置“滤镜”强度参数为 100；❸点击“导出”按钮，如图 11-85 所示，将调色视频导出备用。

步骤 02 新建一个草稿文件，将调色视频添加到视频轨道中，将原视频素材添加到画中画轨道，调整画中画素材的起始位置，并在预览区域调整画中画素材的画面大小，如图 11-86 所示。

图11-85

图11-86

步骤 03 点击“蒙版”按钮，❶在“蒙版”面板中选择“矩形”蒙版；❷调整蒙版的大小、位置、旋转角度和羽化程度，如图 11-87 所示。

步骤 04 点击按钮，在画中画素材的起始位置添加一个关键帧，拖曳时间轴至 3s 的位置，调整蒙版的大小和位置，如图 11-88 所示。

步骤 05 用与上述同样的方法，在 5s 的位置再次调整蒙版的大小和位置，如图 11-89 所示。

图 11-87

图 11-88

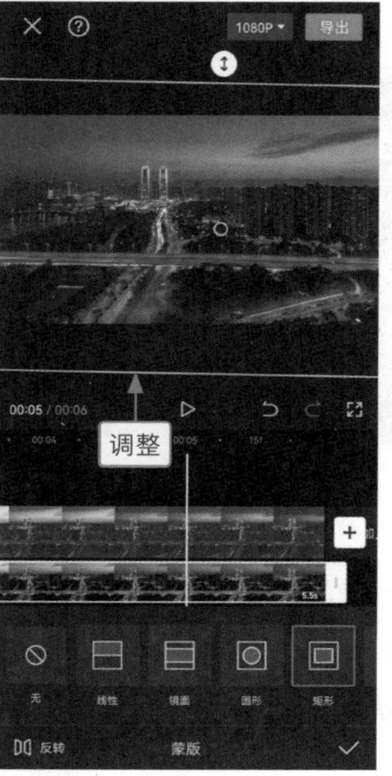

图 11-89

步骤 06 返回到主面板，拖曳时间轴至 3s 的位置，依次点击“文字”按钮和“文字模板”按钮，❶在“片头标题”选项区中选择合适的文字模板；❷调整文字模板的大小、位置和时长，如图 11-90 所示，使人物显示出来。

步骤 07 为视频添加合适的背景音乐，如图 11-91 所示。

图11-90

图11-91

课后实训：蒙版开幕

效果展示 运用“蒙版”功能也可以制作开幕效果，让视频画面逐渐显现出来，效果如图 11-92 所示。

图11-92

本案例制作主要步骤如下：

将视频素材导入视频轨道中，将黑场素材导入画中画轨道，选择黑场素材，在“蒙版”选项卡中，❶选择“星形”蒙版；❷单击“反转”按钮；❸在“播放器”面板中调整蒙版的大小；❹点亮“大小”“旋转”右侧的关键帧按钮，如图 11-93 所示。

拖曳时间指示器至 00:00:02:29 的位置，将星形蒙版顺时针旋转 180°，并调整其大小，使视频画面完全显示出来，如图 11-94 所示，即可完成蒙版开幕视频的制作。

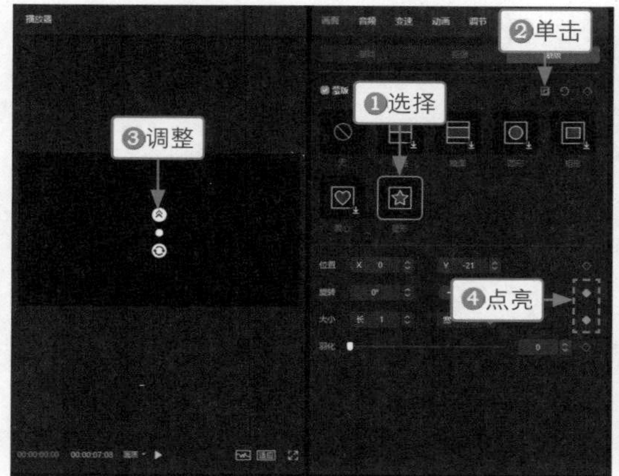

图11-93

图11-94

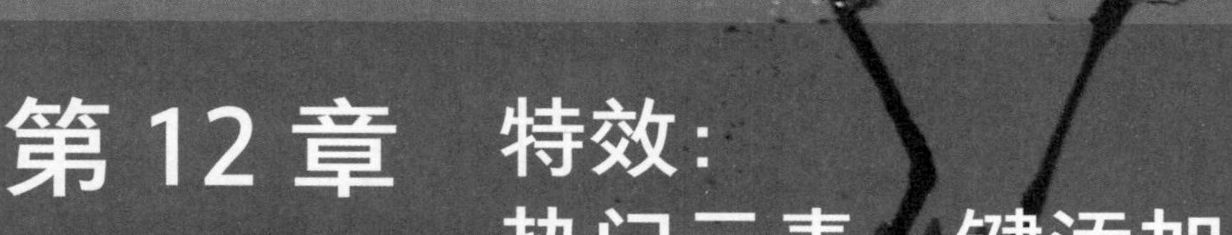

第 12 章 特效：热门元素一键添加

在剪辑中，无论是为视频添加软件自带的特效，还是运用多种功能制作出特效效果，都能增加视频的新意，丰富视频的内容，从而让视频从众多同类中脱颖而出，吸引观众的视线。本章介绍在剪映中添加基础特效、自然特效、边框特效，以及制作鲸鱼特效和腾云特效的操作方法。

12.1 添加特效

剪映自带了非常丰富的特效素材库，并贴心地进行了分类，用户可以轻松地从庞大的特效素材库中挑选出自己需要的特效。本节主要介绍为视频添加基础特效、自然特效和边框特效的操作方法。

12.1.1 基础特效：《湖光春色》

效果展示 为素材添加“基础”特效选项卡中的“开幕”特效和“全剧终”特效，就可以轻松为视频添加片头片尾效果，如图 12-1 所示。

图 12-1

1. 用剪映电脑版制作

剪映电脑版的操作方法如下。

步骤 01 将素材添加到视频轨道，如图 12-2 所示。

步骤 02 ❶切换至“特效”功能区；❷在“基础”选项卡中单击“开幕”特效右下角的“添加到轨道”按钮 ，如图 12-3 所示。

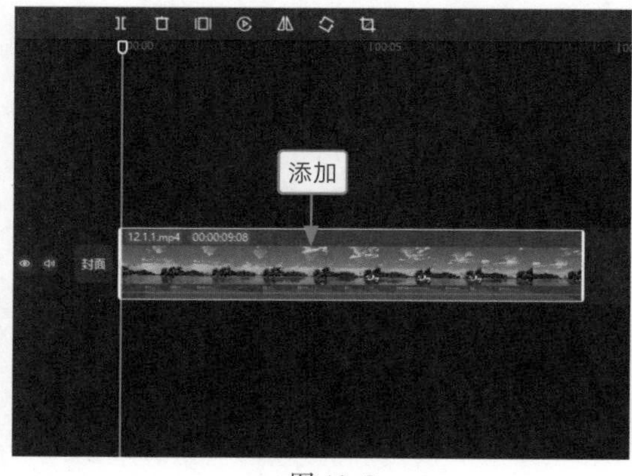

图 12-2

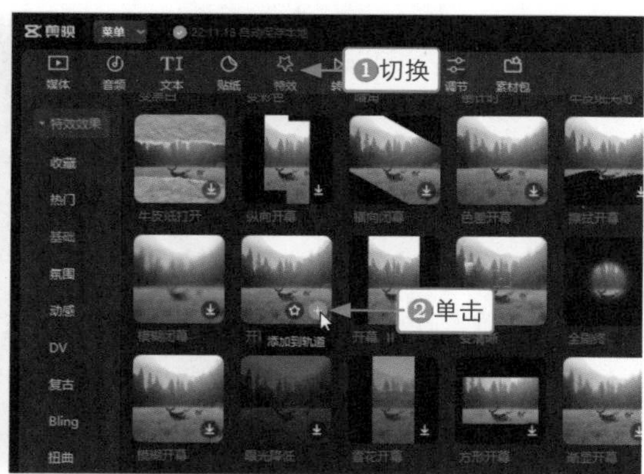

图 12-3

步骤 03 执行操作后，即可为视频添加一个“开幕”特效，如图 12-4 所示。

步骤 04 拖曳时间指示器至 8s 的位置，如图 12-5 所示。

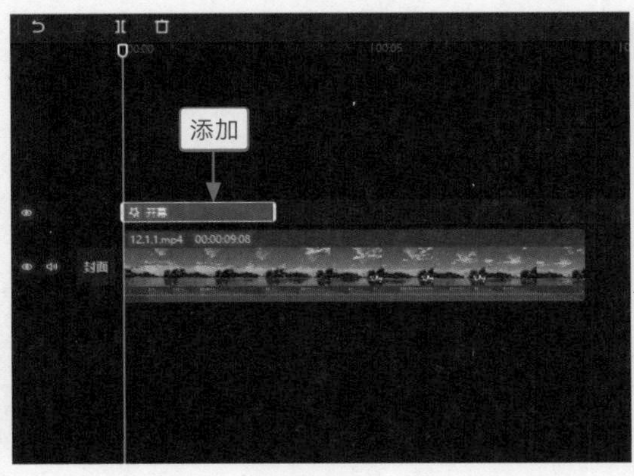

图 12-4

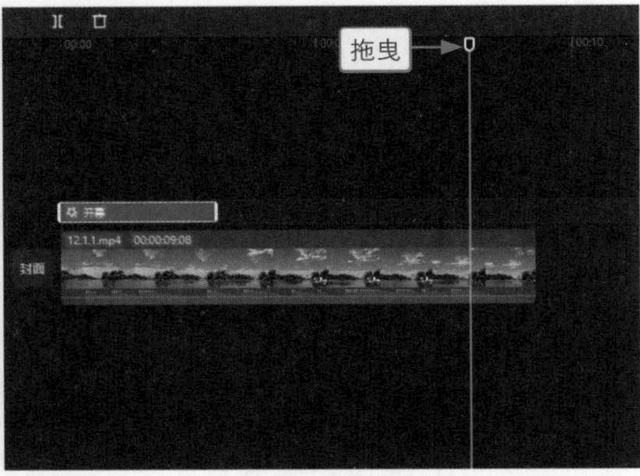

图 12-5

步骤 05 在“基础”选项卡中单击“全剧终”特效右下角的“添加到轨道”按钮，为视频添加一个闭幕效果，如图 12-6 所示。

步骤 06 调整“全剧终”特效的持续时长，如图 12-7 所示。

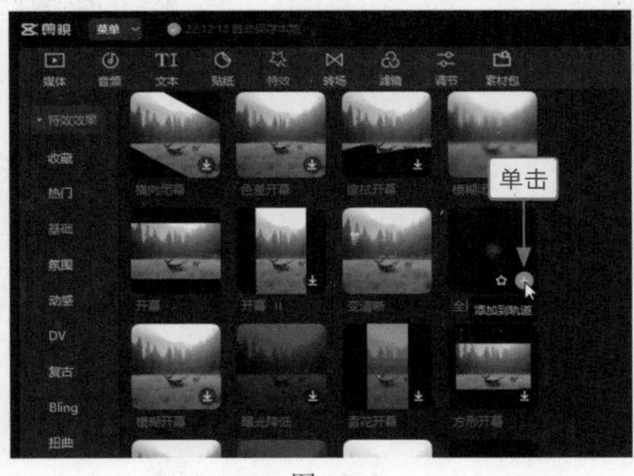

图 12-6

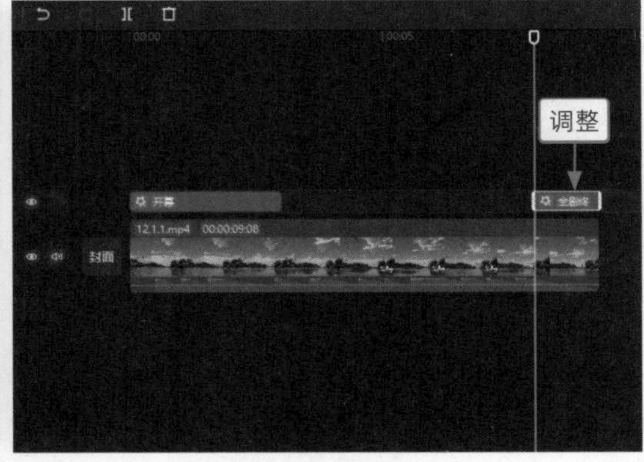

图 12-7

2. 用剪映手机版制作

剪映手机版的操作方法如下。

步骤 01 导入视频素材，依次点击“特效”按钮和“画面特效”按钮，进入特效素材库，在“基础”选项卡中选择“开幕”特效，如图 12-8 所示。

步骤 02 用与上述同样的方法，在 8s 的位置再添加一个“基础”选项卡中的“全剧终”特效，如图 12-9 所示。

在剪映手机版中，每个特效都有其默认的时长，当添加的特效时长超过视频的时长时，系统会自动调整特效的时长，使其结束位置对准视频的结束位置。

图 12–8

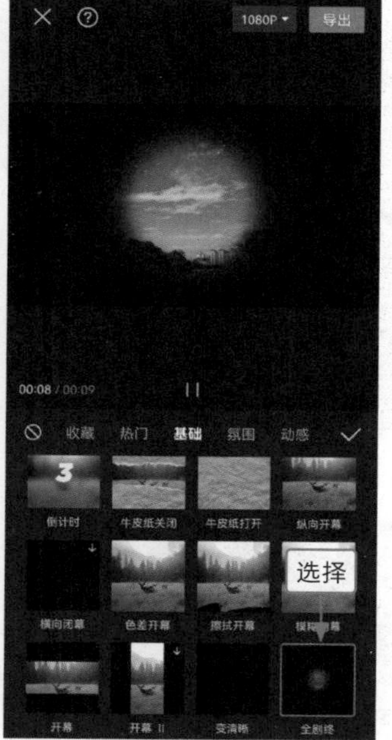

图 12–9

12.1.2　自然特效：《城市夜雪》

效果展示　为视频添加“自然”特效选项卡中的“大雪纷飞”特效，就可以轻松得到下雪的画面效果，如图 12–10 所示。

图 12–10

1. 用剪映电脑版制作

剪映电脑版的操作方法如下。

步骤 01　将视频添加到视频轨道，如图 12–11 所示。

步骤 02　❶切换至“特效”功能区；❷展开“自然”选项卡；❸单击“大雪纷飞”特效右下角的“添加到轨道”按钮⊕，如图 12–12 所示，为视频添加一个下雪特效。

步骤 03　调整“大雪纷飞”特效的持续时长，如图 12–13 所示。

步骤 04　❶切换至“音频”功能区；❷展开“音效素材”选项卡；❸在“环境音”选项区中单击“背景的风声”音效右下角的“添加到轨道”按钮⊕，如图 12–14 所示，为视频添加一个音效。

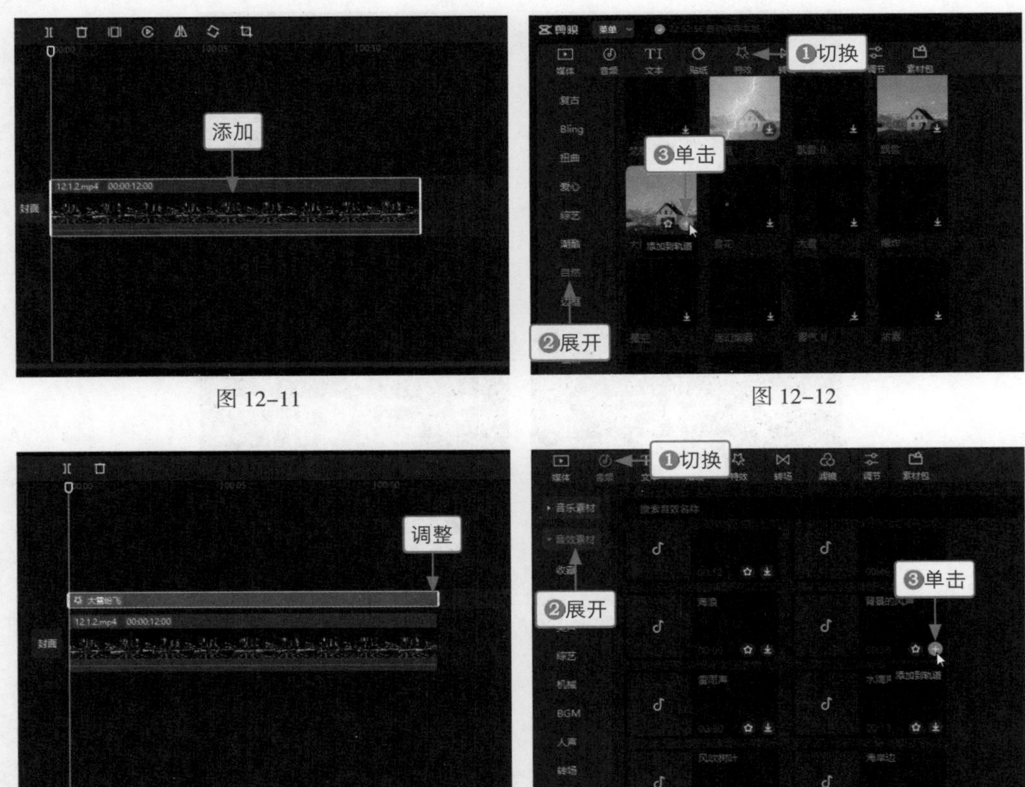

图 12-11

图 12-12

图 12-13

图 12-14

步骤 05　调整音效的持续时长，如图 12-15 所示。

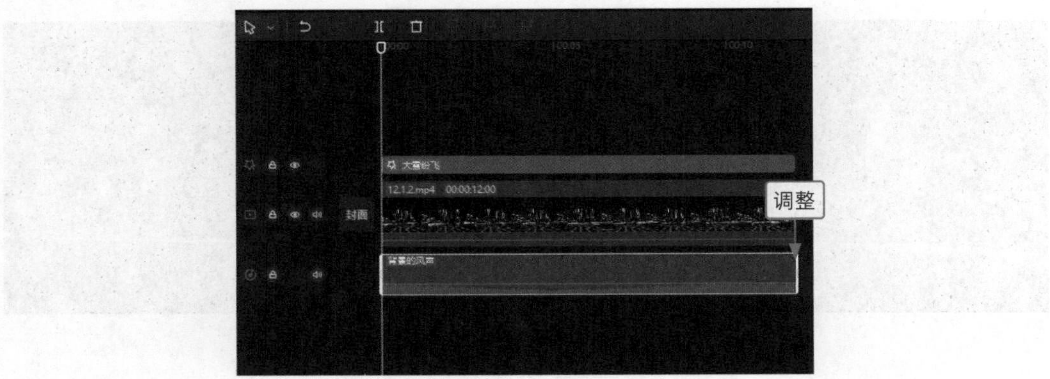

图 12-15

2. 用剪映手机版制作

剪映手机版的操作方法如下。

步骤 01　导入视频素材，在特效素材库中选择“自然”选项卡中的“大雪纷飞”特效，并调整特效的持续时长，使其与视频时长保持一致，如图 12-16 所示。

步骤 02　拖曳时间轴至视频起始位置，依次点击“音频”按钮和“音效”按钮，进入音效素材库，❶在“环境音”选项卡中选择“背景的风声”音效，即可试听音效；❷点击“使用”按钮，如图 12-17 所示，即可将音效添加到音频轨道中。

步骤 03　调整音效的时长，使其与视频的时长保持一致，如图 12-18 所示，即可完成视频的制作。

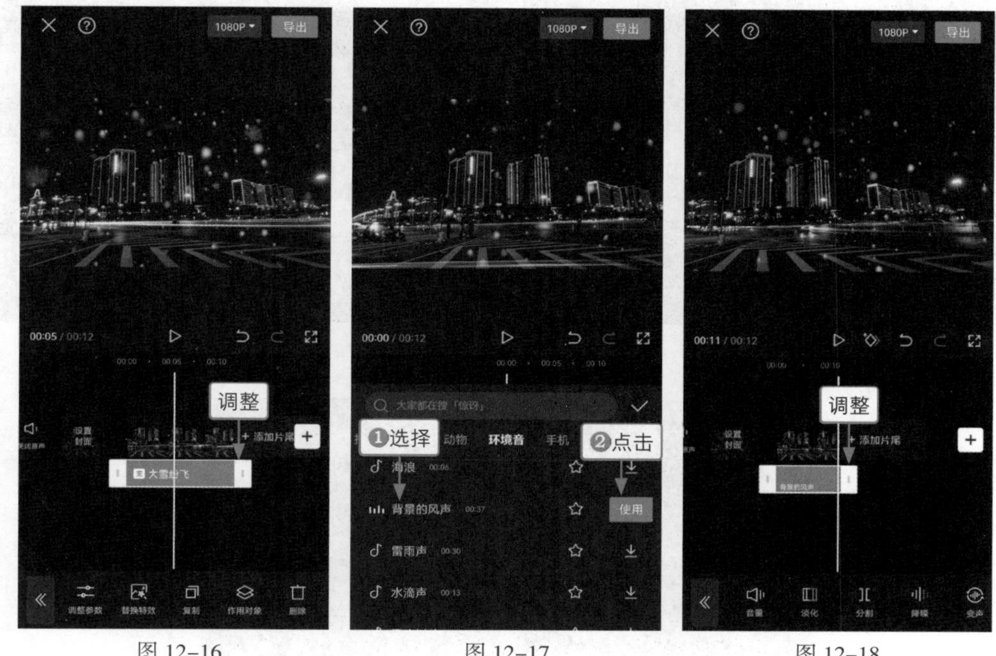

图 12-16　　图 12-17　　图 12-18

12.1.3　边框特效：《记录落日》

效果展示　为视频添加“边框”特效选项卡中的“录制边框 II ”特效，可以增加视频的个性和趣味性，效果如图 12-19 所示。

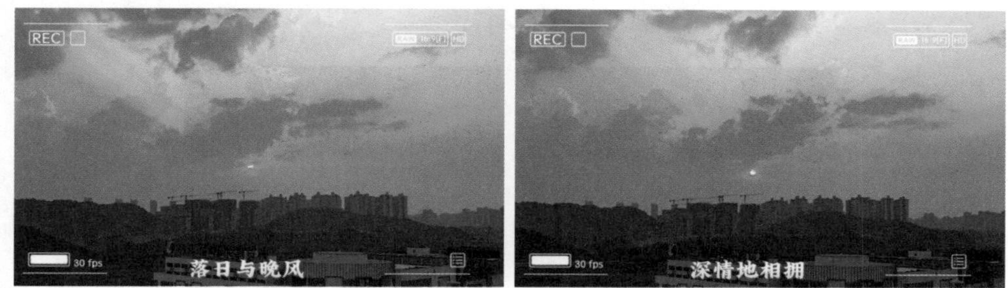

图 12-19

1. 用剪映电脑版制作

剪映电脑版的操作方法如下。

步骤 01　将素材添加到视频轨道中，如图 12-20 所示。

步骤 02　❶切换至“特效”功能区；❷展开“边框”选项卡；❸单击“录制边框 II ”特效右下角的“添加到轨道”按钮⊕，如图 12-21 所示，即可为视频添加一个边框特效。

步骤 03　调整“录制边框 II ”特效的持续时长，使其与视频的时长保持一致，如图 12-22 所示。

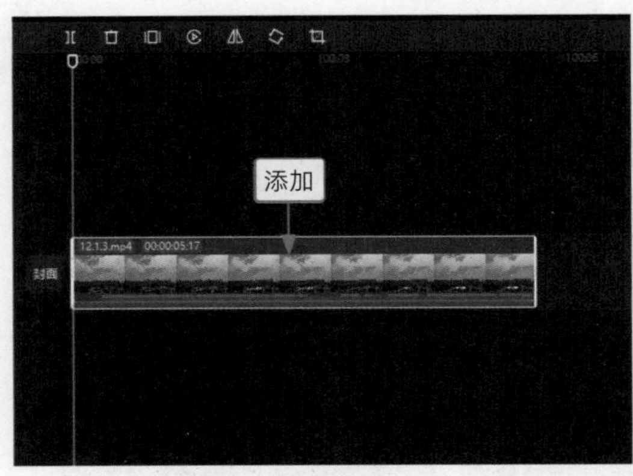

图 12-20

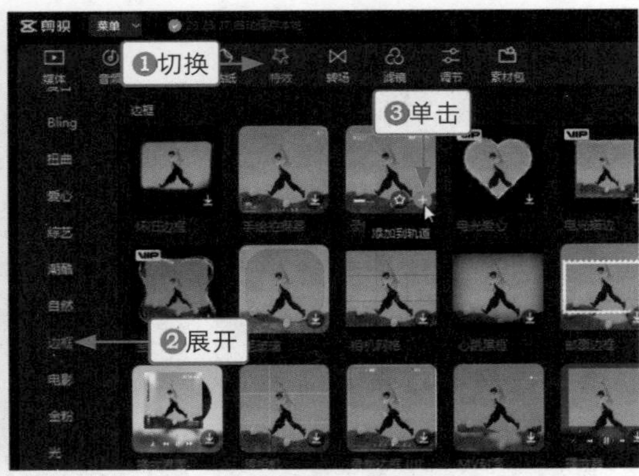

图 12-21

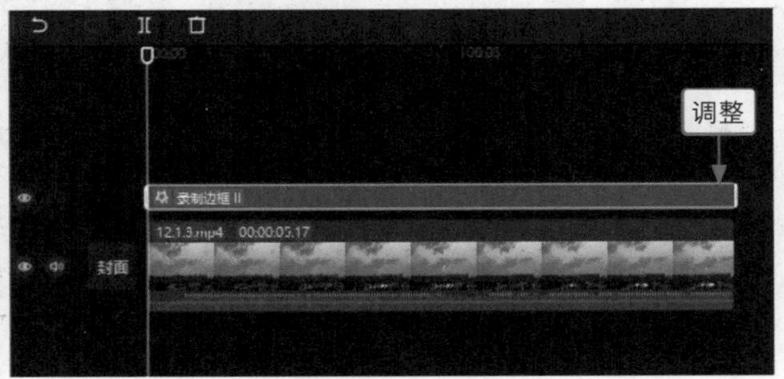

图 12-22

2. 用剪映手机版制作

剪映手机版的操作方法如下。

步骤 01　导入视频素材，在特效素材库的“边框”选项卡中选择“录制边框 II ”特效，如图 12-23 所示。

步骤 02　调整特效的持续时长，使其与视频时长保持一致，如图 12-24 所示。

图 12-23

图 12-24

12.2 制作特效

除了添加剪映自带的特效，用户还可以运用剪映强大的“抠图”“关键帧”和“混合模式”功能制作出新奇的特效视频。本节介绍鲸鱼特效和腾云特效的制作方法。

12.2.1 鲸鱼特效：《鲸鱼之歌》

效果展示 本案例主要制作的是鲸鱼在城市上空游动的效果，画面十分唯美浪漫，效果如图 12-25 所示。

图 12-25

1. 用剪映电脑版制作

剪映电脑版的操作方法如下。

步骤 01 在“本地”选项卡中导入背景素材、鲸鱼素材和海底素材，将背景素材添加到视频轨道中，如图 12-26 所示。

步骤 02 将鲸鱼素材拖曳至画中画轨道，如图 12-27 所示。

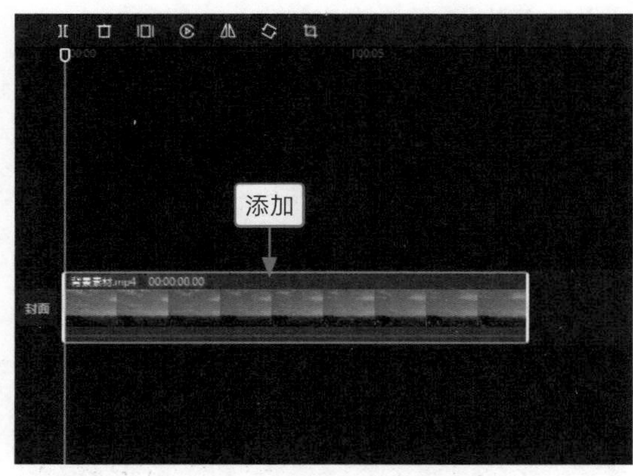

图 12-26

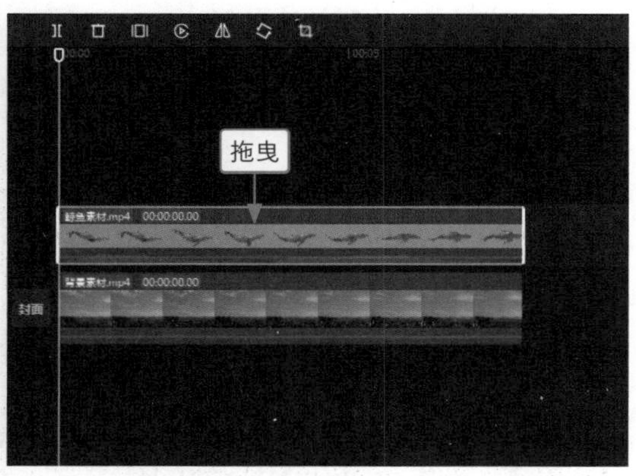

图 12-27

步骤 03 ❶切换至“抠像”选项卡；❷选中“色度抠图”复选框；❸单击“取色器”按钮，取样画面中的绿色；❹设置“强度”和“阴影”参数均为 100，如图 12-28 所示。

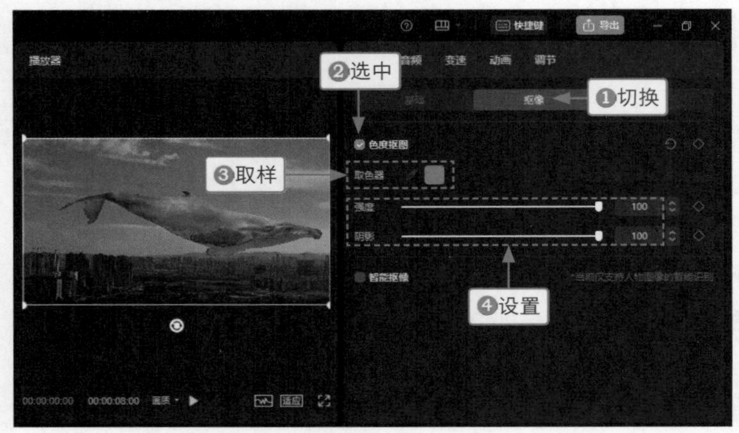

图 12-28

步骤 04 执行操作后，即可抠出鲸鱼素材，❶在“播放器”面板中调整鲸鱼的大小和位置；❷在“基础”选项卡中点亮“位置”右侧的关键帧按钮，如图 12-29 所示。

图 12-29

步骤 05 拖曳时间指示器至视频结束位置，再次调整鲸鱼的位置，如图 12-30 所示。

步骤 06 拖曳时间指示器至视频起始位置，将海底素材拖曳至第 2 条画中画轨道中，如图 12-31 所示。

图 12-30

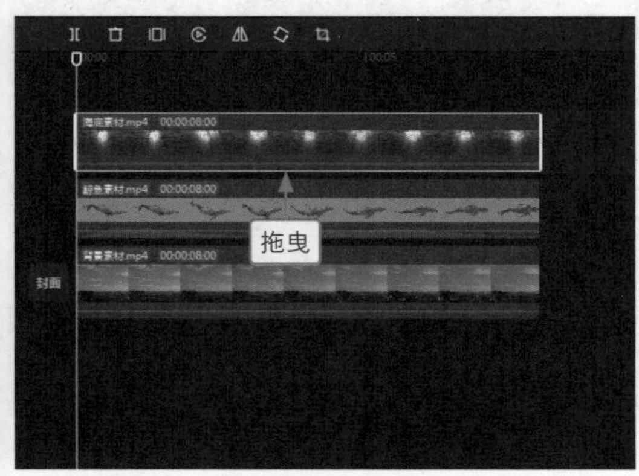

图 12-31

步骤 07 ❶设置“混合模式”为“滤色”模式；❷设置“不透明度”参数为 80%，如图 12-32 所示。

步骤 08 ❶切换至“滤镜”功能区；❷在“复古胶片”选项卡中单击 KE1 滤镜右下角的“添加到轨道”按钮，如图 12-33 所示，为视频添加一个滤镜。

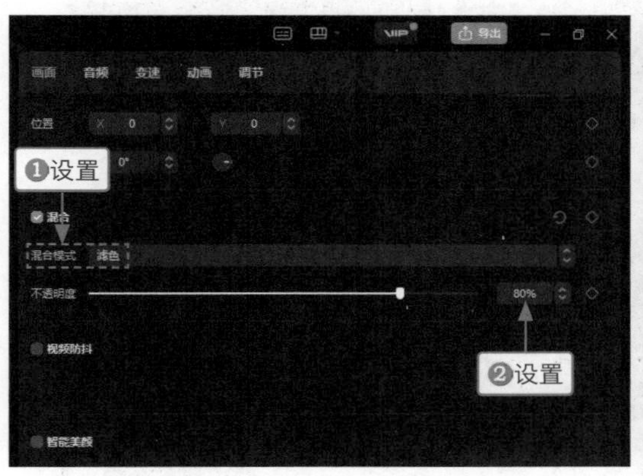

图 12-32

图 12-33

步骤 09 调整滤镜的持续时长，如图 12-34 所示。

步骤 10 为视频添加合适的背景音乐，如图 12-35 所示。

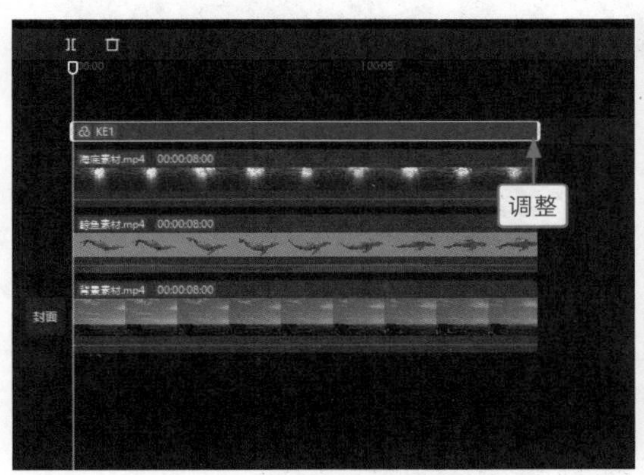

图 12-34

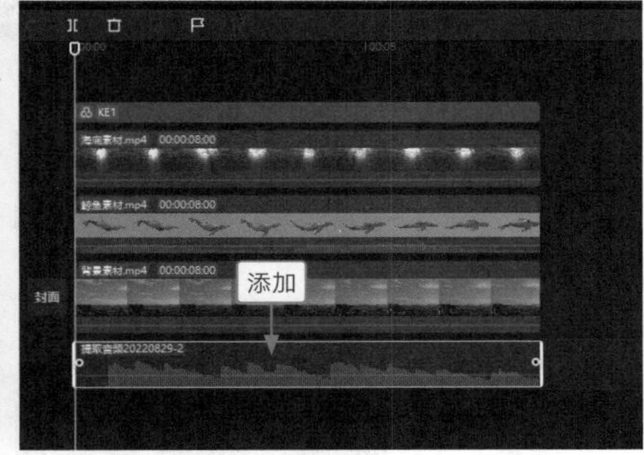

图 12-35

2. 用剪映手机版制作

剪映手机版的操作方法如下。

步骤 01 在视频轨道中导入背景素材，在画中画轨道中导入鲸鱼素材；选择画中画素材，依次点击“抠像”按钮和“色度抠图”按钮，取样画面中的绿色；设置“强度”和“阴影”参数均为 100，部分参数如图 12-36 所示，将鲸鱼抠出来。

步骤 02 ❶在预览区域调整鲸鱼素材的大小和位置；❷点击按钮，在画中画素材的起始位置添加一个关键帧，如图 12-37 所示。

步骤 03 拖曳时间轴至视频的结束位置，在预览区域调整鲸鱼素材的大小和位置，如图 12-38 所示。

步骤 04 拖曳时间轴至视频的起始位置，将海底素材添加到第 2 条画中画轨道中，❶调整海底素材的画面大小，使其铺满屏幕；❷点击“混合模式”按钮，设置“混合模式”为“滤色”模式，如图 12-39 所示。

步骤 05 返回到上一级工具栏，点击“不透明度”按钮，在“不透明度”面板中设置“不透明度”参数为 80，如图 12-40 所示。

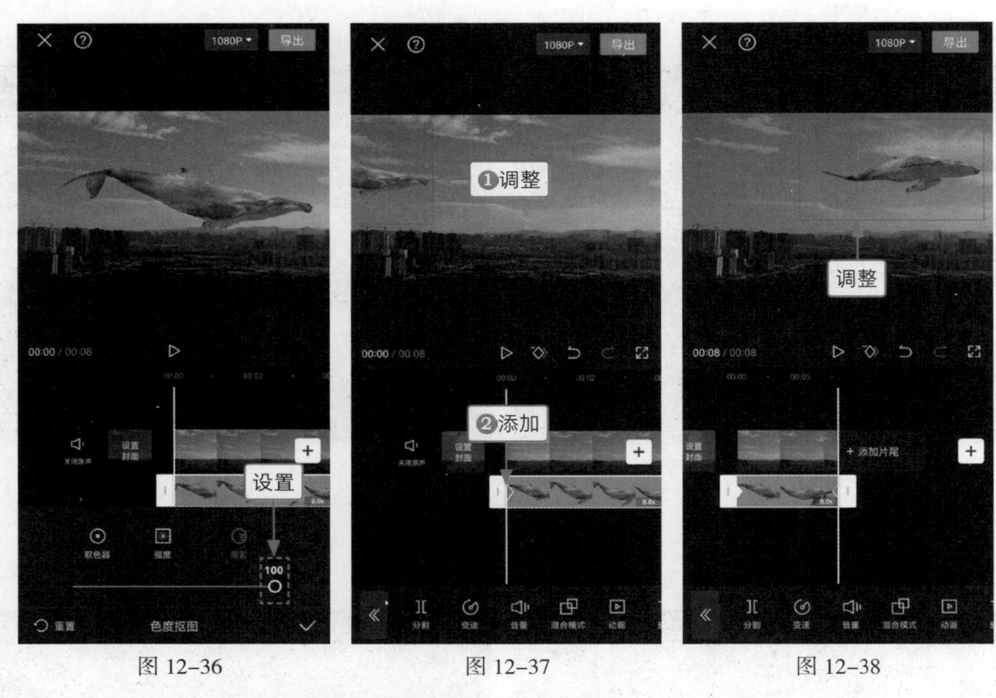

图 12-36　　图 12-37　　图 12-38

图 12-39　　图 12-40

步骤 06 返回到主面板，点击“滤镜”按钮，❶在“复古胶片”选项区中选择 KE1 滤镜；❷拖曳滑块，设置滤镜强度参数为 100，如图 12-41 所示。

步骤 07 为视频添加合适的背景音乐，如图 12-42 所示。

图 12-41

图 12-42

12.2.2 腾云特效：《逍遥飞行》

效果展示 在神话片中，飞行特效有人物直接飞行的，也有借助外力来飞行的，包括云朵、动物、武器、飞毯及飞舟等，例如《西游记》中孙悟空的飞行工具就是筋斗云。在剪映中主要运用“抠图”和“关键帧”制作腾云特效，效果如图 12-43 所示。

图 12-43

1. 用剪映电脑版制作

剪映电脑版的操作方法如下。

步骤 01 在“本地”选项卡导入背景素材、抠像素材和云朵素材，❶将背景素材添加到视频轨道中；❷将抠像素材拖曳至画中画轨道；❸调整抠像素材的时长，使其与背景素材的时长保持一致，如图 12-44 所示。

步骤 02 ❶切换至“抠像”选项卡；❷选中“智能抠像”复选框，如图 12-45 所示，抠出人像。

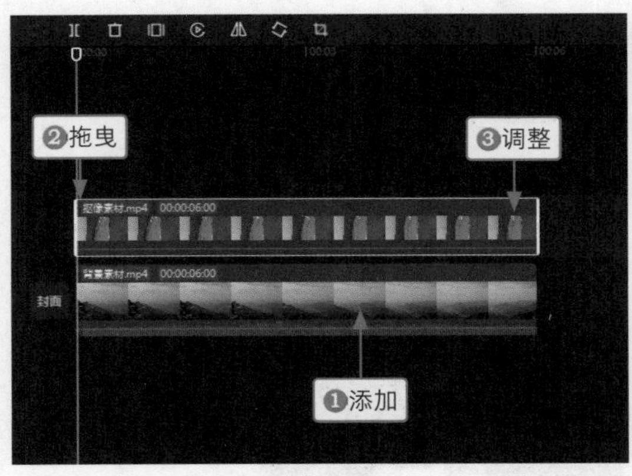

图 12–44

图 12–45

步骤 03　将云朵素材拖曳至第 2 条画中画轨道中，并调整其持续时长，如图 12–46 所示。

步骤 04　在“基础”选项卡中设置“混合模式”为“滤色”模式，如图 12–47 所示。

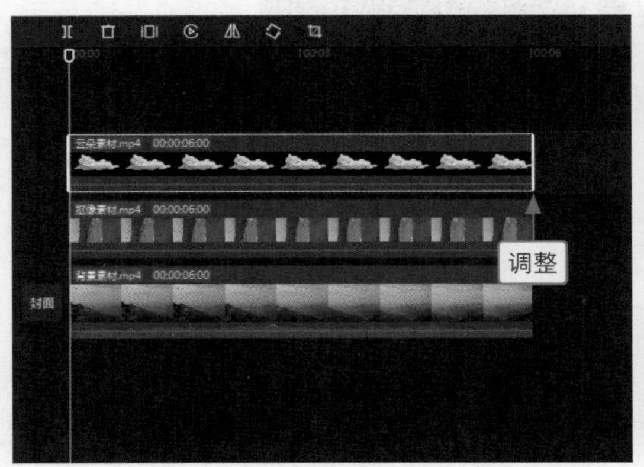

图 12–46

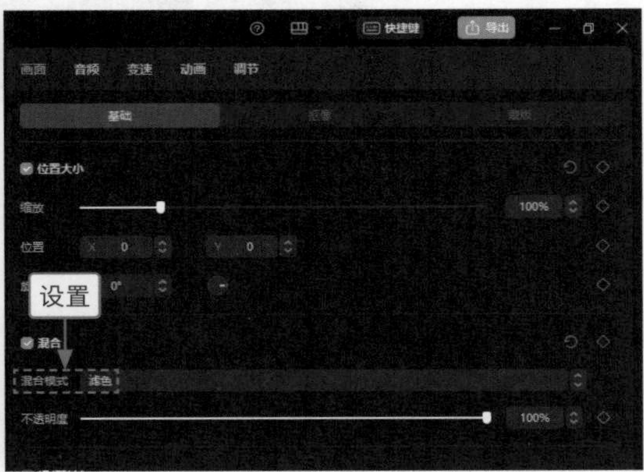

图 12–47

步骤 05　在“播放器”面板中调整云朵素材的位置和大小，如图 12–48 所示。

步骤 06　在“基础”选项卡中点亮“位置”和“缩放”右侧的关键帧按钮◆，如图 12–49 所示。

图 12–48

图 12–49

步骤 07　用与上述同样的方法，调整人像素材的位置和大小，并点亮“位置”和“缩放”右侧的关键帧按钮◆，如图 12–50 所示。

图 12-50

步骤 08 拖曳时间指示器至 00:00:02:00 的位置，如图 12-51 所示。

步骤 09 在“播放器”面板中，分别调整云朵素材和抠像素材的位置和大小，如图 12-52 所示。

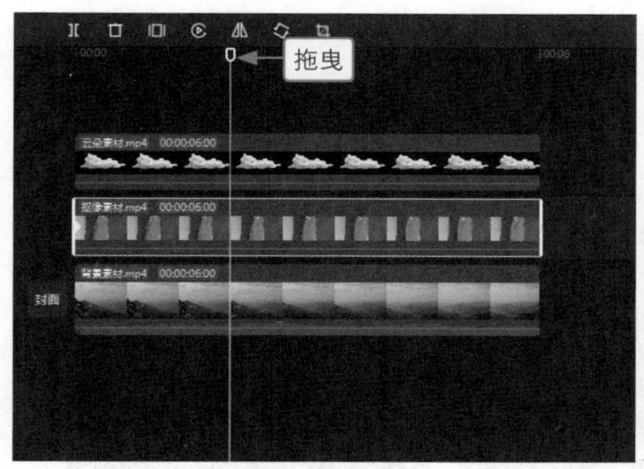

图 12-51

图 12-52

步骤 10 用与上述同样的方法，分别在 4s 和 6s 的位置调整云朵素材和抠像素材的位置和大小，如图 12-53 所示，即可制作出腾云飞行远去的效果。

步骤 11 拖曳时间指示器至视频起始位置，❶切换至“滤镜”功能区；❷展开“复古胶片”选项卡；❸单击“普林斯顿”滤镜右下角的“添加到轨道”按钮，如图 12-54 所示。

图 12-53

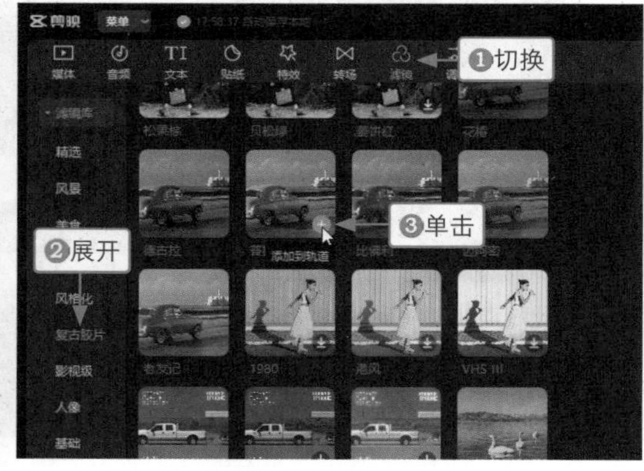

图 12-54

步骤 12　调整“普林斯顿”滤镜的持续时长，如图 12-55 所示。

步骤 13　在“滤镜”操作区中设置“强度”参数为 80，如图 12-56 所示，即可完成视频的制作。

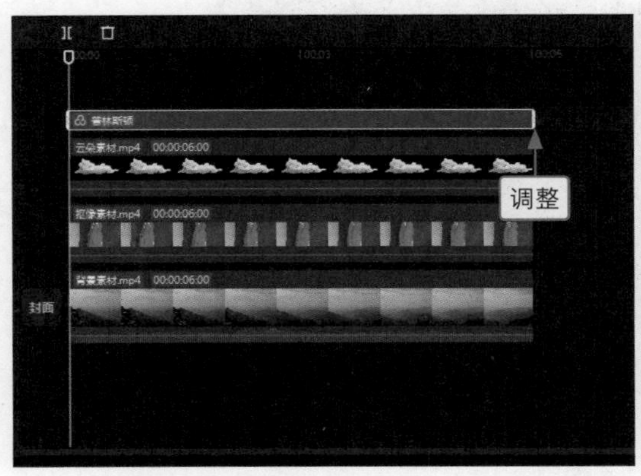

图 12-55

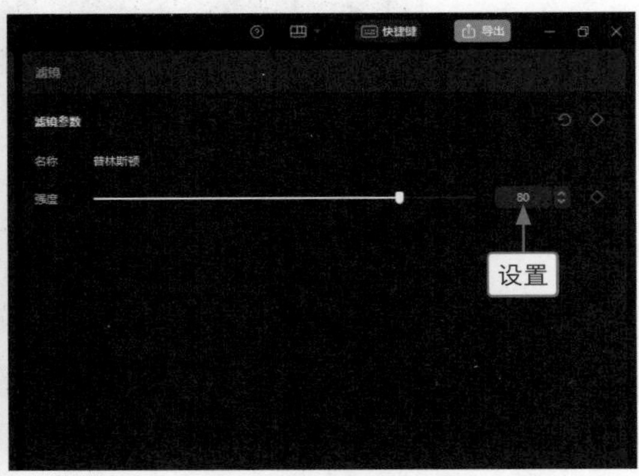

图 12-56

2. 用剪映手机版制作

剪映手机版的操作方法如下。

步骤 01　将背景素材、抠像素材和云朵素材依次导入视频轨道和画中画轨道，调整抠像素材和云朵素材的持续时长，使其与背景素材的时长保持一致；选择抠像素材，依次点击“抠像”按钮和“智能抠像”按钮，如图 12-57 所示，抠出人像。

步骤 02　选择云朵素材，设置“混合模式”为“滤色”模式，如图 12-58 所示。

步骤 03　拖曳时间轴至视频起始位置，❶在预览区域调整云朵素材的大小和位置；❷点击◇按钮，添加一个关键帧，如图 12-59 所示。

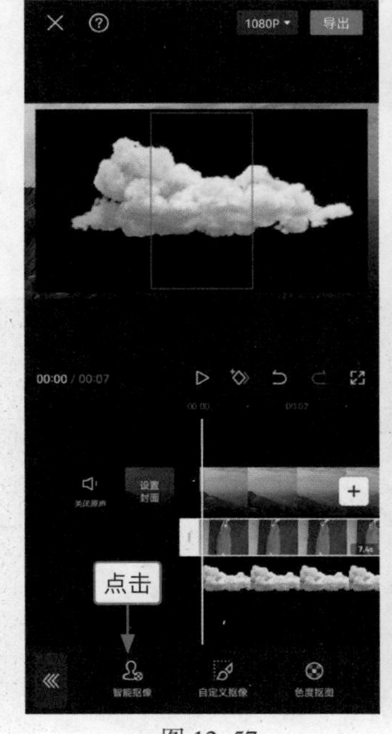

图 12-57

图 12-58

图 12-59

步骤 04 用与上述同样的方法，在预览区域调整抠像素材的位置和大小，并添加一个关键帧，如图 12-60 所示。

步骤 05 用与上述同样的方法，分别在 2s、4s 和 6s 的位置调整云朵素材和抠像素材的大小和位置，如图 12-61 所示。

步骤 06 拖曳时间指示器至视频起始位置，返回到主面板，点击“滤镜”按钮，在“复古胶片”选项区中选择“普林斯顿”滤镜，如图 12-62 所示。

图 12-60　　图 12-61　　图 12-62

课后实训：烟花特效

效果展示 通过为视频添加动态的烟花贴纸就可以制作烟花特效，后期再添加一些氛围特效和场景音效，能让烟花效果更加真实，效果如图 12-63 所示。

图 12-63

本案例制作主要步骤如下：

首先导入视频素材，❶切换至“贴纸”功能区；❷在“炸开”选项卡中单击相应烟花贴纸右下角的“添加到轨道”按钮⊕，如图 12-64 所示，即可为视频添加一个贴纸。

用与上述同样的方法，再添加多个烟花贴纸，在“播放器”面板中调整所有贴纸的位置和大小，并在贴纸轨道调整所有贴纸的位置和持续时长，如图 12-65 所示

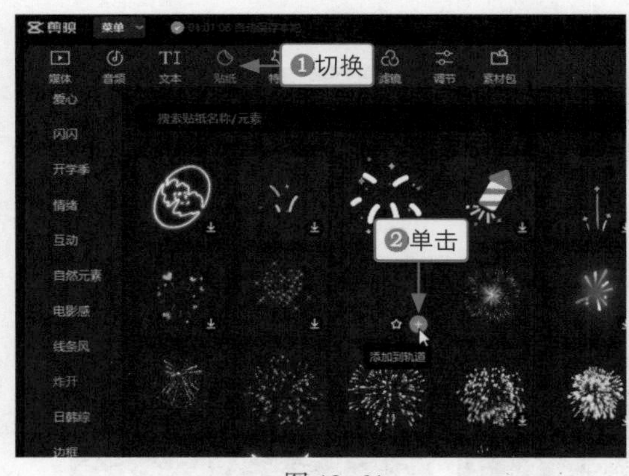

图 12-64

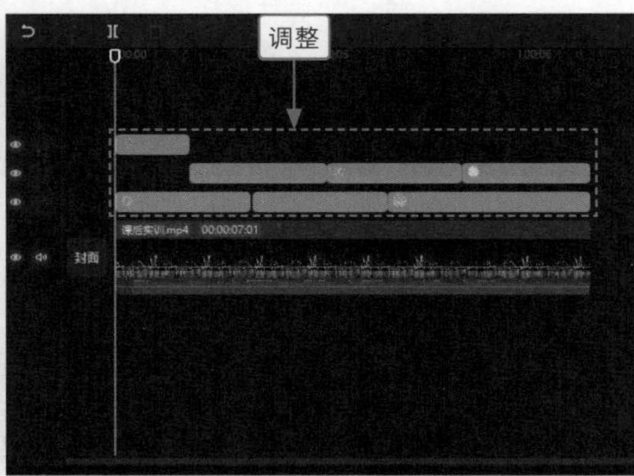

图 12-65

拖曳时间指示器至视频起始位置，为视频添加“氛围”选项卡中的“星火炸开”特效，调整特效的持续时长，使其与视频时长保持一致，如图 12-66 所示。

❶切换至“音频”功能区；❷在“音效素材”选项卡的“生活”选项区中，单击“放烟花”音效右下角的“添加到轨道”按钮⊕，如图 12-67 所示，调整音效的时长，即可完成烟花特效的制作。

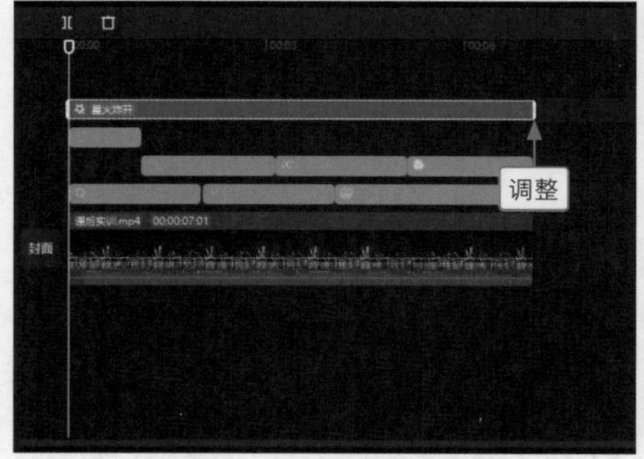

图 12-66

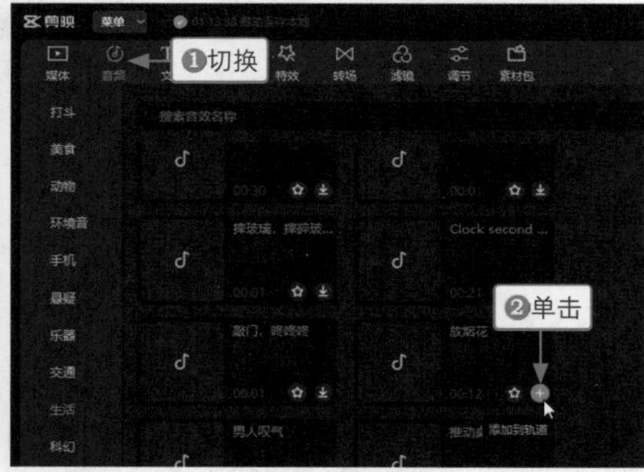

图 12-67

附录　剪映快捷键大全

为方便大家快捷、高效学习，笔者特意抽时间和精力，对剪映电脑版快捷键进行了归类和说明。

操作说明	快捷键	
时间线	Final Cut Pro X 模式	Premiere Pro 模式
分割	Ctrl + B	Ctrl + K
批量分割	Ctrl + Shift + B	Ctrl + Shift + K
鼠标选择模式	A	V
鼠标分割模式	B	C
主轨磁吸	P	Shift + Backspace（退格键）
吸附开关	N	S
联动开关	~	Ctrl + L
预览轴开关	S	Shift + P
轨道放大	Ctrl ++	+
轨道缩小	Ctrl +−	−
时间线上下滚动	滚轮上下	滚轮上下
时间线左右滚动	Alt +滚轮上下	Alt +滚轮上下
启用 / 停用片段	V	Shift + E
分离 / 还原音频	Ctrl + Shift + S	Alt + Shift + L
手动踩点	Ctrl + J	Ctrl + J
上一帧	←	←
下一帧	→	→
上一分割点	↑	↑
下一分割点	↓	↓
粗剪起始帧 / 区域入点	I	I
粗剪结束帧 / 区域出点	O	O
以片段选定区域	X	X
取消选定区域	Alt + X	Alt + X
创建组合	Ctrl + G	Ctrl + G
解除组合	Ctrl + Shift + G	Ctrl + Shift + G

续表

操作说明	快捷键	
唤起变速面板	Ctrl + R	Ctrl + R
自定义曲线变速	Shift + B	Shift + B
新建复合片段	Alt + G	Alt + G
解除复合片段	Alt + Shift + G	Alt + Shift + G

操作说明	快捷键	
播放器	Final Cut Pro X 模式	Premiere Pro 模式
播放 / 暂停	Spacebar（空格键）	Ctrl + K
全屏 / 退出全屏	Ctr + Shift + F	~
取消播放器对齐	长按 Ctrl	V

操作说明	快捷键	
基础	Final Cut Pro X 模式	Premiere Pro 模式
复制	Ctrl + C	Ctrl + C
剪切	Ctrl + X	Ctrl + X
粘贴	Ctrl + V	Ctrl + V
删除	Delete（删除键）	Delete（删除键）
撤销	Ctrl + Z	Ctrl + Z
恢复	Shift + Ctrl + Z	Shift + Ctrl + Z
导入媒体	Ctrl + I	Ctrl + I
导出	Ctrl + E	Ctrl + M
新建草稿	Ctrl + N	Ctrl + N
切换素材面板	Tab（制表键）	Tab（制表键）
退出	Ctrl + Q	Ctrl + Q

操作说明	快捷键	
其他	Final Cut Pro X 模式	Premiere Pro 模式
字幕拆分	Enter（回车键）	Enter（回车键）
字幕拆行	Ctrl + Enter	Ctrl + Enter